First Stage シリーズ

新訂メカトロニクス入門

岩附　信行　[監修]

実教出版

はじめに

　こんにち，物の豊かな社会となり，わたしたちは多くの製品を使って文化的な生活を営んでいる。これら多くの製品は，工業のさまざまな技術が集約されたものである。

　たとえば，自宅では，ソファーに腰掛けたままリモコンや音声によって，照明器具の点灯・消灯，エアコンディショナの風量や温度の調節，テレビジョンのチャンネルや音量の操作，DVD(digital versatile disk：ディジタル多用途ディスク)レコーダの録画や再生などを，簡単に行うことができる。パーソナルコンピュータを使えば，きれいな文字やグラフ，絵も描け，それを友人に送信することもできる。

　屋外へ出かけると，駅構内では，切符の自動券売機や自動改札により，スムーズに電車に乗ることができる。ショッピングセンターでは，自動ドアやエレベータが動き，洗面所に人がはいっていくと照明がついて換気扇が自動的に作動し，洗面台に手を差しのべると水や洗剤が出る。

　病院では，CT断層撮影装置やMRI画像装置などがあり，人体の画像診断を行って，いち早く病気を発見している。

　自動車はさまざまなくふうがなされていて，遠くからでもドアを施錠したり，エンジンを簡単に始動させることもできる。最近では，ハイブリッド式自動車や電気自動車が実用化され，省エネルギー化や低公害化がはかられるようになった。

　以上のような，身近で使われている機器や装置などは，"電子機械に属する製品"とよばれ，安全で高性能につくられている。

　そして，これらを生産する工場では，各種の自動工作機械や産業用ロボットなどの電子機械が，品質のよい製品を効率的に生産しているのである。

　このように，現在の社会生活の中では，"電子機械"とその技術は，なくてはならないものになっている。

半導体製造技術の著しい進展により，IC(integrated circuit；集積回路)がひじょうに小形化されるとともに，コンピュータ技術が発展し，ここに機械技術・電子技術・情報技術が融合した新しい技術，すなわちメカトロニクスが誕生した。"電子機械"は，このメカトロニクスによって生み出された機械である。

　将来ますます工業技術の発展が予想されるが，工業技術にたずさわる者は，現代社会の大きな課題である地球温暖化などの環境問題やエネルギー問題，さらに少子・高齢化社会の到来などについても考えていかなければならない。

　したがって，工業技術を学び将来のスペシャリストをめざすあなたたちは，これらのことをつねに認識し，こんにちの技術の基礎・基本を確実に習得し，製品の品質向上や安全性を追求するとともに，環境や資源に配慮できる技術を身につけるように心がける必要がある。そして，心身ともに豊かな人間生活の向上に貢献できるよう，学習を続けることがたいせつである。

目次

第1章 電子機械と産業社会

1 身近な電子機械 — 8
1. 電子機械とは — 8
2. 身近な電子機械 — 11

2 電子機械と生産ライン — 19
1. 工場の自動化 — 19
2. 生産ラインにおける電子機械 — 21
3. 電子機械の構成と必要な技術 — 25
- 章末問題 — 28

第2章 機械の機構と運動の伝達

1 機械の運動 — 30
1. 運動空間からみた機械運動の種類 — 30
2. 速度変化からみた機械運動の種類 — 31

2 機械の機構 — 32
1. 機構の構成 — 32
2. 機構の種類 — 33

3 機械要素 — 35
1. 機械要素 — 35
2. 締結要素 — 36
3. 軸・軸関連要素 — 43
4. 伝達要素 — 47
5. その他の要素 — 52

4 機構の活用 — 55
1. 歯車機構 — 55
2. 巻掛け伝動機構 — 60
3. リンク機構 — 61
4. カム機構 — 64
5. ねじを利用した送り機構 — 66
- 章末問題 — 69

第3章 センサとアクチュエータ

1 センサの基礎 — 72
1. センサとは — 72
2. 身近なセンサ — 73
3. センサの信号形式 — 76

2 機械量を検出するセンサ — 81
1. 変位センサ — 81
2. ひずみゲージ — 85
3. 加速度センサ — 87
4. 角速度センサ — 88
5. 方位センサ — 89

3 物体を検出するセンサ — 90
1. マイクロスイッチ — 90
2. 光電スイッチ — 91
3. 近接スイッチ — 91
4. 視覚センサ — 92

4 その他のセンサ — 93
1. 温度センサ — 93
2. 磁気センサ — 98
3. 光センサ — 100
4. 超音波センサ — 103
5. pHセンサ — 104

5 アクチュエータ — 105
1. アクチュエータとは — 105
2. 身近なアクチュエータ — 105
3. アクチュエータの種類 — 106

6 アクチュエータとその利用 — 107
1. ソレノイド — 107
2. 直流モータ — 109
3. 交流モータ — 115
4. ステッピングモータ — 123
5. リニアモータ — 128
6. 流体を利用したアクチュエータ — 129

7 アクチュエータ駆動素子とその回路 —— 141
1. トランジスタ …………………… 141
2. トランジスタ回路 ……………… 141
3. MOS FET ……………………… 143
4. サイリスタ ……………………… 145
5. IGBT …………………………… 148
6. リレー …………………………… 149
- 章末問題 154

第4章 電子機械の制御

1 制御の基礎 —— 156
1. 制御 ……………………………… 156
2. シーケンス制御 ………………… 157
3. フィードバック制御 …………… 159

2 シーケンス制御回路 —— 160
1. モータの運転制御 ……………… 160
2. 複数のスイッチを使った運転 … 163
3. モータの始動・停止回路 ……… 165
4. モータの正転・逆転回路 ……… 167
5. 時間経過による自動停止回路 … 169
6. 異常を表示灯の点滅で知らせる回路 … 172
7. 動作回数による制御 …………… 174

3 プログラマブルコントローラ —— 178
1. PLC とは ……………………… 178
2. PLC の構成 …………………… 179
3. PLC の結線 …………………… 180
4. PLC の制御言語 ……………… 182
5. プログラム管理 ………………… 184
6. PLC の利用手順 ……………… 185
7. PLC を使った制御回路 ……… 185

4 シーケンス制御の実際 —— 187
1. リレーによるプレス装置の制御例 … 187
2. PLC によるプレス装置の制御例 … 189
3. リレーによるエレベータの制御例 … 191
4. PLC によるエレベータの制御例 … 192

5 フィードバックの利用 —— 194
1. プロセス制御 …………………… 194
2. サーボ制御 ……………………… 195
- 章末問題 198

第5章 コンピュータ制御

1 制御用コンピュータの概要と構成 —— 200
1. 制御用コンピュータ …………… 200

2 制御用コンピュータのハードウェア —— 203
1. インタフェース ………………… 203
2. データ伝送規格 ………………… 208
3. コンピュータと制御装置 ……… 211
4. センサ信号と割込み信号 ……… 213
5. コンピュータ信号とアクチュエータ … 215
6. コンピュータ信号とノイズ …… 217
7. コンピュータによる入出力制御系の構成 … 217

3 制御用コンピュータのソフトウェア —— 220
1. プログラム言語 ………………… 220
2. C 言語による入出力制御プログラミング …………………… 221
3. 制御の実際 ……………………… 228
4. NC 加工プログラムによる制御 … 231

4 制御のネットワーク化 —— 233
1. コンピュータネットワークの種類 … 233
2. 製造工場におけるコンピュータの利用例 …………………………… 235
- 章末問題 237

第6章 社会とロボット技術

1 社会生活とロボット技術 —— 240
1. ロボットとは ……………………… 240
2. ロボットの用途による分類 ………… 240
3. ロボットを構成する要素 …………… 241

2 産業用ロボットの基礎 —— 243
1. 産業用ロボットの機構と運動 ……… 243
2. 産業用ロボットの基本機構 ………… 247
3. 産業用ロボットの例 ………………… 250

3 産業用ロボットの制御システム —— 253
1. 産業用ロボットを支える技術 ……… 253
2. 産業用ロボットの制御系 …………… 259

4 産業用ロボットの操作と安全管理 —— 267
1. 産業用ロボットの操作 ……………… 267
2. 産業用ロボットの安全管理 ………… 270

5 さまざまな分野で活躍するロボット —— 274
1. 非製造系の産業用ロボット ………… 274
2. 非産業系のロボット ………………… 276

問題解答 ……………………………… 282
索引 …………………………………… 284

本書は，高等学校用教科書「工業 736 電子機械」(令和6年発行)を底本として製作したものです。
本書の JIS についての記述は，令和2年(2020年)12月時点のものです。
最新の JIS については，経済産業省ウェブページを検索してご参照ください。

第1章

電子機械と産業社会

▲すばる望遠鏡のドーム(ハワイ,マウナケア山頂)提供　国立天文台

　国立天文台がハワイ島に建設した光学赤外線反射望遠鏡「すばる」は,世界最大級の天体望遠鏡で,140億光年の彼方まで観測できる。その性能は,東京から富士山頂の5円玉の穴が見分けられるほどである。この性能を実現させるために,反射鏡を支えるアクチュエータの制御や温度・湿度の制御など,電子機械にかかわる多くの技術が導入されている。
　この章では,身近な例を通して,電子機械が産業社会に果たしている役割について学ぶ。

節
1　身近な電子機械
2　電子機械と生産ライン

1節 身近な電子機械

電子機械は，メカトロニクスという技術によって出現した機械であり，こんにちでは，それに属する製品もひじょうに多い。

ここでは，まず，メカトロニクスの意味とそれが生まれた要因を調べ，次に，その技術が適用された身近な電子機械を取り上げて，その役割について考える。

1 電子機械とは

ロボット❶・自動洗濯機などの電子機械は，メカトロニクスで設計・製造された製品であり，高度な運動機構と情報の技術が結びついて，目的の仕事を行っている。

❶ robot

1 電子機械とメカトロニクス

メカトロニクスということばは，**メカニクス**❷（機械学）と**エレクトロニクス**❸（電子工学）が合成された和製英語である。このことばが使われだした時期にはいろいろな説があるが，1980年前後には定着し，いまでは，mechatronics（メカトロニクス）は，世界に通用することばになっている。

❷ mechanics

❸ electronics

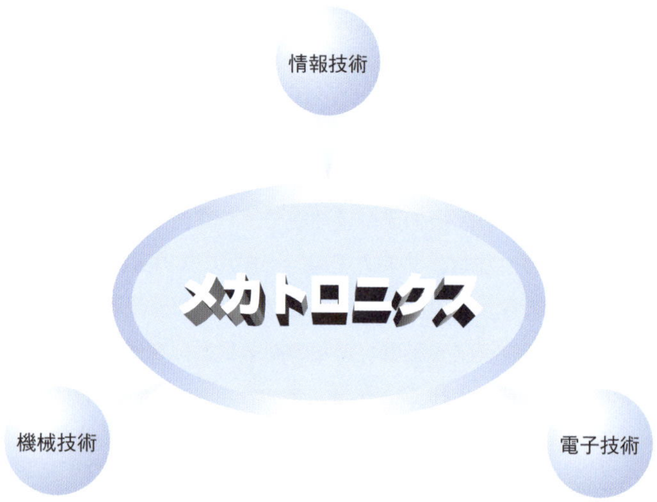

メカトロニクスは，図1-1のように，機械技術・電子技術および情報技術が結びついた技術である。そして電子機械は，メカトロニクスで設計・製造され，運用される機械といえる。

▲図1-1 メカトロニクス

こんにちの生産工場では，人間の代わりにいろいろなロボットが製品の加工・組立などを行っている。これらのロボットは産業用ロボットとよばれ，電子機械の代表的な例である。

　図1-2(a)に，**産業用ロボット**の例を示す。このロボットは，図(b)に示すように，人間の腕・手・手首に似た機構をもっており，人間のように巧妙に，しかも精密に動く運動機能がある。また，与えられた作業の命令を正しく判断したり，周囲の状況を把握する情報処理の機能があり，物の移動のほか，部品の取付け，溶接・塗装や組立など，種々の与えられた作業を行う機能も備わっている。

❶ industrial robot

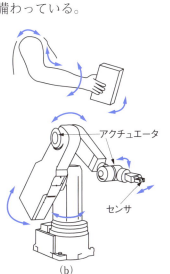

▲図1-2　産業用ロボット

　このように，ロボットがもついろいろな機能は，次の機器や装置の働きによるところが大きい。

●**センサ**❷　力・速度・温度などの変化を検知して電気信号に変える機器で，ロボットの動作中の状態や周囲の状態を把握する。

❷ sensor

●**アクチュエータ**❸　運動を生じさせる原動機で，電気・油圧・空気圧などのエネルギーを，物体の回転や直進などの機械的な動きに変える。

❸ actuator

●**制御装置**❹　コンピュータによって，作業命令を正しく判断したり，センサからの情報を処理し，アクチュエータに運動の命令を与えるなどして，ロボットを**制御**❺する。

❹ control device

❺ control；目的どおりになるように，対象物に操作を加えること。

　したがって，電子機械は，機械的な構成すなわち**メカニズム**❻(機構)によってつくられていた従来の機械に，電子機器を組み込んで誕生したものといえる。

❻ mechanism

2 メカトロニクスが生まれた背景

　工作機械をはじめ，各種の機械・装置を自動的に運転させることは，コンピュータが開発された初期のころから行われていた。しかし，メカトロニクスの考え方は，1970年代に生まれたといわれ，その後メカトロニクス産業が注目されるようになってきた。それには，次のような技術的な要因があげられる。

① 従来の大形で高価なコンピュータに代わり，超小形・軽量・低価格の**マイクロコンピュータ**❶が出現し，小電力で大量の情報を，時と場所を問わず扱えるようになった。

❶ microcomputer

② センサ，とくに加速度センサなどの半導体センサ❷が進歩し，変位・速度・加速度・力・温度などの物理量を，容易に計測できるようになった。

❷ Gセンサ

③ 電力を制御する半導体素子およびアクチュエータが進歩し，エネルギーの変換や制御が容易に行えるようになった。

　以上のように，メカトロニクスが生まれた技術的要因としては，第1に電子技術の進歩があげられる。とくに，コンピュータがひじょうに小形化されたことによって一つの部品とみなされ，多くの分野でワンチップマイクロコンピュータが機械に組み込まれるようになったことが，メカトロニクスが生まれた大きな要因といえる。図1-3に，ワンチップマイクロコンピュータの例を示す。

　さらに，半導体製造における微細加工の技術や，磁気ディスク装置などに用いられる電子機器部品の超精密加工の技術など，機械技術の進歩もメカトロニクスの誕生に大きく貢献した。

▲図1-3　ワンチップマイクロコンピュータの例

問 1 センサ，アクチュエータ，制御装置の働きについて述べよ。

問 2 学校で使われている電子機械には，どのようなものがあるか調べよ。また，それらに用いられているセンサやアクチュエータについても調べよ。

問 3 メカトロニクスが生まれた技術的な要因を三つあげよ。

2 身近な電子機械

電子機械には，家庭用電気製品，事務機器，運搬車両や医療機器など，こんにちの社会生活を営むうえで必要な製品が多い。また，生産工場や農場で用いられる機械や装置などにもメカトロニクスが導入されるなど，電子機械は産業界にはなくてはならないものとなっている。

ここでは，身近な電子機械の具体例をあげ，その基本的な動作を通して，どのような効果や役割を担っているかについて考える。

1 自動洗濯機

わたしたちの日常生活にとって衣類の洗濯は，必要かつたいせつな労働であり，その労働に費やす時間は，比較的長いものである。電気洗濯機が普及するとともに，大量の洗剤を含んだ洗濯排水が，水質汚染の原因となったり，必要以上の水を消費することなどが環境上の問題となってきた。洗濯に費やす時間を短縮するために考え出された自動洗濯機も，このような環境や資源の問題を解決するために，メカトロニクスを活用してさらに改良されてきた。

自動洗濯機は，スタートのスイッチを押すだけで，図1-4に示すような順序で，洗濯を自動的に行う。

図1-5に，自動洗濯機の構造の概要を示す。図のように，自動洗濯機には，いくつかのセンサやバルブが取り付けられている。そして，センサからの情報をマイクロコンピュータが受け，判断・演算をしてモータや水の流量を調節するバルブに命令を与える。

たとえば，布の量を検出するセンサによって洗濯物の量がわかり，その量にもっとも適切な洗剤量が水槽に投入される。同時に洗濯に必要な水の量も決定され，給水される。水が規定の量になると，水位を検出するセンサが感知して給水バルブが閉じられる。

▲図1-4 洗濯の過程

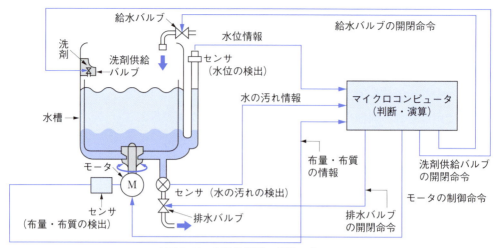

▲図1-5　自動洗濯機の構造の概要図

　また，洗濯物の布質もセンサによって計測され，洗いの段階で水流の強さや水流の方向が決められる。さらに，すすぎの段階では，洗濯水の汚れぐあいをセンサで検出し，水がむだにならない量だけ給水・排水が繰り返され，すすぎを終了する。

　このように自動洗濯機は，洗濯物の量，布質，水の汚れぐあいなどを洗濯機自身が判断して，洗剤量，給水量，水流の強弱や洗濯時間を決める。したがって，必要以上の洗剤や水を消費せず，また洗濯の時間も適切に決められるので，電力の消費も少ない。

　以上のように，現在の自動洗濯機は，メカトロニクスによって省エネルギーや環境問題にも配慮してつくられている。

2　掃除ロボット

　ロボットは年々，身近な存在になっている。以前は，工場で自動車を組み立てる風景（産業用ロボット）や，アニメの世界の存在だった。

　しかし，21世紀に入り，ヒューマノイド（人型）ロボットの実演を目にする機会が増え，ペットのような4本脚のロボットが販売され，掃除ロボットが普及しはじめた。

　ロボットは，コンピュータ制御で動く機械の一種で，自身で判断能力を備え，自動で動くものである。

❶ メカトロニクスとよぶ。8ページ参照。

　世界ではさまざまな研究が進められているが，腕型ロボットの研究と，移動するロボットの研究に大別される。移動するロボットはさらに，脚式移動ロボットいわゆる歩行ロボットと，掃除ロボットや自動運転自動車などの車輪移動ロボット，履帯を用いるクローラ移動ロボ

ットに分類される。ここでは，自動運転自動車と同じ機能をもつ掃除ロボットのセンサの働きについて学ぶ。

●**掃除ロボットの動作**　掃除ロボットとは，自動的に動いて掃除をするロボットである。**掃除ロボット**あるいは**ロボット掃除機（ロボット・クリーナー）**ともよばれている。一般的な掃除ロボットは，充電式で動作し，図1-6のように，本体には壁・障害物に床面・段差，ごみ感知のセンサがあり，これらのセンサから得られた情報をコンピュータにより処理する。処理をもとに回転するサイドブラシでごみを本体下面に集めて吸引・収集し，自律走行しながら掃除をする。一定時間掃除をすると，充電器の場所へ自動で戻り，充電状態にはいって動作を停止する。

●**主なセンサ**

① ハウスダスト発見センサ（本体背面に設置）
　　ごみを検出　処理　ブラシ回転制御・走行制御

② 赤外線センサ
　　障害物検出　処理　主に壁ぎわ走行（走行制御）

③ 超音波センサ
　　障害物検出・隅検出　処理　隅掃除（走行・動作制御）

④ 床検知センサ
　　床面の状態を検出　処理　パワーブラシの回転自動制御

⑤ 落下防止センサ
　　落下防止・段差を下降時高さ検出　処理　段差回り掃除

⑥ ジャイロセンサ（本体内部に設置）
　　何度回転したかを検出（角速度検出）　処理　走行・位置制御

⑦ 距離センサ（駆動部に設置）
　　タイヤの回転数を検知　処理　回転数によって移動距離計測

⑧ 走行センサ
　　本体が障害物で立ち往生してないか検知　処理　走行制御

掃除ロボットは，コンピュータが上記の8種類のセンサを組み合わせ，情報を処理し，走行速度・走行動作の制御，ブラシの自動制御，段差回りの掃除，自身の位置を推定し，部屋を隙間なく掃除することができる自動運転ロボットである。

図1-7に，掃除ロボットのセンサの配置例を示す。

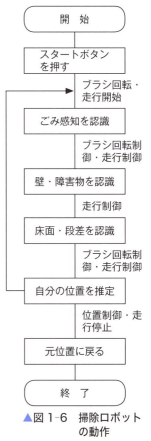

▲図1-6　掃除ロボットの動作

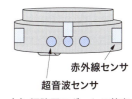

(a) 掃除用ロボットの前方センサの位置

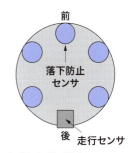

床感知と落下防止センサは5箇所で判断

(b) 掃除用ロボットの背面センサの位置

▲図1-7　掃除ロボットのセンサの例

3　自動車

　環境や資源問題など地球の環境保全については，こんにち世界の共有する課題となっている。社会生活や産業活動に欠かせない自動車は，いろいろな視点から環境保全への対策がはかられている。

　たとえば，走行中の自動車の排出ガスには，窒素酸化物・一酸化炭素などの有毒ガスのほか，地球温暖化の原因の一つと考えられている二酸化炭素などが含まれている。これらの排出ガスの量を減少させるために，車両の軽量化，燃料消費の削減，有害な排出ガス成分の除去などの各種装置の改良が行われている。

　こんにちでは，マイクロコンピュータや各種のセンサ・アクチュエータが自動車の各部の装置に利用され，走行性能や安全性の向上，さらに省エネルギー化がはかられている。また，環境保全を考慮して，エンジンだけを用いた自動車に代わり，**プラグインハイブリッド式自動車**❶が普及している。

　図1-9に，動力源としてモータとエンジンを組み合わせたハイブリッド式自動車の構成例を示す。ここで，動力分割機構により，エンジンの動力を車輪の駆動と発電機の駆動に振り分けている。また，発電機の回転速度を制御することで，無段変速機として働く。ハイブリッド方式には，エンジンの不足ぶんの動力をモータで補いながら駆動する**パラレルハイブリッド方式**と，エンジンが発電機を駆動し，発電した電力によってモータを駆動する**シリーズハイブリッド方式**とがある。

❶ plug-in hybrid electric vahicle；図1-8はプラグインハイブリッド式自動車といわれている。これは家庭や駐車場のコンセントからバッテリに充電し，モータのみで近距離を走行する一方，長距離走行時には燃料消費や排気ガスのことを考慮して，エンジンまたはモータによる駆動を選択する車である。

(a) 外観

(b) エンジンルーム

▲図1-8　ハイブリッド式自動車

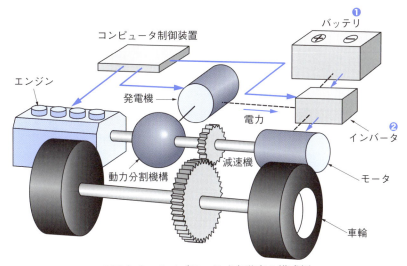

▲図1-9 ハイブリッド式自動車の構成例

❶ battery：充電して繰り返し使用できる電池。ハイブリッド式自動車では，エネルギー密度が高いニッケル水素電池やリチウムイオン電池が使用されている。
❷ inverter：直流電力を交流電力に変換する装置。

この2つの方式の長所を組み合わせた**シリーズパラレルハイブリッド方式**は，排出ガス中の有害成分を少なくし，燃料消費量も少なくできる。発進時や低速時はモータで走り，速度が上がるとエンジンだけで走行したり，エンジンで発電機を回転させて発電しながら走行する。
このように，最近のハイブリッド式自動車は同じ質量の従来の自動車に比べて，消費する燃料，および排出するガスは半分程度となり，省エネルギー化や低公害化がはかられている。

さらに，環境に配慮した自動車として，**電気自動車**❸や燃料電池車がある。電気自動車と燃料電池車は，バッテリや燃料電池からの電力を利用してモータを回し走行するため，窒素酸化物や二酸化炭素などの排出はない。電気自動車が普及するために，効率よく短時間で充電できるバッテリの開発と充電施設の拡充が急務となっている。❹

燃料電池車は，水素を活用する燃料電池❺が電力を供給し，排出するのは水だけである。したがって，自動車のタンクへの水素の充てん施設が広く普及されることが期待される。

4 そのほかのメカトロニクスの活用例

掃除ロボット・自動洗濯機・自動車など，わたしたちに最も身近な電子機械の例をあげたが，そのほかにも社会生活や環境など，多くの分野で電子機械やその技術が活用されている。

●**公共施設やビルなどでの自動化** 省エネルギー化を考えた住宅やビルが建設されている。図1-10に，この例を示す。

❸ electric vehicle；略してEVと表す。

❹ 電気自動車(EV)には，航続距離を伸ばすために，補助としてガソリンで発電できるレンジエクステンダー機能がある車もある。「レンジ」は距離，「エクステンダー」は拡張する装置という意味である。
❺ fuel cell：燃料の水素と酸化剤の酸素を供給し続けることで，継続的に電力を取り出すことができる化学電池。

1節 身近な電子機械 15

たとえば，学校・体育館・図書館などの公共施設やデパート・ホテルなどでは，近づいてきた人をセンサによって感知し，制御装置からの指令でドアが開いたり，照明器具が点灯したり，換気扇が回転したりする。人が遠ざかると，これら一連の動作が停止する。また，洗面所では，蛇口に手をさし出すとセンサが感知して，水洗バルブが開き，水が出る。

このように，人が利用するときだけ機器が動作して，むだな電力や水などを消費しないように配慮されている。

●**工場汚水設備の活用例** 環境を保護するために，工場内から排出される酸性やアルカリ性の汚水を，中和して排水しなければならない。このため，排水施設・設備の自動化が行われている。これは，環境問題に対して積極的に取り組むための規格(ISO 14001)❶の一環としての取り組みでもある。工場から出る汚水を中和するには，汚水に中和剤を混入する方法がある。

図 1-11 は，汚水処理の概要図である。汚水と中和剤を処理タンクで混合し，水素イオンの濃度❷をセンサで検出する。そして，制御装置の設定濃度との間に差があれば，モータによって注入ポンプの回転速度を変えて，中和剤の量を加減する。

このようにして，つねに排水が中性になるように，汚水の酸性成分と中和剤のアルカリ性成分の混合比調節が行われている。

▲図1-10 公共施設やビルでの自動化の例

❶ 環境マネジメントシステムの標準化規格(組織内で環境問題に取り組むための体制づくりに関する国際規格)
❷ 水素イオンの濃度(mol/L)により，酸性，アルカリ性の強さが決まる。水素イオン濃度の指数として pH があり，pH＜7のとき酸性，pH＝7のとき中性，pH＞7のときアルカリ性である。

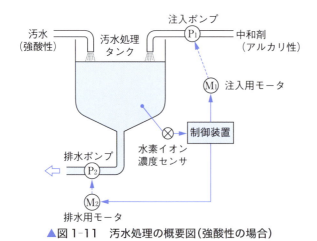

▲図1-11 汚水処理の概要図(強酸性の場合)

●**農業での活用例** 農業でのメカトロニクスの活用例として，図1-12 に示す**植物工場**❸がある。

植物工場は，人工環境における植物栽培施設のことである。害虫の

❸ 植物工場が都心のビル内や地下空間にある場合，ビル内の空調設備で使われる熱エネルギーを利用したり，二酸化炭素を活用したりすることが可能で，短期間で作物の出荷ができる長所がある。短所は，設備費，光源の電力費，光源から発生する熱を冷却するための空調設備費などの経費がかかり，生産コストが高くなることである。

▲図1-12　植物工場

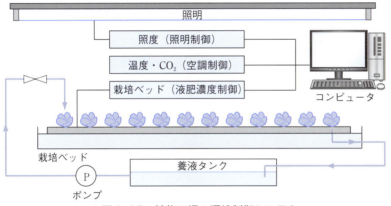

▲図1-13　植物工場の環境制御システム

侵入がない閉鎖空間を，空調設備により最適な環境に制御し，人工光により植物を栽培する生産システムとなっている。図1-13に示すように，光・温度・湿度や植物に必要な養分などの環境をコンピュータで制御している。自然光が当たらない都心のビル内や地下空間でも生産でき，また一年を通して計画的に，同じ品質のものが栽培できるため，形や味が均一で，一定量の生産が可能である。

● **医療現場での活用例**　メカトロニクスは，医療用や福祉用の装置や機器にも活用されている。

　医療で用いられている**二次元超音波断層診断システム**[❶]は，超音波を体内に送信し，音響特性の異なる物質の境界で反射する波をセンサで感知する。そして，その情報をコンピュータ処理して，胎児や心臓・肝臓などの断層像を画面や写真で表して診断できる装置である。最近の**三次元－四次元超音波断層診断システム**[❷]では，立体画像を動画で表示して診断できる。

❶ 二次元では，一つの超音波からの情報だけで表現されるため，二次元画面で表示される。

❷ 三次元－四次元では，いく筋もの超音波から得られた情報をもとにして，コンピュータが少しずつずれた断層像の情報を自動的につなぎ合わせ，下図のように体内の胎児などの表情を立体化して表示できる。三次元は立体静止画像で，四次元は立体動画像である。

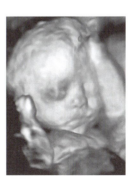

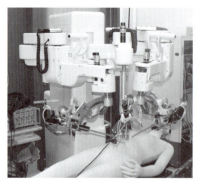

▲図1-14 医療用ロボットアーム

　また，図1-14は手術を補助する電子機械で，**医療用ロボットアーム**とよばれている。これは，アーム部を小形に設計しており，手術で切開する範囲を小さくできる。医師がカメラ映像を見ながら遠隔操作するため，繊細な動作も容易にできる。

　福祉用装置の一例として，介護支援のための**パワーアシストスーツ**❶がある。このパワーアシストスーツは，介護士が装着することにより身体機能を補助することができ，人のだき上げなどを補助することができる。角度センサ❷や圧力センサ❸，筋電位センサ❹などが組み込まれている。制御用のコンピュータやバッテリが腰部に取り付けられているため，自由な移動も可能である。図1-15に，パワーアシストスーツの例を示す。

❶ 人間の筋力を補助するため，「着用する」という形態で運用される機械装置。

❷ 関節角度を計測するセンサ。
❸ 重心位置を検出するセンサ。
❹ 筋肉を動かそうとするときに発生する微弱な生体電位信号を皮膚表面で読み取るセンサ。

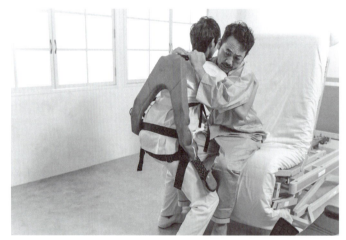

▲図1-15　パワーアシストスーツの例

問4　自動洗濯機は，環境に対してどのような配慮がなされているか。
問5　エアコンディショナには，どのようなセンサとアクチュエータが用いられているか調べよ。
問6　身近に活用されている電子機械を調べよ。

2節 電子機械と生産ライン

　前節で学んだ自動洗濯機・掃除ロボット・ハイブリッド式自動車をはじめ，多くの機械や装置などは，生産工場でつくられている。
　こんにちの生産工場における多くの作業は，産業用ロボット，コンピュータ制御による工作機械をはじめ，各種の電子機械によって行われている。そして，加工・組立作業を自動化し，製品の精度・品質を向上させるとともに，作業に要する時間を短縮して経費の節減をはかっている。
　ここでは，機械工業の例をあげ，工場での電子機械の効用やそれに必要な技術について考える。

1 工場の自動化

　従来，生産工場で使用されていたいろいろな工作機械は，メカトロニクスによってそれぞれ高度な電子機械に変わった。そして，それらの電子機械が生産工程などに合わせて結びつけられ，工場全体の自動化が考えられるようになった。

1 工作機械のメカトロニクス化

　機械加工の進化を歴史的にみると，20世紀前半までは，加工の精度を1けた上げるのに，約50年の歳月を必要としてきた。しかし，こんにちの加工技術は，著しい速さで進歩している。この理由は，従来の機械技術に電子・情報技術が結びついたこと，すなわち機械のメカトロニクス化によって，工作機械の技術水準が著しく向上したからである。
　ここで，工作機械のメカトロニクス化について，図1-16に示す旋盤❶を例に考えてみよう。旋盤は工作物を回転させ，刃物台に取り付けたバイトに，切り込みと送りを与えて切削加工する機械である。旋盤を使って作業する場合，作業者は頭で工作物の加工形状を記憶し，手でハンドルを回しながら，たえず目で工作物の切削状態を確認して作業を進めていく。また，ときには切削油をバイトにかけて，刃先の温度を下げたりする。このような作業を自動化するためには，この旋盤に電子・情報機器を結びつける必要がある。

❶ lathe

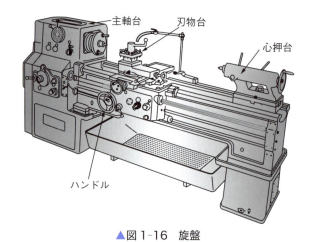

▲図1-16　旋盤

　図1-17は，旋盤をメカトロニクス化する場合の構成例を示したものである。これには各種のセンサやアクチュエータ，コンピュータが付加されている。工作物の加工形状のデータや作業工程の指令は，あらかじめプログラムによってコンピュータに入力される。加工中，バイトに切り込みと送りを与えるための刃物台の移動距離の情報や，刃先を冷却するための切削油の温度に関する情報などは，センサで検出されコンピュータへ送られる。コンピュータは，これらの情報をもとに判断・演算などの処理を行い，工作物の切削加工に関する指令を，モータや注油用バルブなどのアクチュエータに送る。そして，モータは刃物台を移動したり，バルブは切削油の量を加減したりして，自動的に工作物の切削加工を行う。

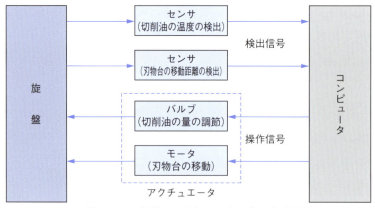

▲図1-17　旋盤のメカトロニクス化の構成例

　このように，工作機械をメカトロニクス化することによって，加工作業を自動的に行わせることができる。
　図1-18は，メカトロニクス化されたCNC旋盤である。

❶ 23ページで学ぶ。

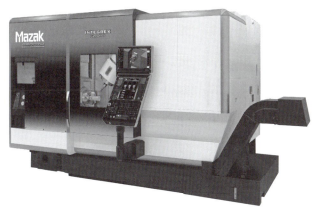

▲図 1-18　CNC 旋盤

2　工場の自動化

　1960 年代，日本の自動車産業などでは，それぞれ専用の加工機械を工程に合わせて並べ，工作物を移動させながら順次加工していく生産のラインが形づくられた。これによって，同じ製品をつくる場合，生産性が大きく向上した。

　その後，生産ライン上の加工機械がそれぞれメカトロニクス化され，プログラムを変更することによって，一つの生産ラインでいろいろな種類の製品を生産できるようになった。

　このようにして，生産工場は，メカトロニクスによって工場全体が自動化されるようになった。

問 7　機械をメカトロニクス化することで，どのような効果が生まれるか述べよ。

2　生産ラインにおける電子機械

　こんにちの生産工場では，設計・製造の過程，そして保管・出荷にいたるまでメカトロニクスが導入され，いろいろな電子機械が生産ラインで活用されている。図 1-19 に，生産ラインの概要図を示す。

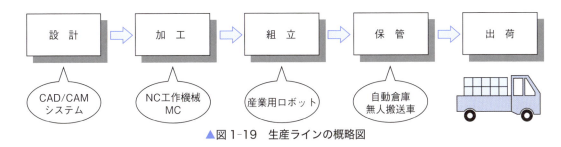

▲図 1-19　生産ラインの概略図

2 節　電子機械と生産ライン　21

1 CAD/CAM システム

コンピュータを活用して複雑な設計・製図を効率よく行えるようにしたシステムをCAD[1](**コンピュータ援用設計**)**システム**という。これは，設計対象のデータをコンピュータに入力すると，製品の図形データや特性データなどを計算し，**ディスプレイ**[2]や**プリンタ**[3]上に表示・製図する機能をもっている。また，図面の修正や変更にも容易に対応できる。

[1] computer aided design
[2] display；表示装置
[3] printer；印刷装置

また，樹脂などで直接3次元形状を形成できる3Dプリンタにより，模型や製品を直接，製作することもできる。

ディスプレイ上で，組み立てやすさを考慮して部品の構造や配置を決めたり，機械の動きなどを確認しながら設計を進めることができる。図1-20は，産業用ロボットのCAD画面の例である。

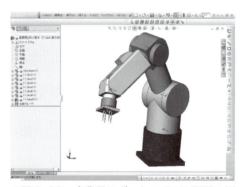

▲図1-20 産業用ロボットのCAD画面の例

CAM[4](**コンピュータ援用生産**)**システム**は，コンピュータを活用した生産の自動化システムをいう。

[4] computer aided manufacturing

CADシステムとCAMシステムを組み合わせることで，NC加工用プログラムを自動的に作成し，そのデータをNC工作機械に送り，工作物を加工することができる。このように，設計から加工までの一連の作業を自動化するコンピュータ援用システムを，**CAD/CAMシステム**という。

CAD/CAMシステムは，設計時間の短縮，設計作業の省力化，設計品質の向上，そして生産ライン全体を効率化するなどの利点がある。

2 NC工作機械とマシニングセンタ

一般に，加工方法や作業工程などを数値の情報で与える制御を，**数値制御**[5](NC)という。**数値制御装置**(NC装置)によって，部品を高精度に加工する工作機械をNC**工作機械**とよび，これは機械・電子・情

[5] numerical control

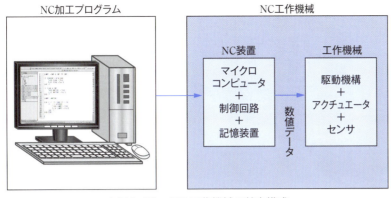

▲図1-21　NC工作機械の基本構成

報技術が融合された代表的な電子機械である。

　図1-21に，NC工作機械の基本構成を示す。近年のNC装置は，コンピュータと制御回路および大容量の記憶装置を備え，コンピュータ化されたNCという意味で**CNC**❶とよばれているが，CNCをたんにNCとよぶことが多い。

❶ computerized numerical control

　図のように工作機械は，NC装置から切削加工条件などの加工指令を数値データで受け，アクチュエータとセンサによって駆動機構が作動する。また，工具・加工物の移動が行われ，穴あけや切削加工などが自動的に行われる。

　また，**マシニングセンタ**❷（MC）は，自動的に工具を交換する機能をもった工作機械で，1台で穴あけから中ぐり・ねじ切り・フライス削りなど多種類の加工を行うことができる。工作物の位置決めと刃物類の運動は数値制御され，従来の工作機械が苦手としていた曲線や曲面の切削加工ができる。とくに，さまざまな種類の製品を少量ずつ生産する場合に適した工作機械である。

❷ machining center

3　産業用ロボット

　こんにちの産業用ロボットは，さまざまな作業に対応できるなど，従来の自動機械にはない柔軟な作業が可能である。とくに，家庭用電気製品や自動車の生産工場などで多く用いられ，溶接・塗装・組立・搬送などの作業を行っている。図1-22に，産業用ロボットによる組立作業の例を示す。

　このように産業用ロボットは，主として製造分野で急速に進展してきた。これは定められた作業内容を繰り返すということから，ロボット化に適しているからである。

▲図1-22　産業用ロボットの例

4　無人搬送車と自動倉庫システム

　工場の自動化をはかるためには，必要なときに所定の場所へ希望する状態で，供給物を搬送する機能が必要である。この機能を実現させる中心的な装置が，図1-23に示す**無人搬送車**である。これは，製品の設計変更や生産量の変更があると，工作物や加工工具，工作物の取付具などを，コンピュータの指令によって，すばやく工場の所定の場所に搬送する台車である。

❶ automated guided vehicle；略してAGVと表す。

▲図1-23　無人搬送車

　また，図1-24に示す**自動倉庫**は，生産工場で生産に必要な部品や完成した製品などを，自動的に保管・管理したり，仕分けをして入・出荷する倉庫である。

❷ automated storage and retrieval system

　自動倉庫システムによって，生産に必要な品物の入庫・出庫に要する時間を効率よく短縮でき，また，保管している品物の情報管理も自動化できる。したがって，自動倉庫システムは，製造から出荷までを自動化するための重要な要素の一つである。

▲図1-24　自動倉庫

　以上のような装置やシステムなどによって，設計から製造・出荷まで，生産工場全体を自動化することができる。このようにして工場を自動化することを，**ファクトリーオートメーション**（FA）という。

❶ factory automation

問8　生産ラインに用いられている電子機械をあげよ。

問9　CADシステムとは何か，簡単に述べよ。

3　電子機械の構成と必要な技術

1　電子機械の構成

　図1-25に，電子機械の構成例を示す。

　センサには多くの種類があり，検出方法もさまざまであるが，大部分のセンサの出力は電圧または電流の信号であり，大きさが交流電流のように連続的に変化する**アナログ信号**である。アクチュエータも，アナログ信号で動作するものが多い。

❷ analog signal

　これに対して，コンピュータ内の信号は，数値化された**ディジタル信号**であるから，センサとコンピュータとの間やコンピュータとアクチュエータとの間には信号の変換が必要である。

❸ digital signal

　信号を変換するための機器を**変換器**といい，アナログ信号からディジタル信号に変換する変換器を**AD変換器**，その逆の変換器を**DA変換器**という。

❹ converter
❺ analog to digital converter
❻ digital to analog converter

2節　電子機械と生産ライン
第1章　電子機械と産業社会

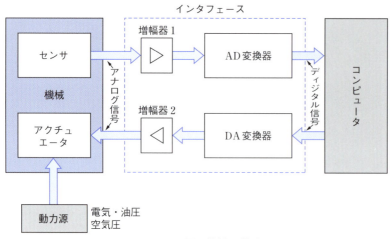
▲図1-25　電子機械の構成例

　一般に，センサの出力は微小なアナログ信号であるので，AD変換器に入力するには，AD変換器が必要とする大きさの信号に増幅してやらなければならない。また，アクチュエータには比較的大きな信号を必要とするものもあるので，この場合には，DA変換器から出力される信号を増幅してやらなければならない。

　そのため，センサやアクチュエータとコンピュータとの間には，変換器と増幅器が必要となる。これらのように，異なる機器や装置などの間で，橋渡しの役割をもつものを**インタフェース**❶という。

❶ interface

2　電子機械に必要な技術

　この章では，いくつかの身近な具体例をあげ，電子機械の概要について学んできた。電子機械に必要である基本的な技術とその学習内容をまとめると，次のようになる。

●**コンピュータに関する技術**❷　　コンピュータのハードウェア・ソフトウェアの基礎，および基本的な制御の理論を含んだ制御技術を理解する。

❷ 第4章，第5章で学ぶ。

●**センサに関する技術**❸　　各種のセンサの構造や原理を理解するとともに，制御の対象に適したセンサの選定，およびセンサを使用する場合の留意事項と取り扱い技術を理解する。

❸ 第3章，第4章，第6章で学ぶ。

●**アクチュエータ・運動伝達に関する技術**❹　　各種アクチュエータの基本的な構造や原理，および機械的な動きや機構に関する理論と取り扱い技術を理解する。

❹ 第2章，第3章，第4章，第6章で学ぶ。

●**インタフェースに関する技術**❺　　電子回路に関する理論，および信

❺ 第4章，第5章で学ぶ。

号変換に関する技術を理解する。

●**電力制御に関する技術**　　上記の四つの技術に必要な安定した電力の供給に関する技術を理解する。

　本書では,以上のことについて,次の章から学んでいく。

章末問題

1 次の( )にあてはまることばを入れて，文を完成させよ。

　メカトロニクスということばは，(①)と(②)が合成された和製英語であり，メカトロニクスで設計・製造され，運用される機械を(③)とよぶ。

　また，その一例である産業用ロボットは，作業命令を判断したり，周囲の状況を把握する(④)機能と，精密に動く(⑤)機能が結びついて，物を移動させたり，部品を組み立てるなど，高度な(⑥)機能をもっている。

2 次の家庭用電気製品が行っている制御を二つずつあげよ。
　(1) 自動洗濯機　　(2) 電気冷蔵庫　　(3) エアコンディショナ

3 自動車をメカトロニクス化する理由を三つあげよ。

4 自動洗濯機では，センサで何を検出しているか。また，どのようなアクチュエータが使われているか。それぞれ三つずつあげよ。

5 次の電子機械に関係あるものを，下の解答群から二つずつ選べ。
　(1) ハイブリッド式自動車　　(2) 汚水処理装置　　(3) 数値制御工作機械

　解答群
　a) CNC旋盤　　b) pHセンサ　　c) モータとエンジン
　d) マシニングセンタ　　e) 中和剤　　f) 動力分割機構

6 図1-26は，電子機械の構成を示したブロック図である。各ブロックの名称を解答群から選べ。

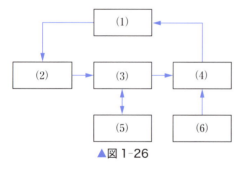

▲図1-26

　解答群
　a) コンピュータ　　b) アクチュエータ
　c) センサ　　　　　d) 機構
　e) 動力源　　　　　f) インタフェース

7 次の略語を日本語で示せ。
　(1) MC　　(2) NC　　(3) FA　　(4) CAD

8 電子機械に必要な技術には，どのようなものがあるか五つあげよ。

第2章

機械の機構と運動の伝達

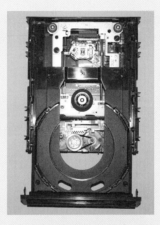

▲ DVD ドライブの構造

映像や電子文書の再生にとって欠かすことのできない機器として，各種光学ドライブがある。その中でも，代表的な DVD ドライブは，アルミニウム製の反射膜に記録されたディジタル信号を，レーザ光線の反射光の変化によって読み取り，映像や音声の再生などを行う電子機械である。DVD ドライブは，光ピックアップの焦点合わせや，ディスク半径方向の位置決めの運動，ディスクの回転などが，メカトロニクスを駆使して制御され，ディスクにらせん状に記録された情報信号を一定速度で正確に読み取っている。

このように電子機械は，目的の仕事や作業を機械にさせるために，いろいろな機械の要素を組み合わせて特定の運動をするようにつくられている。

ここでは，こうした電子機械の運動や，運動を変換・伝達する機構，機械を構成する機械要素，そして，これらの機械要素を組み合わせて運動の伝達を行う基本的な機構について学ぶ。

節
1 機械の運動
2 機械の機構
3 機械要素
4 機構の活用

1節 機械の運動

図2-1は，DVD[1]ドライブの内部構造例である。操作性にすぐれ，映像や音質もよく，われわれの生活から切り離すことのできない電子機械である。このDVDドライブも機械であるから，目的の仕事をするために，複雑な運動をする。しかし，それを構成している一つひとつの部品の運動に注目してみると，思いのほか単純な運動の組み合わせであることに気づく。

ここでは，機械の運動の種類について考える。

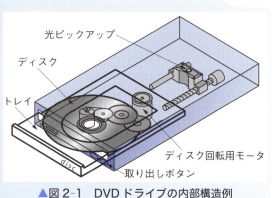

▲図2-1　DVDドライブの内部構造例

[1] digital versatile disc；略してDVDとよばれる。

1 運動空間からみた機械運動の種類

図2-1のDVDドライブで，ディスクをのせるトレイは，一つの直線または平面に沿って運動する。また，ディスクは特定の軸のまわりを回転する。このように物体上の各点が，どのような空間を運動するのかに着眼すると，次のようになる。

1 平面運動

物体上の各点が，それぞれある一つの平面に平行な平面上を移動する運動を**平面運動**[2]という。平面運動には，回転運動と線運動がある。

●**回転運動**　ディスクがディスク回転用モータの軸まわりに回転するような運動を**回転運動**という。回転運動は，物体上の各点がそれぞれ一つの軸線から，つねに一定距離を保つ平面運動であり，各点は空間に円を描く。

●**線運動**　DVDドライブのトレイがせり出したり引き込んだりする運動や，光ピックアップ[3]が案内軸に平行に移動するような運動を，**線運動**という。線運動は，物体上の各点がそれぞれの運動平面の定まった曲線または直線上を移動する運動であり，前者は**曲線運動**[4]，後者は**直線運動**[5]とよばれる。

[2] planar motion

[3] DVDから情報を読み取る装置。

[4] curvilinear motion

[5] linear motion, rectilinear motion, straight line motion

2 ねじ運動

物体が一つの軸線のまわりに回転すると同時に，その軸線に沿って回転角に比例した距離だけ進む運動を**ねじ運動**[6]という。物体の各点は，

[6] screw motion

30　第2章　機械の機構と運動の伝達

それぞれ空間にらせんを描くため，**らせん運動**ともよばれる。

3 空間運動

　機械を構成する各部品の運動は，ほとんどが平面運動・ねじ運動の2種類に分類されるが，図2-2に示す産業用ロボットのハンドの運動は，ハンド内の各点がこれら3種類の運動にあてはまらない運動をすることもある。そのような運動は，**空間運動**❶とよばれている。

　物体上の各点が，空間の一つの定点からそれぞれ一定の距離を保つ運動を**球面運動**❷という。物体の各点は，その定点を中心とする球面上を運動する。

❶ spatial motion
❷ spherical motion

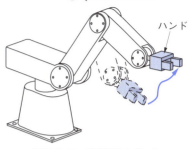

▲図2-2　産業用ロボット

2 速度変化からみた機械運動の種類

　機械の運動は，その機械の働き・用途によって，きわめてゆっくりしたものから，速いものまで種々あるが，その速さの時間的変化をみると，次のように分類することができる。

　等速運動❸　　時間の経過に対して速さが一定の運動。
　不等速運動　　時間の経過にともなって速さが変わる運動。

　駆動源をモータとする機械では，等速回転運動の形で動力を受けている要素が多い。しかし，運動を伝達する要素の中には，不等速運動をするものも多く，とくに**往復直線運動**や**揺動運動**がよく用いられている。また，一定の時間をおいて，停止と運動を規則的に繰り返す**間欠運動**❹は，加工・組立などに多く用いられている。

　電子機械では，駆動源のモータの回転速度を，等速運動だけでなく，駆動部の制御の状態に応じて変化させることも多い。例にあげたDVDドライブの場合，ディスクを回転させるモータは，光ピックアップがディスクの内周にあるときは高速回転，外周にあるときは低速回転とし，ピックアップが情報を読み取る位置のディスクの速度を，つねに一定にするようなふうがなされている。

❸ uniform motion

❹ intermittent motion, intermittent movement

問1　図2-1に示したDVDドライブで，ディスクを挿入して再生操作後，ディスクを取り出すまでの各部の運動の種類を答えよ。

2節 機械の機構

図2-3は，DVDドライブのトレイを直線運動させるためのしくみである。モータの回転運動が，ベルトと歯車によってトレイの直線運動に変換されていることがわかる。このように機械に決められた運動を行わせるには，モータなどの駆動源の運動の形を変えたり，速度を変えたりして伝達する必要がある。機械は，これらの運動を行うために多くの部品を組み合わせて構成されている。

ここでは，機械の内部で，この運動の変換や伝達を行っているしくみについて考える。

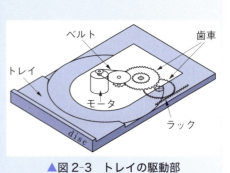

▲図2-3　トレイの駆動部

1 機構の構成

1 対偶と機構

図2-4は，運動の形や速度を変えて伝達するためによく用いられるしくみの例である。これらのように，運動の伝達や変換を目的として，いくつかの部材を組み合わせて決められた運動をするものを**機構**(メカニズム)とよんでいる。

この機構で，たがいに接触し，力を伝えたり，運動を伝えるという役割をする部材を，**節**または**リンク**という。図に示すベルト・プーリ・歯車などはすべて節である。

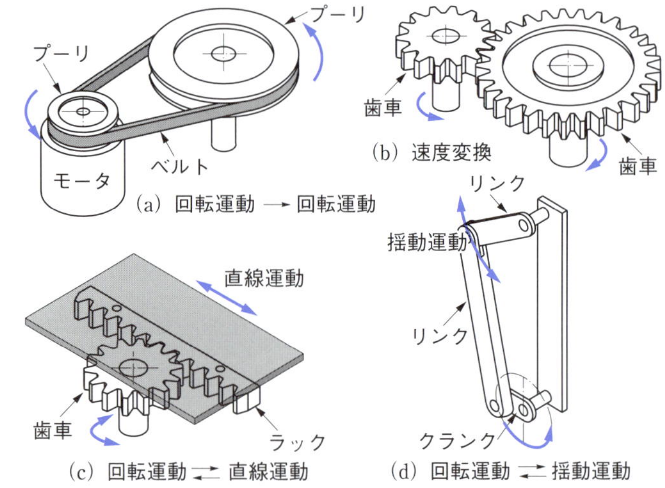

節と節をたがいに接触させて決められた相対運動を行わせるために，各節の接触部分に特定の形状を与えて組み合わせる。この組み合わせた部分を**対偶**という。

対偶には，図2-5に示すような種類がある。図(a)〜(c)の**回転対偶**・**直進対偶**・**ねじ対偶**は，それぞれ二つの節に相対的な回転運動・直線運動・らせん運動だけを行わせる対偶である。また，対偶は1通りの限定された運動だけでなく，図(d)の**円筒対偶**のように回転運動

▲図2-4　運動を変換・伝達する機構の例

❶ mechanism
❷ link
❸ pair：ペアともいう。
❹ revolute pair：回り対偶ともいう。
❺ prismatic pair：進み対偶ともいう。
❻ cylindrical pair

32　第2章　機械の機構と運動の伝達

(a) 回転対偶　　(b) 直進対偶　　(c) ねじ対偶　　(d) 円筒対偶　　(e) 球対偶

▲図2-5　対偶の例

と直線運動を，あるいは図(e)の**球対偶**のように3軸まわりの回転運動を独立して行うことができる対偶もある。

❶ spherical pair

2　連鎖と機構

対偶によっていくつかの節を次々と連結したものを**連鎖**という。図2-6は，回転対偶でつくられた連鎖の例である。各対偶の回転軸が平行であるとすると，図(a)の3節連鎖では各節は相対運動を行うことはできないが，図(b)～(d)の連鎖では相対運動が可能である。

❷ kinematic chain

相対運動が可能な連鎖で，一つの節を静止フレームに固定したものを機構という。機構は，限定した運動を行うものであり，機械の運動系としての基本構造であるといえる。

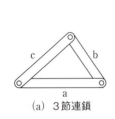 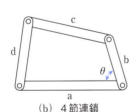 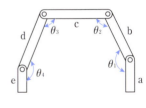

(a) 3節連鎖　　(b) 4節連鎖　　(c) 5節連鎖　　(d) 5節連鎖（開連鎖）

▲図2-6　回転対偶からなる連鎖の例

2　機構の種類

1　機構の自由度

図2-6(b)～(d)の連鎖において，節aを静止フレームに固定した機構を考える。図(b)の4節連鎖では，節b，c，dは1通りの決まった運動を行い，たとえば節aと節bのなす角θを決めると，節cと節dの位置が決まってしまう。このような機構を**自由度**1の機構という。また，図(c)の5節連鎖では，節の運動は1通りに定まらないが，二つの量，たとえば節aとbのなす角θ_1および節aとeのなす角θ_2を決めると，節c，dの位置が定まるので，自由度2の機構という。図(d)の5節開連鎖では，隣り合う節間の角θ_1～θ_4を指定してはじめて各節の位置が定まるので，これは自由度4の機構である。自由度が

❸ degree of freedom

❹ 連鎖を構成するリンクが閉回路をなすとき閉連鎖（closed chain），開回路をなすとき開連鎖（open chain）とよぶ。

2以上の機構を**多自由度機構**という。

　一般に，機械は一定の決まった運動を繰り返すようにつくられることが多く，このような場合には自由度1の機構が用いられる。しかし，機械によっては，その内部や外部の状況に応じていく通りもの運動を行わせたい場合もある。そのような機械では，多自由度機構が用いられる。したがって，機構を考えるときは，機構の自由度を考慮して，節および対偶の数，各節の連結状態を決めることが必要である。

2　機構の種類

　機構を構成する節はそれぞれ役割をもち，次のようによばれている。静止フレームに固定され，運動をしない節を**静止節**または**固定節**といい，モータなどの駆動源に接続され，外部から運動を取り入れる節を**原動節**または**入力節**，外部へ運動を出す節を**従動節**または**出力節**という。また，原動節と従動節が指定された機構を**伝動機構**という。

❶ fixed link
❷ driver, driving link
❸ input link
❹ follower, driven link
❺ output link

　原動節から従動節へ運動を伝達する形式として，図2-7(a)のように原動節と従動節が直接接触する**直接接触伝動**と，図(b)のように両節の間に中間節（媒介節ともいう）をもつ**媒介伝動**とがある。

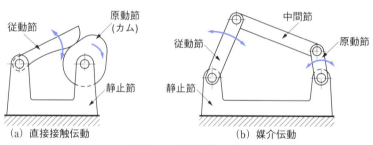

▲図2-7　伝動機構の形式

3節 機械要素

機械は，目的の仕事をするために多数の部品で組み立てられている。そして，動力が与えられることによって，それらの部品の間に定められた運動が発生する。

ここでは，機械を構成する部品のうち，メカトロニクス製品で使われる基本的なものの働きや形状について考える。

1 機械要素

機械に使われる部品には，機械本体を構成する枠などのように，その機械だけに特有な形で使われる部品と，ねじ・軸・歯車・ベルトなどのように，働きや形状が共通していて，多くの機械に同じ目的で使われる部品がある。

多くの機械に共通して使われる部品を総称して，**機械要素**❶という。機械要素には，ボルトや軸のように単体のものと，数個の部品が組み立てられて一つの機械要素として使用されるものがある。

❶ machine element

機械要素は使用目的によって，表2-1のように分類される。

▼表2-1　機械要素の分類

要素名	使用目的	例
締結要素	部品と部品を結合する。	ねじ・ピン・止め輪・リベット
伝達要素	運動・力・情報を伝える。	軸・歯車・ベルト・チェーン・送りねじ
案内要素	運動する部品を保持し，案内する。	滑り軸受・転がり軸受
エネルギー吸収要素	振動をやわらげたり，運動の速度を落としたり，止めたりする。	ばね・ブレーキ
流体伝導要素	空気・水・油などの流体を導いたり，流体を用いて信号を送ったりする。	管・バルブ・管継手

機械要素は，多くの機械に共通して使われる部品であるから，形状・寸法・材料などについての標準を定め，機械を製作する場合，この標準に従ったものを用いるようにすれば，生産能率，生産原価，製品の互換性などの面でも有利である。このため，日本では，機械要素の標準が**日本産業規格**（JIS）❷に定められている。また，国際的に技術交流が進んでいるこんにちでは，**国際標準化機構**（ISO）❸の規格が制定されている。

❷ Japanese Industrial Standards
❸ International Organization for Standardization

3節　機械要素　35

機械要素は，このように規格化されているので，機械の設計を行う場合には，規格品を積極的に利用する。

2 締結要素

二つ以上の機械部品を結合して組み立てることを"締結する"といい，締結のために用いる部品を**締結要素**とよぶ。

締結要素としてよく用いられるものに，ねじ・ピン・止め輪・リベットなどがある。このほかに，溶接・接着・かしめなどの締結法がある。また，締結には，一度締結したら再度分解できない**永久結合**と，分解が可能な**非永久結合**があるので，締結の目的によって適切な結合法と要素を選定する必要がある。

1 ね　じ

ねじは，最も広く用いられている機械要素の一つであり，その用途の多くは機械部品などの締結である。

●**ねじの基本**　図 2-8 に示すように，円筒の表面に直角三角形 ABC を巻きつけると，斜辺 AC は円筒面上にらせん状の曲線となる。この曲線を**つる巻線**❶といい，ねじの基本となる曲線である。このとき斜辺 AC の傾き β を**リード角**❷，円筒の直径を d として底辺 AB の長さ πd に対する辺 BC の長さ l を**リード**❸という。

このつる巻線に沿って断面が三角形や四角形のベルトを巻きつけると，円筒表面には，らせん状の山と谷からなるねじ山ができる。このねじ山をもった円筒全体を**ねじ**❹とよび，ねじ山が円筒外側にあるものを**おねじ**❺，円筒内面にあるものを**めねじ**❻という。

❶ herix
❷ lead angle
❸ lead

❹ screw, screw thread
❺ external thread
❻ internal thread

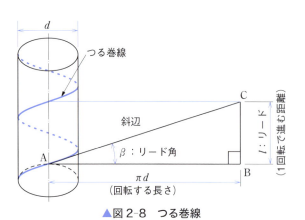

▲図 2-8　つる巻線

ねじには，ねじ山の巻き方向によって，**右ねじ**❶と**左ねじ**❷がある。特殊な用途を除いて，一般には，右ねじが用いられる。

ねじの働きは，斜面上にある物体を押し上げ，または押し下げる作用に相当する。おねじとめねじをはめ合わせて相対的に回転させれば，小さなトルクで軸方向に大きな力が得られる。そのため機械部品の締結のほか，動力や運動を伝達する伝動・移動に利用される。また，ねじの回転角と軸方向の移動距離の関係を利用して，微小な寸法の計測や位置の微調整などに用いられる。

●**三角ねじ**❸　三角ねじは，ねじ山の断面が三角形のねじで，おもに締結用や計測用，調整用として使われる。

図2-9に，三角ねじの各部の名称を示す。ねじ軸方向で隣り合うねじ山の対応する点の距離を**ピッチ**❹という。また，ねじの寸法を代表する直径を**呼び径**❺という。

❶ right-hand thread
❷ left-hand thread

❸ triangular thread

❹ pitch
❺ nominal diameter

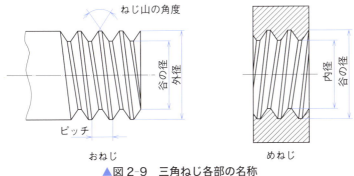

▲図2-9　三角ねじ各部の名称

三角ねじのうち，ねじ山の角度が60°で，ねじの直径およびピッチをmm単位で表したねじを**一般用メートルねじ**❻という。一般用メートルねじでは，おねじの外径あるいはめねじの谷の径を呼び径としている。一般用メートルねじを表すには，呼び径を示す数値のまえにメートルを意味するMをつけて，さらに数値のあとにピッチを表示する。たとえば，呼び径10 mm，ピッチ1.25 mmのねじは，M10×1.25と表す。

一般用メートルねじは，同じ呼び径のねじでも，ピッチの違いにより**並目**❼・**細目**❽がある。並目は，一般的な**ボルト**❾・**ナット**❿などに用いられ，呼び径に対しピッチの規定がただ一つだけなので，ピッチの表示は省略する。細目はピッチが細かく，ねじ山の高さが並目より低いので薄肉の部品の締付けに適している。また，リード角が小さいため並

❻ general purpose metric screw thread

❼ coarse
❽ fine
❾ bolt
❿ nut

▼表2-2 一般用メートルねじの基準寸法

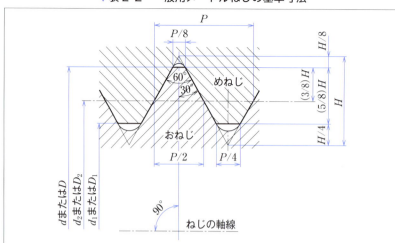

d ：おねじ外径(呼び径)
D ：めねじ谷の径(呼び径)
d_2 ：おねじ有効径
D_2 ：めねじ有効径
d_1 ：おねじ谷の径
D_1 ：めねじ内径
H ：とがり山の高さ
P ：ピッチ

$$H = \frac{\sqrt{3}}{2}P = 0.866025404P$$

$$d_2 = d - 2 \times \frac{3}{8}H = d - 0.6495P$$

$$d_1 = d - 2 \times \frac{5}{8}H = d - 1.0825P$$

$$D = d,\ D_2 = d_2,\ D_1 = d_1$$

❶ ねじ溝の幅がねじ山の幅に等しくなるような仮想的な円筒の直径。

太い線は基準山形を示す。（単位 mm）

| 呼び径 d, D ||ピッチ P ||有効径 d_2, D_2 | めねじ内径 D_1 |
第1選択	第2選択	並目	細目		
2		0.4		1.740	1.567
2.5		0.45		2.208	2.013
3		0.5		2.675	2.459
	3.5	0.6		3.110	2.850
4		0.7		3.545	3.242
5		0.8		4.480	4.134
6		1		5.350	4.917
	7	1		6.350	5.917
8		1.25		7.188	6.647
			1	7.350	6.917
10		1.5		9.026	8.376
			1.25	9.188	8.647
			1	9.350	8.917

(JIS B 0205-1, 3, 4 : 2001 より抜粋)

目よりゆるみにくい。

　表2-2に，JISに規定された一般用メートルねじの基準寸法を示す。

　三角ねじには，このほかに，ねじ山の角度が55°の**管用ねじ**がある。　❷ pipe thread
このねじは，管と管，機械部品と管をつなぐときに用い，ピッチが細

かく，管のように肉厚の薄い部分に使用する。

2 ねじ部品

ねじ部をもつ機械部品を**ねじ部品**という。ねじ部品には多くの種類があるが，おもに締結用に用いられるのは，ボルト・ナット・小ねじ❶・止めねじ❷である。また，ねじ部品とともに使用される座金❸は，ねじ付属品とよぶ。これらの要素や，ねじ部品を締め付ける工具などは，JIS によって標準化され互換性が保たれている。

❶ machine screw
❷ setscrew
❸ washer

●**ボルト・ナット**　ボルトやナットは，最も一般的に使用される締結用部品で，ボルトの頭部やナットが六角形状の六角ボルト・六角ナットが多く用いられる。これ以外にも，使用目的や形状によって多くの種類があり，図 2-10 にそのおもなものを示す。

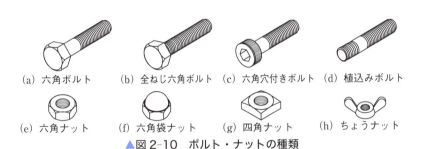

　(a) 六角ボルト　(b) 全ねじ六角ボルト　(c) 六角穴付きボルト　(d) 植込みボルト
　(e) 六角ナット　(f) 六角袋ナット　(g) 四角ナット　(h) ちょうナット
▲図 2-10　ボルト・ナットの種類

ボルト・ナットによる締結は，図 2-11 に示すような三つの方法がある。

図(a)の通しボルトは，締結用に最も広く用いられ，二つの部品に通し穴をあけ，これにボルトを通してナットで締め付ける。

図(b)の押さえボルトは，一方の部品にめねじ加工して，これにボルトをねじ込んで他方の部分を締め付ける。

何度も分解・組立を繰り返す箇所では，めねじが損傷しないように，図(c)の植込みボルトが用いられる。ボルトは植え込まれたまま固定され，ナットを着脱するだけで部品の取付け・取りはずしができる。

 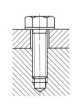 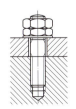

　(a) 通しボルト　　(b) 押さえボルト　　(c) 植込みボルト
▲図 2-11　ボルト・ナットによる締結法

締付けは，スパナやレンチなどで行う。自動車などに使われるねじのように，一定の締付けトルクで締め付ける必要がある場合は，トルクレンチを用いる。

●**小ねじ**　比較的外径の小さい頭つきのねじで，あまり大きな力のかからない場合の締付けに，ボルトの代わりに使われる。JIS では M1〜M8 の範囲で定められ，並目である。頭の形状によって，図 2-12 に示すような種類があり，ねじを回すために頭部には，すりわりまたは十字穴がつけられている。

▲図 2-12　小ねじ

●**止めねじ**　ねじの先端の押込みや摩擦を利用して機械部品間の動きを止めるねじで，押しねじともよばれ，頭の形状やねじ先の形状によって，図 2-13 のような種類がある。部品を固定する力は大きくないが，任意の位置に固定できる利点がある。また，固定する位置が決まっていれば，その位置にねじ先の形状に合うくぼみを加工して，固定する力を高めることができる。

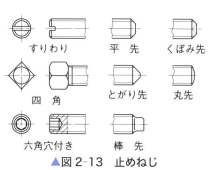

▲図 2-13　止めねじ

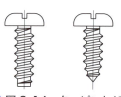

▲図 2-14　タッピンねじ

●**タッピンねじ**[1]　図 2-14 に示すような形状で，めねじのない下穴に直接ねじ込み，ねじ自身でねじ立てをしながら締付けを行うねじで，薄い鋼板やアルミニウム板材などに用いられる。

[1] self tapping screw

●**座金**　小ねじ・ボルト・ナットなどの座面と締付け面の間に入れて，締め付ける面が平らでなかったり，軟らかい場合に，じゅうぶんな締付けをしたり，締付け面を傷つけないようにしたりするために用いる部品を**座金**という。座金は，このほかに，ゆるみ止めを目的としても使われる。図 2-15 に，おもな座金を示す。

部材の締結にねじを使う場合，繰り返し荷重を受ける場所や，振動の発生する場所では，必ずねじのゆるみ止めをする必要がある。ゆるみ止めを目的とした座金は，座金のもつばね力を利用している。

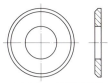
平座金・並形面取り

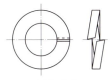
ばね座金

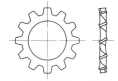
歯付き座金・外歯形

▲図2-15　座金

（a）ダブルナットによるゆるみ止め

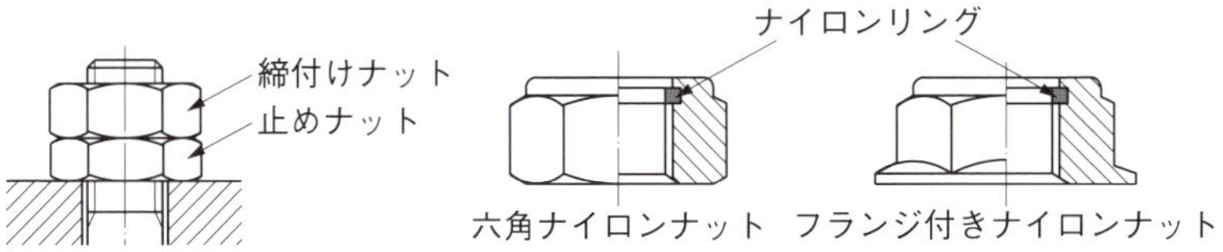

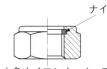
六角ナイロンナット　フランジ付きナイロンナット
（b）ナイロンナット

▲図2-16　ねじのゆるみ止めの例

ゆるみ止めには，このほかに，図2-16に示す**ダブルナット**❶や**ナイロンナット**なども使われる。

3　その他の締結要素・締結法

ねじ部品以外の締結要素および締結法には，次のようなものがある。

● **ピン**　小径の穴に打ち込んで，締結・位置決め，部品のゆるみ止めなどに用いられる棒状または筒状の部品をピンという。平行ピン❷は分解・組立をする二つの部品の合わせ目の位置決め，テーパピンはハンドルなどの軸への取付け，割りピンは部品のゆるみ止めなどに用いる。図2-17に，ピンの種類とその使用例を示す。

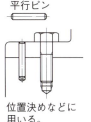
平行ピン
位置決めなどに用いる。

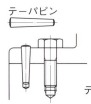
テーパピン
精密な位置決めなどに用いる。

軸　テーパピン　ボス
ボスと軸との固定などに用いる。

割りピン
部品のゆるみ止めなどに用いる。

▲図2-17　ピンの種類と使用例

● **止め輪**　軸または穴に加工された溝にはめ込んで，軸または穴にはめ合わされた部品を固定したり，位置決めに用いる輪状の部品を**止め輪**❸という。図2-18に，各種の止め輪とその使用例を示す。

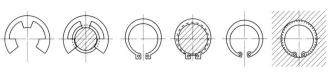
E形止め輪　　軸用C形止め輪　　穴用C形止め輪
▲図2-18　止め輪とその使用例

❶ まず止めナットを締め，次に締付けナットを締めたまま止めナットを少し戻して二つのナットを押し合うようにする。このとき，ねじ面に大きな摩擦力が生じてゆるみにくくなる。

❷ pin

❸ snap ring, retaining ring

●**溶接** 金属製締結物の接合部分を局部的に溶融させ，または溶加材を加えながら溶融させて，接合させる結合方法を**溶接**❶という。接合された部分は，ほぼ母材と同じ強度をもつ一つの部材となる。溶接による接合は，接合する工作物の板厚や形状に制限が少なく，気密も良好である。しかし，局部的な加熱による材質の変化や変形，内部応力の発生などがある。

❶ welding

●**接着** **接着**❷は，部材と部材の間に液状の接着剤を塗布し，固化させて結合する方法である。接着は，同種材料の組み合わせだけでなく，金属材料と非金属材料などの異種材料との結合も可能である。用途に応じて多くの種類の接着剤が開発・実用化され，接着強度も向上している。

❷ adhesion

●**塑性変形を利用した薄板の結合** 薄板構造物，板材どうしの結合には，図2-19に示すように，塑性変形がよく利用される。塑性変形を利用した結合は，溶接のように熱を加えないので，めっき材や表面処理材などの結合に適している。また，小ねじやタッピンねじなどの特別の部品も不要である。板材そのものを加工すればよいので，生産性が高い。

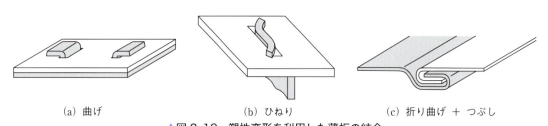

(a) 曲げ　　　　(b) ひねり　　　　(c) 折り曲げ ＋ つぶし

▲図2-19　塑性変形を利用した薄板の結合

●**スナップフィット** プラスチック部品などの締結には，**スナップフィット**❸がよく使われる。スナップフィットは，位置決めと固定を行うことにより部品の取付けを可能にする機械的な締結部品で，位置決めのための**ロケータ**❹や部品どうしを固定し締結する**ロック**❺などから構成される。

❸ snap fit
❹ locator
❺ lock

図2-20は，家庭用電気製品のリモコンの電池ボックスに用いたスナップフィットの例である。図で，ふたに設けられたロックは，本体に挿入されたあと，スロットに保持部が固定される。ロックは一部がたわむことで挿入され，もとの形に戻り締結するので弾性が要求される。ロケータには，剛性と位置決め精度が要求される。

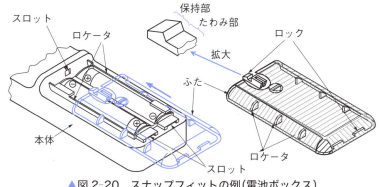

▲図2-20 スナップフィットの例（電池ボックス）

　スナップフィット締結は部品点数が少なく，単純な構造なので軽量化でき，安価にできる。また，分解作業も容易にでき，保守・修理・リサイクルにすぐれているなどの利点がある。

3　軸・軸関連要素

　機械の運動や動力は，一般に回転運動によって伝えられることが多い。回転運動を伝える最も基本的な機械要素が軸である。回転する軸に関連する機械要素には，図2-21に示すように，軸・キー・軸継手・軸受などがある。

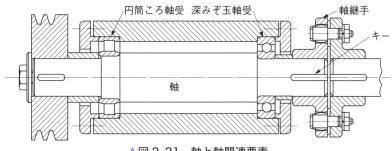

▲図2-21　軸と軸関連要素

1　軸

　軸は，必要とする動力と回転とを円滑に伝えるための機械要素である。その機能から分類すると表2-3のようになり，形状から分類すると表2-4のようになる。

　軸の直径は，その軸に作用する荷重に対して安全であるようにし，JISに定められた規格から軸の直径を決めることが望ましい。

▼表2-3 軸の機能による分類

軸	軸の機能
伝動軸	ねじりを受けながら回転することにより動力を伝動する。
車軸	軸に直角方向の荷重を支え，曲げだけを受ける。
スピンドル	直径が太くて，軸のたわみ量が小さく，軸の回転中心を精度よく保持する。

▼表2-4 軸の形状による分類

軸	形状	例
直軸	中心軸が直線。	
たわみ軸	中心軸がある程度自由に曲げられる軸。	
クランク軸	中心軸がコの字形に曲がっている。	

2 キー・スプライン

　伝動軸に，プーリ・歯車・カムなどの回転部品を取り付ける場合，両部品の接触部の一部を加工し，加工部に炭素鋼や合金鋼でつくった部品を入れる。この部品を**キー**という。軸と回転部品を締結して，トルクや回転を確実に伝達することができる。図2-22(a)に示す沈みキーは，軸とボスの両側にキー溝を設けて両者を締結する。沈みキーおよびキー溝の寸法は，軸径に応じてJIS規格から選ぶ。

❶ key

　キーは，その寸法と材質から伝達トルクに制限がある。このため大きなトルクを伝えるには，図(b)のような**スプライン**を用いる。スプラインは，軸のまわりに軸線と平行にキー状の歯を等間隔に数個削り出したもので，歯車などの回転部品の軸穴にもスプラインとはまり合う溝が切られる。回転部品を軸に固定するだけでなく，軸方向に滑らせることもできる。

❷ spline

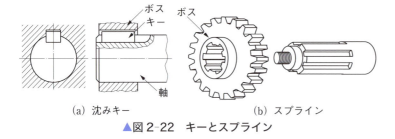

(a) 沈みキー　　　(b) スプライン
▲図2-22 キーとスプライン

3 軸継手

　原動機と作業機械の回転軸を直接連結する場合や，加工・組立のつごうで分割して製作された軸を連結する場合など，回転軸どうしを連結してトルクの伝達を行わせるのに**軸継手**が用いられる。

❸ shaft coupling

　結合しようとする2軸の軸線が一致している場合には，固定軸継手

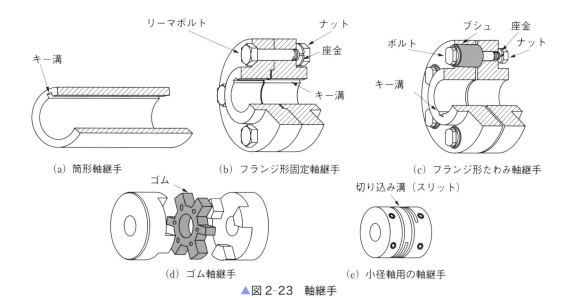

▲図2-23 軸継手

が用いられる。よく用いられるものに，図2-23(a)のような小径用の**筒形軸継手❶**と，図(b)のような大径用の**フランジ形固定軸継手❷**がある。

また，2軸の軸線が一致しにくい場合や，振動・衝撃を緩和させたい場合には，**たわみ軸継手❸**が用いられる。ゴムや皮革などのブシュを介して軸を連結する軸継手で，おもなものに図(c)，(d)のような**フランジ形たわみ軸継手・ゴム軸継手**などがある。図(e)は，金属の弾性を利用した小径軸に用いられるたわみ軸継手である。

さらに，2軸がある角度で交わる場合の軸継手として，**自在継手❹**があり，自動車・自動作業機械などに用いられる。図2-24(a)において，原動軸が一定の角速度で回転しても，従動軸の角速度は変化して回転むらが生じる。この角速度の変動を避けて，従動軸の角速度を一定にするためには，図(b)のように，2軸の間に中間軸を入れて両軸の交角αを等しくする。なお，交角αはあまり大きくしないのが望ましく，一般には30°以下にする。

❶ muff shaft coupling
❷ rigid flanged shaft coupling
❸ flexible shaft coupling
❹ universal joint

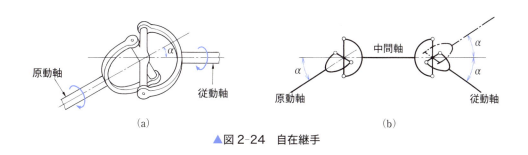

▲図2-24 自在継手

4 軸受

　荷重を受けながら回転する伝動軸を支持し，その回転運動を円滑に行わせるために，**軸受**❶が用いられる。軸受は，部品間の精密な相対運動を確保するとともに，接触部の摩擦と摩耗を減少させ，また焼付きを防止するなど，機械の効率・耐久性・信頼性の向上をはかるうえで重要な機械要素である。

　軸受と接触している軸の部分を**ジャーナル**❷とよぶ。軸受とジャーナルとの接触面の間に，油や空気などの薄い潤滑膜を介して滑り接触するものを**滑り軸受**❸，球や円筒ころなどの転動体を介して転がり接触するものを**転がり軸受**❹という。

　また，軸受の受ける荷重の方向から，荷重が軸線に垂直に働くものを**ラジアル軸受**❺，荷重が軸方向に働くものを**スラスト軸受**❻という。これらの例を図 2-25，図 2-26 に示す。

　なお，軸受には図 2-27 のように，回転軸だけではなく，直線運動体の支持に用いられる**直動軸受**がある。

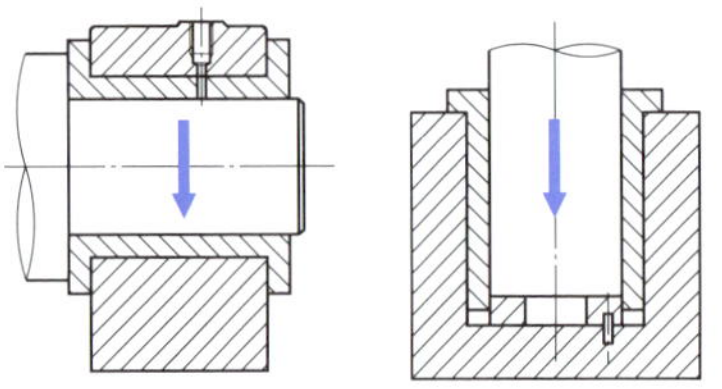

　滑り軸受は，取り付けられる機械・装置に合わせて個別に設計・製造されることが多い。転がり軸受は，特殊な製造設備を必要とし，軸受専門メーカによって製造される。大量生産されるため標準化されて

❶ bearing

❷ journal

❸ sliding bearing

❹ rolling bearing

❺ radial bearing

❻ thrust bearing

(a) ラジアル軸受　(b) スラスト軸受
▲図 2-25　滑り軸受

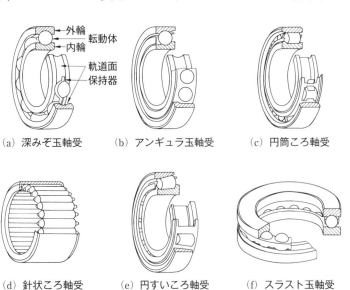

(a) 深みぞ玉軸受　(b) アンギュラ玉軸受　(c) 円筒ころ軸受

(d) 針状ころ軸受　(e) 円すいころ軸受　(f) スラスト玉軸受
▲図 2-26　転がり軸受

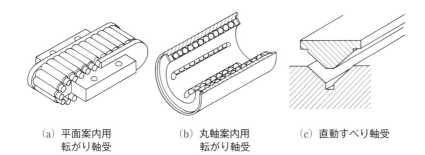

(a) 平面案内用　　(b) 丸軸案内用　　(c) 直動すべり軸受
　　転がり軸受　　　　転がり軸受

▲図 2-27　直動軸受

おり，安価なうえに，**潤滑**❶や保守・交換も容易であることから広く使われている。

　軸と軸受が接触して運動する部分には，潤滑を行う必要がある。潤滑は摩擦を少なくし，動力の節約，摩耗の減少だけでなく，接触面の冷却やさび止めの効果もある。滑り軸受では，つねに適量の潤滑油を軸受の適切な箇所へ供給しなければ，その性能を発揮できない。転がり軸受の潤滑方法には，グリース潤滑と油潤滑がある。油潤滑のほうが油膜の形成，熱の放散，ごみ・水の放出などでグリース潤滑よりすぐれている。グリースは油よりも取り扱いやすく，給油装置や**密封装置**❷が安価にできるので，一般的にはグリース潤滑が用いられることが多い。なお，転がり軸受には，ゴムシールや金属シールドを取り付け，グリースが封入されたものがある。

　潤滑剤が外部へ漏れたり，逆にごみ・水などがはいるのを防ぐために密封装置が用いられる。また，密封装置は潤滑油の漏れ止めだけでなく，気体や液体の密封にも使用される。密封装置には，図 2-28 に示すような**オイルシール**❸や **O リング**がよく使用される。

❶ lubrication

❷ sealing device

❸ oil seal

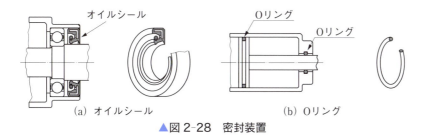

(a) オイルシール　　　　(b) O リング

▲図 2-28　密封装置

4　伝達要素

　2 軸間で回転運動を伝達する場合，回転の向きを変えたり，回転速度を減じてトルクを増大させなければならないことがある。このよう

3節　機械要素　　47

な回転運動を伝達する機械要素の選択にあたっては，回転速度や動力の大きさ・変動，回転精度，2軸の距離と位置決め精度，潤滑などの事項を考慮して，歯車・ベルト・チェーンなどを用いる。

1 歯 車

歯車[1]は，次々とかみあう歯によって，回転運動を連続的に伝達する。2軸間の角速度の比を一定に保って，低速から高速までの回転運動を伝達できる。また，かみあう歯車の組み合わせを変えて各種の角速度比を得ることができる。しかし，歯のかみあいのため騒音が出やすい。

おもな歯車の種類を示すと表2-5のとおりで，2軸が平行である場合だけでなく，交差する場合やねじれの位置にある場合にも，伝動が可能である。しかし，軸間距離が大きくなると，歯車の直径が大きくなり，質量も増大することになるため，2軸があまり離れている場合には適さない。

図2-29の一点鎖線のように，両歯車と共通の中心をもち，歯車のかみあいと同じ角速度比でころがり接触する1組の円が考えられる。これらの円はそれぞれの歯車の**基準円**[2]とよばれる。

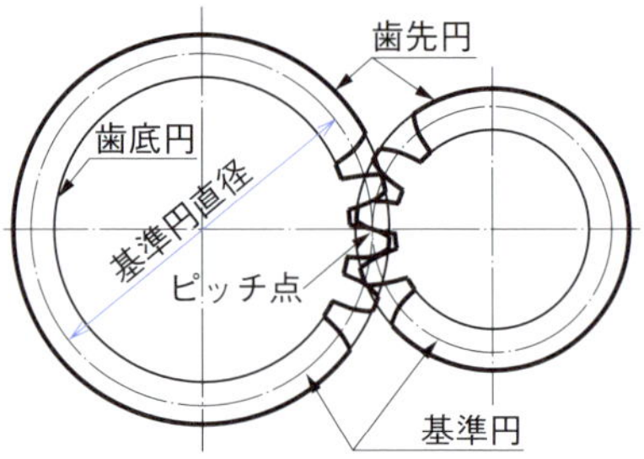

▲図2-29 歯車の基準円

基準円は，実物の歯車ではっきりその部分を表すことはできないが，歯車の大きさを表すにはこの円の直径が使われ，歯車の設計・加工の基礎となる重要な大きさである。図中の**ピッチ点**[3]は両基準円の接点で，両中心を結ぶ線上に存在する。図2-30に，歯車各部の名称を示す。

歯車の歯の大きさは，次式(p.50)に示す基準円直径 d [mm] を歯数 z で割った**モジュール**[4] m [mm] という値が用いられることが多く，

[1] gear
[2] reference circle
[3] pitch point
[4] module
[5] 基準円を含む円筒と歯面との交線

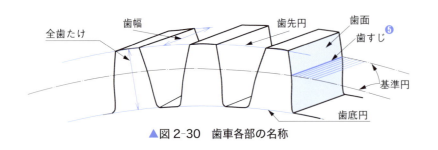

▲図2-30 歯車各部の名称

▼表2-5　歯車の種類

歯車の種類		特　徴	用　途
2軸が平行なときに用いる歯車	平歯車	歯すじが軸に平行な直線である円筒歯車。両歯車の回転の向きが，たがいに逆になる。	最もふつうに用いられる。
	はすば歯車	歯すじがつる巻線である円筒歯車で，平歯車より大きな動力を円滑に伝えることができる。	一般的な動力伝達装置，減速装置に適する。
	内歯車	円筒の内側に歯がある歯車。両歯車の回転の向きが同じである。	遊星歯車装置に用いられる。（p.57参照）
	ラック	回転運動を直線運動に変えたり，直線運動を回転運動に変えたりする。ラックは，基準円直径が無限大になった状態の歯車である。	工作機械などの送り装置などに用いられる。
2軸が交わるときに用いる歯車	すぐばかさ歯車	交わる2軸間に，ころがり接触で回転を伝える円すい面に歯をつけた歯車である。歯が直線で，円すいの頂点に向かっている。	工作機械や諸機械の動力伝達装置，差動歯車装置に適する。
	まがりばかさ歯車	歯すじが曲線であるかさ歯車。歯当たり面積が大きいので，強度が大きく，回転も静かである。	自動車・トラクタなどの減速装置に用いられる。
2軸が平行でもなく，交差もしないときに用いる歯車	ハイポイドギヤ	くいちがい軸の間に運動を伝達する円すい状の1組の歯車である。	自動車の差動歯車装置などに用いられる。
	ウォームギヤ	ウォームとこれにかみあうウォームホイールとからなる1組の歯車で，同一平面にない2軸の直角な運動伝達に使われる。	比較的小形の装置で，大きな速度伝達比を得るような減速装置に適する。
	ねじ歯車	二つの軸がくいちがっていて，平行でもなく交わりもしないものである。速度伝達比が小さく，増速も可能である。	多くの自動機械などに用いられる。

JISにモジュールの標準値が定められている。

$$モジュール\ m = \frac{基準円直径\ d}{歯数\ z}\ [\text{mm}] \quad (1)$$

モジュールの値が大きいほど歯は大きくなる。かみあう1組の歯車対のモジュールは，同じ値にしなければならない。

また，ピッチ点における歯面の接線が，歯車の中心とピッチ点を結ぶ直線となす角を**圧力角**とよぶ。JISでは，この圧力角を20°と規定している。モジュールだけでなく，この圧力角が等しくなければ歯車は正しくかみあわない。

1組のかみあう歯車対が動力を伝達しているとき，**駆動歯車**と**被動歯車**の回転速度を n_1, n_2 [min^{-1}]，基準円直径を d_1, d_2 [mm]，歯数を z_1, z_2，モジュールを m [mm] とすると，両歯車のピッチ点における周速度 v [m/s] は，次式で表される。

$$v = \frac{\pi d_1 n_1}{1\,000 \times 60} = \frac{\pi d_2 n_2}{1\,000 \times 60} \quad (2)$$

このとき，回転速度の比である**速度伝達比** i は，式(2)および式(1)より，次のようになる。

$$i = \frac{n_1}{n_2} = \frac{d_2}{d_1} = \frac{mz_2}{mz_1} = \frac{z_2}{z_1} \quad (3)$$

また，両歯車の中心距離 a [mm] は，それぞれの基準円の半径の和であるから，次のようになる。

$$a = \frac{d_1 + d_2}{2} = \frac{m(z_1 + z_2)}{2} \quad (4)$$

歯車装置で，中心距離が式(4)の値より小さいと歯車が組付けできなくなり，大きすぎると歯と歯のすきまが広がり騒音や振動が発生するおそれがある。正しくかみあわせるためには，式(4)で求めた値の中心距離に歯車を組み付ける。しかし，実際には，運転中における歯の変形・熱膨張などのために，歯と歯がきしみ合って滑らかな回転ができないので，歯と歯の間にはわずかなすきまを設ける。このすきまを**バックラッシ**という。バックラッシは，歯面の潤滑のためにも必要であるが，できるかぎり小さくする。

問2 基準円直径140 mm，歯数35の歯車のモジュールを求めよ。

---

❶ JIS B 1701-2 : 2017
❷ pressure angle
❸ driving gear
❹ driven gear
❺ 単位はSIでは毎秒([s^{-1}])だが，毎分([min^{-1}])もSI併用単位である。
❻ 速度伝達比 = $\dfrac{駆動歯車の回転速度}{被動歯車の回転速度}$
❼ backlash

2 ベルト・チェーン

2軸間に動力を伝達する場合，2軸間の中心距離が大きいと，歯車などによる直接伝動は困難である。このようなときは，軸に固定した車（プーリ・スプロケット）にベルトやチェーンを巻き掛けて伝動する方法が用いられる。これを**巻掛け伝動装置**という。

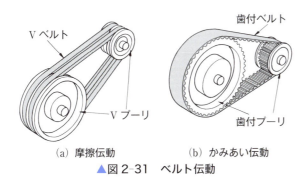

(a) 摩擦伝動　　(b) かみあい伝動

▲図 2-31　ベルト伝動

ベルト伝動❶は，図 2-31 に示すように，ベルトを**プーリ**❷に掛けて伝動する方法である。ベルトの種類には，大きく分けると図(a)のように摩擦力を利用する V ベルトと，図(b)のようにかみあいを利用する**歯付ベルト**❸がある。

❶ belt drive
❷ pulley
❸ synchronous belt

ベルト伝動には，次のような特長がある。
① 回転速度の範囲が大きく取れる。
② 回転速度比を任意に決めることができる。
③ 歯付ベルトを使えば同期伝動も可能である。
④ 歯車に比べて軸間距離の精度が悪くてもよい。
⑤ 騒音が小さい。
⑥ ベルト交換などの保守・点検が容易である。

チェーン伝動❹は，図 2-32 のようにチェーンを**スプロケット**❺の歯に掛けて伝動する方法である。

チェーンは，図 2-33 に示す**ローラチェーン**❻が最もよく使用されて

❹ chain drive
❺ sprocket wheel
❻ roller chain

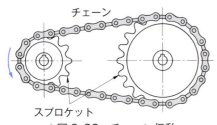

▲図 2-32　チェーン伝動

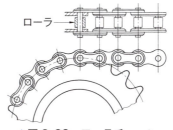

▲図 2-33　ローラチェーン

3節　機械要素　51

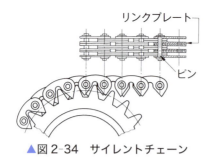

▲図 2-34 サイレントチェーン

いるが,振動や騒音をきらうところには,図 2-34 の**サイレントチェーン**❶が使われることがある。

❶ silent chain

次に,ベルト伝動と比較したときのチェーン伝動の特徴をあげる。

① チェーン伝動のほうが伝動能力が高いため,装置を小さくできる。

② 一般に,ベルトは非金属材料でつくられているため,耐久性は,チェーンのほうが有利である。

③ 歯付ベルト伝動を除けば,ベルト伝動では初張力をかけて張るので,チェーン伝動のほうが軸受にかかる負荷が少ない。

④ 一平面内での伝動(2 軸平行の場合)のみ可能である。

5　その他の要素

動力を伝達して機械を運転する場合には,運転・停止時に生じる衝撃や,外力による衝撃,運転中の振動などから機械を保護したり,運転速度の調整や停止を行ったり,動力伝達の中断や再開をするための機械要素が必要である。これらの働きをするのが緩衝要素・制動要素・クラッチである。

このほか,液体やガスなどの流体を導いたり,その流量の調整や圧力制御,また流体によって動力伝達を行うために用いる機械要素もある。

●**緩衝要素**　衝撃や振動の緩和を行う緩衝要素には,**ばね**❷・防振ゴム・空気ばね・油圧ダンパなどがある。ばねは,弾性変形を積極的に利用しようとする機械部品であり,緩衝用以外に力の制御や荷重の計測,復元性の利用,蓄積エネルギーの利用など広範囲に利用される。図 2-35 に,緩衝要素の例を示す。

❷ spring

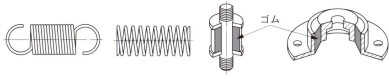

(a) 引張コイルばね　　(b) 圧縮コイルばね　　(c) 防振ゴム

▲図 2-35　緩衝要素の例

●**制動要素**　制動要素の代表は**ブレーキ**❶で，機械の運動部分の運動エネルギーを吸収して熱に変え，速度を低下させたり，停止させたりする装置である。最もよく用いられているのは摩擦ブレーキで，ブロックブレーキ・バンドブレーキ・ドラムブレーキ・ディスクブレーキなどがある。その作動には，流体の圧力や電磁力が使われる。図 2-36 に，摩擦ブレーキの例を示す。

❶ brake

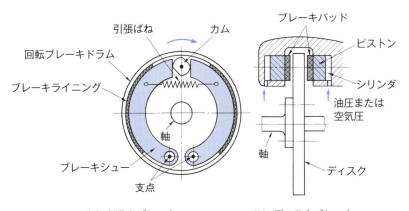

(a) ドラムブレーキ　　(b) ディスクブレーキ

▲図 2-36　摩擦ブレーキの例

●**クラッチ**　原動軸と従動軸の 2 軸を連結して動力を伝達したり，中断したりする場合に用いる軸継手を**クラッチ**❷という。

❷ clutch

図 2-37 のかみあいクラッチは，たがいにかみあうつめを設け，これをかみあわせたり，はずしたりして動力の伝達やしゃ断を行う。滑りがないので，確実に回転を伝えたい場合に用いる。図(a)では一方

(a)　　　　　　　　　(b)

▲図 2-37　かみあいクラッチ

向だけの回転を伝え，逆転を防止するが，図(b)ではどちらの方向の回転も伝える。

　摩擦クラッチは，原動軸と従動軸に取り付けた摩擦面をたがいに押し付け，その間に生じる摩擦力を利用して動力を伝えるクラッチで，回転中に着脱することができる。図 2-38 に，電磁力を利用した摩擦クラッチの例を示す。

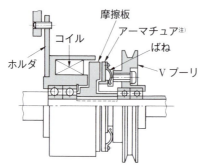

注）電磁石で引き付けられる円板
▲図 2-38　摩擦クラッチの例

4節 機構の活用

これまでに，機械の運動や，それらの運動を実現するための機械を構成する要素について学んできた。
ここでは，それらの要素を組み合わせた基本的な機構の具体的な活用例や，そのしくみ・特徴について考える。

1 歯車機構

複数の歯車を順次組み合わせて，回転を伝達する装置を**歯車列**[1]という。モータからの回転を，必要な条件に適した速さで伝達するような場合に歯車列が用いられ，このような装置を**歯車伝動装置**という。

[1] gear train

1 歯車列の速度伝達比

図2-39に示すように，歯車①と②，歯車②と③がかみあう歯車列を考える。いま，歯車①，②，③の歯数を z_1，z_2，z_3，軸の回転速度を n_1，n_2，n_3 とすれば，歯車①と歯車②の速度伝達比 i_1 は，

$$i_1 = \frac{n_1}{n_2} = \frac{z_2}{z_1}$$

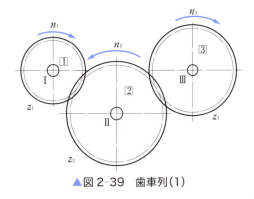

▲図2-39 歯車列(1)

歯車②と歯車③の速度伝達比 i_2 は，

$$i_2 = \frac{n_2}{n_3} = \frac{z_3}{z_2}$$

したがって，入力軸Ⅰと出力軸Ⅲの速度伝達比 i は，

$$i = \frac{n_1}{n_3} = \frac{n_1}{n_2} \cdot \frac{n_2}{n_3} = \frac{z_2}{z_1} \cdot \frac{z_3}{z_2} = \frac{z_3}{z_1}$$

となり，これは歯車①と③が直接かみあっている場合の速度伝達比と同じで，中間の歯車②の歯数には関係がない。②のような歯車を**中間歯車**[2]という。

[2] idle gear；遊び歯車ともいう。

中間歯車が中間にいくつはいっても，両端の歯車の速度伝達比は変わらないが，両端の歯車の回転方向を変える働きがある。

次に，図2-40に示すような2対以上の歯車を3段組み合わせた歯

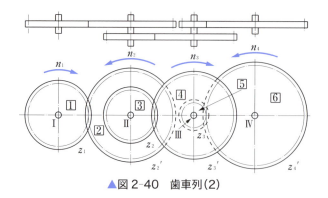

▲図2-40 歯車列(2)

車列の場合，図において，中間の歯車②と③および歯車④と⑤は，それぞれ歯数の違う二つの歯車を固定して一体としたもので，歯車①の回転を⑥に伝えている。

軸Ⅰ～Ⅳの回転速度を n_1～n_4 とし，相手の歯車を駆動する歯車（駆動歯車）の歯数を z_1, z_2, z_3，駆動される歯車（被動歯車）の歯数を z_2', z_3', z_4' とする。このとき，それぞれの歯車の速度伝達比は，次のようになる。

歯車①と歯車②の速度伝達比は，$i_1 = \dfrac{n_1}{n_2} = \dfrac{z_2'}{z_1}$

歯車③と歯車④の速度伝達比は，$i_2 = \dfrac{n_2}{n_3} = \dfrac{z_3'}{z_2}$

歯車⑤と歯車⑥の速度伝達比は，$i_3 = \dfrac{n_3}{n_4} = \dfrac{z_4'}{z_3}$

よって，入力軸Ⅰと出力軸Ⅳからなる歯車列の速度伝達比 i は，

$$i = \frac{n_1}{n_4} = \frac{n_1}{n_2} \cdot \frac{n_2}{n_3} \cdot \frac{n_3}{n_4} = \frac{z_2'}{z_1} \cdot \frac{z_3'}{z_2} \cdot \frac{z_4'}{z_3}$$

ゆえに，歯車列の速度伝達比は，次のようになる。

$$歯車列の速度伝達比 = \frac{被動歯車の歯数の積}{駆動歯車の歯数の積} \tag{5}$$

問3 図2-40において，$z_1 = 45$, $z_2' = 64$, $z_2 = 32$, $z_3' = 75$, $z_3 = 28$, $z_4' = 84$ であるとき，速度伝達比 i はいくらになるか。また，このとき，入力軸Ⅰの回転速度 n_1 が $1600\,\mathrm{min^{-1}}$ とすれば，出力軸Ⅳの回転速度 n_4 はいくらか。

2 歯車伝動装置

●**減速歯車装置** 歯車によって減速する装置を**減速歯車装置**❶，また，

❶ reduction gears

減速歯車列の速度伝達比を**減速比**[1]という。簡単な装置では平歯車を用いる。1対の平歯車の減速比は5〜7程度が限界であるため、それ以上の大きな減速比を得るには、図2-40に示したような2対以上の歯車を多段に組み合わせた歯車列を用いる。このほか、はすば歯車やウォームギヤを用いるものもある。

なお、歯車列を介して伝達される動力 P [W] は、次式のように回転速度 n [min^{-1}] と軸トルク T [N・m] の積で与えられるので、伝達動力が一定のとき、回転速度を減速して伝達した場合、軸トルクは増大される。

$$P = \frac{2\pi n \times T}{60} \tag{6}$$

●**変速歯車装置**　原動軸の一定速度の回転を、歯車列のかみあいを変えることにより、従動軸において、いくとおりかの回転速度に変える装置を**変速歯車装置**[2]という。従動軸のいくつかの回転速度の数列を**速度列**[3]という。

図2-41は、スプライン軸により歯車を軸方向に移動させて回転速度を変える方法である。

図において、歯車 [2]、[2]′、[2]″ を一体にしてスプライン軸上を移動させ、原動軸の歯車 [1]、[1]′、[1]″ にかみあわせることによって、従動軸では、三つの異なった回転速度が得られる。

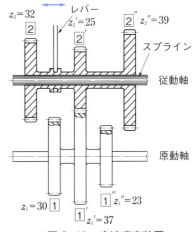

▲図2-41　変速歯車装置

問4　図2-41の変速歯車装置で、それぞれの歯車の歯数を図中に示したものとし、原動軸の回転速度を 200 min^{-1} としたとき、従動軸の三つの回転速度の速度列を求めよ。

●**遊星歯車装置**　図2-42のように、中心に位置する大きな歯車を太陽に見立てて、そのまわりを遊星が自転しながら公転しているような関係に歯車がかみあうような機構を、**遊星歯車装置**[4]という。太陽と遊星とを結びつける引力の代わりになるものが**腕**(キャリア[5]という)である。中心にある**太陽歯車**[6] [1] とその外側にある**遊星歯車**[7] [2] をかみあわせ、それぞれの軸の中心 O_1、O_2 を腕で結ぶ。腕を O_1 の

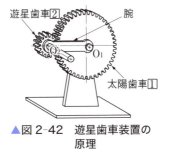

▲図2-42　遊星歯車装置の原理

[1] reduction ratio；減速歯車列の速度伝達比である。これに対し、増速比は増速歯車列の速度伝達比の逆数である。いずれも数値は1以上となることに注意する（JIS B 0102-1：2013 参照）。

[2] speed change gears
[3] ある規則に従ってつくられた数を $a_1, a_2, a_3, \cdots, a_n, \cdots$ と1列に並べたもの。

[4] planetary gears

[5] carrier

[6] sun gear
[7] planet gear

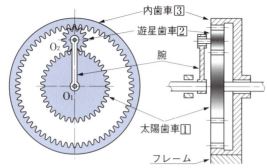

▲図2-43 遊星歯車装置の使用例

まわりに回転させると、遊星歯車②は自転しながら太陽歯車①のまわりを公転する。

遊星歯車装置を減速装置に使用した例を、図2-43に示す。図において、いま、内歯車③をフレームに固定し、太陽歯車①の回転を入力として、腕の回転を出力とすれば、この遊星歯車装置の減速比 i は、遊星歯車②の歯数に関係なく、太陽歯車①および内歯車③の歯数 z_1, z_3 により決まり、次式で示される。

$$i = 1 + \frac{z_3}{z_1} \qquad (7)$$

実際の装置では、バランスの調整と伝達動力増大のため、2～3個の遊星歯車を対称形に配置している。遊星歯車装置は、小形・軽量で大きな減速比が得られることや、入力軸と出力軸を同心にできることなどから、減速装置などによく用いられている。

問5 図2-43で、歯車①、②、③の歯数 z_1, z_2, z_3 をそれぞれ60, 20, 100として、内歯車③をフレームに固定し、太陽歯車①を10回転するとき、腕は何回転するか。

●**波動歯車装置** 波動歯車装置は、図2-44に示すような金属のたわみを応用した歯車装置である。だ円状のカムとその外周にはめられた玉軸受からなる**ウェーブジェネレータ**❶（波動発生器）、外歯車をもった薄肉円管でだ円状に自在にたわむことができる**フレクスプライン**❷（柔歯車）、内歯車をもった厚肉のリング状でフレクスプラインより複数枚歯数が多い**サーキュラスプライン**❸（剛歯車）の3要素から構成されている。この3要素の一つを拘束して、ほかの2要素がそれぞれ入出力軸となり、増・減速装置が構成される。

❶ wave generator
❷ flex spline
❸ circular spline

▲図2-44 波動歯車装置

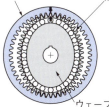
サーキュラスプライン (歯数 52 枚)
フレクスプライン (歯数 50 枚)
ウェーブジェネレータ

(a) ウェーブジェネレータ回転前（初期位置）
フレクスプラインはウェーブジェネレータによって，だ円状にたわめられるので，つねにだ円の長軸の部分では，サーキュラスプラインと歯がかみあい，短軸の部分では，歯が完全に離れた状態となる。

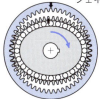

(b) ウェーブジェネレータが 90° 回転
サーキュラスプラインを固定し，ウェーブジェネレータを時計方向に回転させると，フレクスプラインはウェーブジェネレータによりたわめられて，サーキュラスプラインとの歯のかみあう位置が順次移動していく。

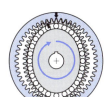

(c) ウェーブジェネレータが 360° 回転
ウェーブジェネレータが 1 回転すると，フレクスプラインは歯数がサーキュラスプラインよりも 2 枚少ないため，歯数の差 2 枚分だけ反時計方向に回転することになる。この動きを出力として取り出す。

▲図 2-45 波動歯車装置の動作

たとえば，図 2-45 に示すように，サーキュラスプラインを固定し，ウェーブジェネレータを入力軸とすれば，フレクスプラインが出力軸となる減速装置ができる。

このとき，サーキュラスプライン，フレクスプラインの歯数をそれぞれ z_c，z_f とすれば，速度伝達比 i は，次式で示される。

$$i = \frac{z_f}{z_c - z_f} \tag{8}$$

特長として，高減速比，軽量，コンパクト，バックラッシが少ないなどがあり，これらの特長により多くのロボットに使用されている。

図 2-46 に，サーキュラスプラインをフレームに固定し，ウェーブジェネレータをモータ軸と結合して，フレクスプラインを出力軸とした使用例を示す。

問 6 図 2-46 で，サーキュラスプライン，フレクスプラインの歯数 z_c，z_f をそれぞれ 52，50 とすれば，速度伝達比 i はいくらになるか。

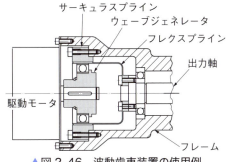

▲図 2-46 波動歯車装置の使用例

3 ラック・ピニオンによる機構

歯車の半径を無限に大きくすると，基準円は直線になる。このような歯車を**ラック**[1]という。ラックは小さな歯車（**ピニオン**[2]という）とかみあって回転運動を直線運動に変えたり，逆に直線運動を回転運動に変えたりする装置によく使われる。ただし，基本的にバックラッシが存在するので，位置決め精度はあまりよくない。

図 2-47 は，DVD ドライブのトレイの直線運動にラックとピニオンを用いた例で，モータの回転運動をトレイの直線運動に変えている。

[1] rack
[2] pinion

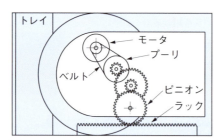

▲図 2-47　ラック・ピニオンによる機構の例

2 巻掛け伝動機構

巻掛け伝動[3]には，摩擦による伝動とかみあいによる伝動があることをすでに学んだが，メカトロニクス製品では，摩擦による方法は伝動に滑りがあるのであまり使用されない。ここでは，伝動に滑りのない歯付ベルト伝動について調べる。

歯付ベルト伝動は，ベルトとプーリに設けた歯のかみあいによって行われる。高速伝動にも適し，小形・軽量で，低騒音などの多くの特長がある。高精度な同期伝動ができるので，一般の機械のほか，精密な制御を必要とするメカトロニクス製品に多く用いられている。

歯付ベルト伝動では，歯付ベルトの特性を生かした伝動機構が多く使われている。その一つは，ベルト自体に移動体を取り付け，直線運動をさせる方式である。図 2-48 に，その例を示す。図は，スライドテーブルにベルトを取り付け，そのベルトを切断して，両端を引張ばねで結んだもので，スライドテーブルの位置決め制御が可能である。また，正確な位置決めや回転の伝達が可能であることを生かし，図 2-49 の車両用自動ドア，工場用の組立機械・自動化機械，包装機器，複写機や印刷機・プリンタなど，さまざまな分野で用いられる。

[3] 51 ページ参照。

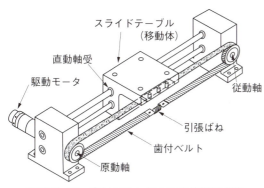

▲図2-48 歯付ベルトによる直線運動機構

▲図2-49 鉄道車両の扉開閉機構

かみあいを生かした巻掛け伝動は，チェーンによっても実現できるが，チェーンの場合には，ゆるみ対策と潤滑が必要である。歯付ベルトは，そのような保守が不要であり，使用例が増えている。

3 リンク機構

1 機械のリンク機構

剛体節が，回転対偶または直進対偶によって連結された機構を**リンク機構**❶といい，多くの種類がある。それらの中で，図2-50のように，四つの節が四つの回転対偶で連結された**4節リンク機構**❷は，単純な構造ではあるが，各節の長さを変えるといろいろな運動特性が得られ，多方面に利用されている。

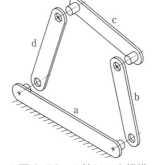

▲図2-50 4節リンク機構

4節リンク機構では，静止節に対して，多回転できる節を**クランク**❸，ある角度の間を揺動する節を**てこ**または**ロッカ**❹といい，静止節を変えることによって，図2-51に示すように異なった動きが得られる。

図2-51(a)，(c)は，静止節を最も短い節bの隣の節aあるいはcとした場合で，節bがクランク，節dがてこになるので，この機構を**てこクランク機構**❺という。図(b)は，静止節を最も短い節bとした場合で，節a，cはともにクランクとなるので，**両クランク機構**❻という。図(d)は，静止節を最も短い節に向かい合った節dとした場合で，節a，cはともにてことなるので，**両てこ機構**❼という。このように，静止節をほかの節に変えることを**機構の交替**❽という。

❶ linkage, link mechanism

❷ four-bar linkage

❸ crank

❹ rocker

❺ crank and rocker mechanism：回転揺動機構ともいう。

❻ double crank mechanism：二重回転機構ともいう。

❼ double rocker（または lever）mechanism：二重揺動機構ともいう。

❽ kinematic inversion

回転対偶を直進対偶に変えると，さらにいろいろな機構が得られる。図2-51(a)のてこクランク機構において，てこdの代わりに，静止節上の円弧溝に沿って滑り動く**スライダ**(滑り子)❶を用いた機構を，図2-52(a)に示す。この機構では，てこdがなくてもb，cは，てこクランク機構とまったく同じ運動をする。図(a)の溝の半径を無限に大きくすれば，図(b)のように溝は直線となり，スライダは往復直線運動をする。この機構を**スライダクランク機構**❷といい，エンジンでは往復直線運動を回転運動に変える機構として，空気圧縮機・クランクプレスなどでは，回転運動を往復直線運動に変換する機構として使用されている。

❶ slider

❷ slider crank mechanism

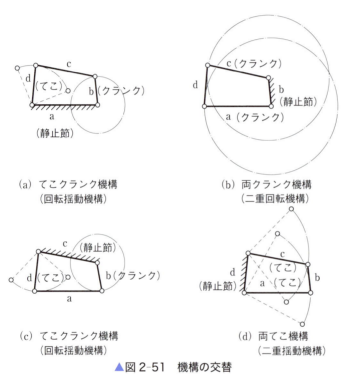

(a) てこクランク機構
　　（回転揺動機構）

(b) 両クランク機構
　　（二重回転機構）

(c) てこクランク機構
　　（回転揺動機構）

(d) 両てこ機構
　　（二重揺動機構）

▲図2-51　機構の交替

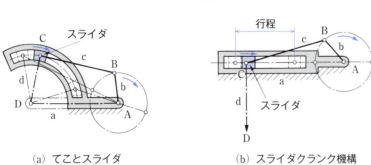

(a) てことスライダ　　　(b) スライダクランク機構
▲図2-52　スライダクランク機構への変換

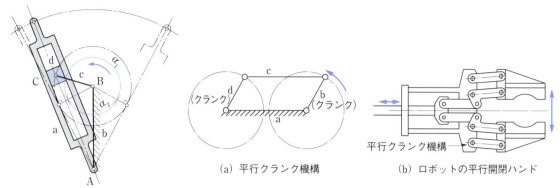

▲図2-53 揺動スライダクランク機構　　▲図2-54 平行クランク機構とその応用

　スライダクランク機構も4節リンク機構と同様に，機構の交替によってさまざまな機構となる。図2-53は，図2-52(b)の節bを固定し，節cをbより短くしたもので，**揺動スライダクランク機構**❶という。この機構は，節aが左へ揺動する時間と右へ揺動する時間が異なるので❷，**早戻り機構**❸として利用することができる。

　図2-54のように，相対する節が，長さが等しく平行となっている両クランク機構は，節aを静止節とした場合，原動節bの動きに対して従動節dはつねに平行に動くので，**平行クランク機構**❹といい，中間節cも平行運動を行う。図2-54(b)は，平行クランク機構を用いたロボットのハンドの例である。

❶ swinging-block slider crank mechanism
❷ 時間の比は，$\dfrac{\alpha_2}{\alpha_1}$である。
❸ quick-return motion mechanism

❹ parallel crank mechanism

❺ serial link mechanism
❻ parallel link mechanism

2　ロボットのリンク機構

　一般的な機械では，一つのモータに複数の閉連鎖によるリンク機構を設け，さまざまな動きをさせているが，アーム型ロボットのように複雑な動きをさせる場合には，複数の回転対偶にモータを配置したリンク機構を用いる。

●**シリアルリンク機構**❺　ロボットは，複雑な動きをさせるために多くの関節を必要とするが，モータで動く関節とリンクが図2-55のように直列につながった開連鎖となっている。このため，根元に近い軸のモータほど大型となり，ロボットの重量が重くなるが，広い可動範囲により自由度の高いロボットになる。

●**パラレルリンク機構**❻　複数の連鎖を図2-56のように並列に配置した閉連鎖のモータを制御し，最終出力節を動作させる機構である。モータをすべて静止節上に配置できるため，配線などが容易である。複数のモータ出力を一点に集中させているので，高出力・高速で制御できるが，稼働領域が狭くなる。

▲図2-55 シリアルリンク機構

▲図2-56 パラレルリンク機構

問7 身のまわりのものの中から，リンク機構を利用しているものを調べてみよ。

問8 図2-53で，クランクcの長さが250 mm，静止節bの長さが500 mmのとき，節aが左へ揺動する時間と右へ揺動する時間の比を求めよ。

4 カム機構

カム機構は，カムとよばれる特定の輪郭曲線をもつ原動節と，これに直接接触する従動節，およびこれらの節を回転対偶または直進対偶で支持する静止節からなっている。カム機構は，回転運動を往復直線運動や揺動運動・間欠運動に変換するなど，複雑な動きが比較的容易に得られ，大きなスペースも取らないなどの特長から，種々の機械に広く使用されている。

カムには，輪郭曲線が平面曲線の**平面カム**と，空間曲線の**立体カム**がある。ただし，平面曲線であっても，その曲線が空間内を運動するカムは立体カムに分類される。図2-57(a)，(b)は平面カムの例で**板カム**といい，従動節の運動に応じた輪郭をもつ回転板をカムとしたものである。図(a)のカム機構では，板カムが回転すると従動節が往復直線運動を行い，図(b)では，従動節は揺動運動をする。このとき，重力またはばねによって従動節をカムに押し付ける必要があるが，回転速度が高いと，従動節がカムに追従できなくなる場合がある。このため，図(c)のような溝カムを用いて，従動節の運動を確実に拘束できるようにする。このようなカムを**確動カム**という。図(d)は，立体カムの例である。この機構では，円筒カムが回転することによって従動節は揺動する。

❶ cam mechanism

❷ plane cam
❸ solid cam, spatial cam；空間カムともいう。

❹ plate cam, disk cam

❺ positive cam

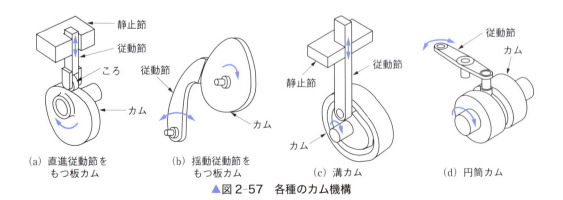

(a) 直進従動節を　　(b) 揺動従動節を　　(c) 溝カム　　(d) 円筒カム
　　もつ板カム　　　　もつ板カム

▲図2-57　各種のカム機構

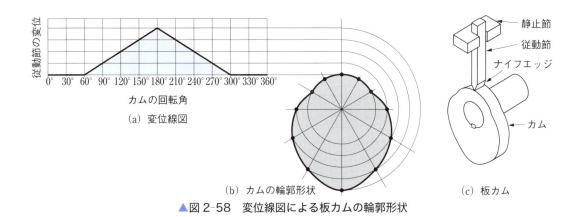

▲図 2-58 変位線図による板カムの輪郭形状

　図 2-58(a)のように，横軸にカムの回転角を，縦軸に従動節の変位を取ってグラフにしたものを**変位線図**という。この変位線図をもとにしてカムの輪郭を決めれば，図(b)に示すようなカムの輪郭形状が求められる。図(c)は，この輪郭形状をもつ板カムと従動節の例である。
　変位線図のほかに，変位を時間で微分して，横軸に時間，縦軸に速度を表した速度線図を描けば，カムと従動節の動きがより明らかになる。
　図(a)の変位線図をもつカムは，そのまま往復直線運動に利用できる。カムの回転に対し，従動節は停止・運動を繰り返す。このような往復運動は，印刷機械や包装機械をはじめ多くの自動機械で必要とされ，カム機構やリンク機構が用いられている。
　また，生産工場の加工・組立工程などにおいては，間欠回転テーブルがよく用いられるが，その駆動には，図 2-59 のカム機構や図 2-60 の**ゼネバ機構**が用いられる。

❶ Geneva mechanism

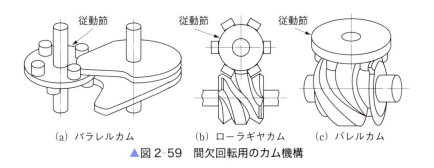

(a) パラレルカム　　(b) ローラギヤカム　　(c) バレルカム
▲図 2-59　間欠回転用のカム機構

　図 2-59 のカム機構を用いた間欠運動機構は，運動のはじめと終わりに生じる衝撃が少なく，高速の使用にも適しているが，高精度の加工・組立を必要とするため高価である。

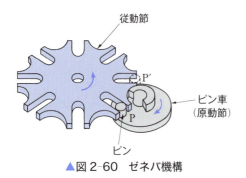
▲図 2-60 ゼネバ機構

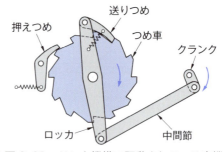
▲図 2-61 リンク機構で駆動されるつめ車機構

　図 2-60 のゼネバ機構は，ピン車(原動節)に取り付けられたピンまたはローラが，従動節(ゼネバホイール)に切られた溝とかみあうことによって，従動節に間欠回転を与える機構である。図 2-60 において，原動節のピン車が図の矢印の方向に回転し，ピンが P の位置でかみあって従動節は回転をはじめ，ピンが P′ まで動くと回転を終える。ふたたびピンが P にくるまでは，従動節は回転しない。このゼネバ機構では，従動節に 8 本の溝があるので，従動節は 45° 回転してしばらく休止する間欠運動を繰り返す。

　図 2-61 は，細かな送り・**割出し**❶を低速度で行う間欠運動機構の例で，**つめ車機構**❷という。一方向に駆動するための送りつめと，逆転防止用の押さえつめが用いられている。送りつめは，4 節リンク機構(回転揺動機構)を利用して駆動されている。

❶ indexing
❷ ratchet mechanism

問 9　カム装置をもつ機械が身近にないか調べよ。

5　ねじを利用した送り機構

　おねじとめねじを組み合わせて，相対的な回転運動を軸方向の直線運動に変換する装置をねじ伝動装置，あるいは**送りねじ**❸という。この送りねじは，動力や運動を伝達する伝動・移動，微小な寸法の計測や位置の微調整などによく使われる。

❸ feed screw

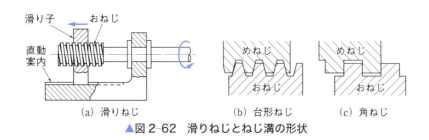
▲図 2-62 滑りねじとねじ溝の形状

送りねじの種類には，**滑りねじ**❶と**ボールねじ**❷がある。滑りねじは，おねじとめねじの間の滑りによって力を伝達するねじである。図2-62に，滑りねじとねじ溝の形状の例を示す。おねじを回転させると，めねじの切られた滑り子が直動案内に沿って移動する。ねじ溝の形状には，図(b)，(c)に示す**台形ねじ**❸・**角ねじ**❹が使用されている。台形ねじや角ねじは，三角ねじに比べて摩擦抵抗が小さく，大負荷の移動・プレスなどに使用される。

ボールねじは，図2-63(a)に示すように，ねじ山の代わりに，おねじ・めねじ両方に溝を設け，この溝に多数の鋼球を1列に入れたねじであり，おねじまたはめねじの回転とともに，鋼球がころがりながらめねじ内を循環して運動を伝えている。一般の滑り接触をするねじに比べて，鋼球のころがり接触を利用しているので，摩擦抵抗がきわめて小さく，回転運動を直線運動に変換するだけでなく，直線運動を回転運動に変換することも可能である。また，リードを大きくして高速に移動できるようにしたハイリードボールねじもある。図(b)はボールねじを送りねじに用いた例で，NC工作機械の送り装置などに使われる。なお，このような機構では，テーブルとガイド間の直進対偶の部分には直動軸受が使われる。

❶ sliding screw
❷ ball screw

❸ trapezoidal screw thread
❹ square thread

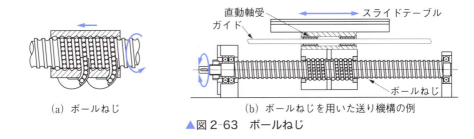

(a) ボールねじ　　　(b) ボールねじを用いた送り機構の例

▲図2-63　ボールねじ

ねじは1回転すると，リードに相当する距離だけ進むので，これを利用すれば位置の調整用にねじを使用できることになる。

図2-64は，**差動ねじ**❺の例である。一つのねじ棒に，リードがわずかに異なる二つのねじをもち，ねじ山が同じ向きの場合，ねじ棒を1回転させると，めねじをもつ可動部は，二つのリードの差だけ移動する。

❺ differential screw

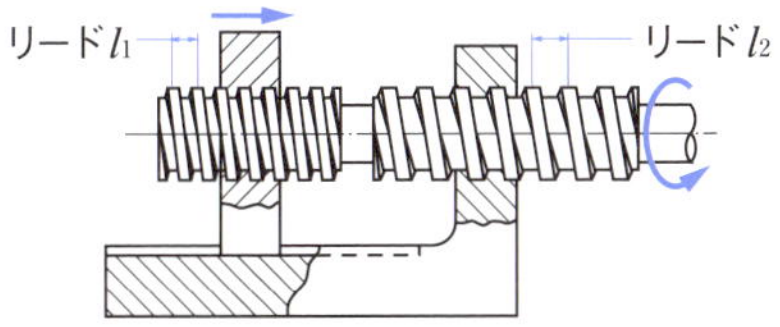

▲図2-64　差動ねじ

たとえば，リードが $l_1 = 5$ mm，$l_2 = 5.1$ mm とすれば，この差動ねじはみかけ上，リードが 5.1 mm − 5 mm = 0.1 mm のねじと同じである。このように差動ねじを用いれば，ねじ山を小さくすることなく，微小送りができる。

計測に使われるマイクロメータは，ねじの微小変位を大きな回転角として指示できることを利用して，長さを測定するものである。

このほか，ねじはそのリードをひじょうに正確に工作することができるので，精密な送りを必要とする場合に用いられる。ねじを回転させたときの送り量は，回転数とリードの積で表されるので，たとえば，図 2-63(b)において，ねじの回転角を制御することにより，テーブルの移動量を変化させることができる。

問 10 図 2-64 の差動ねじにおいて，リードが l_1 の右ねじと，l_2 の左ねじを組み合わせると，みかけ上のリードはどうなるか。

問 11 図 2-63(b)のボールねじを用いた送り機構で，ボールねじのリードを 4 mm としたとき，スライドテーブルを 180 mm 移動させるためには，ボールねじを何回転させたらよいか求めよ。

章末問題

1. 次の工作機械の中で，(a)回転対偶，(b)直進対偶，(c)ねじ対偶，(d)円筒対偶 の働きをするものの部品名を調べよ。
   (1) 旋盤　(2) ボール盤　(3) フライス盤

2. 次にあげた締結要素・締結法は，どのような機械部品を締結するのに適しているか。
   (1) ねじ　(2) ピン　(3) 止め輪　(4) 溶接　(5) 接着剤　(6) スナップフィット

3. 軸継手の種類とその特徴について述べよ。

4. モジュールが 2.5 mm で，歯数がそれぞれ 44，68 の平歯車対がある。この歯車の中心距離を求めよ。

5. モジュール 5 mm，中心距離 160 mm，速度伝達比 3 の平歯車対の歯数を求めよ。

6. 回転運動を伝達する次の機械要素の特徴を述べよ。
   (1) 歯車　(2) ベルト　(3) チェーン

7. 次にあげた機械要素の働きを述べよ。
   (1) 軸継手　(2) キー　(3) 軸受　(4) ばね　(5) ブレーキ　(6) 管

8. 図 2-65 において，各歯車のモジュールは等しく，$z_1 = 25$，$z_2 = 75$，$z_3 = 30$ のとき，歯車①と歯車④の速度伝達比を求めよ。

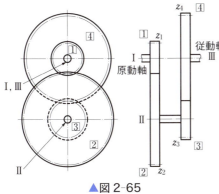

▲図 2-65

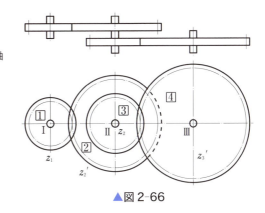

▲図 2-66

9. 歯数 20 から 5 とびに 100 までの歯車が各 1 個ずつある。これらの歯車のうち 4 個を用いて，図 2-66 の減速歯車装置で減速比 18 を得るためには，各歯車の歯数はいくらにすればよいか。

10. 伝達動力を一定として減速比 3 の歯車列で動力を伝達するとき，入力軸の軸トルクを T_1 とすれば，出力軸の軸トルク T_2 はいくらになるか。

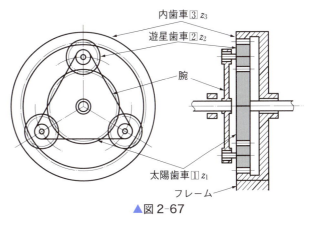

▲図 2-67

11 図 2-67(p.69)の遊星歯車装置で，太陽歯車①，遊星歯車②，内歯車③の歯数 z_1, z_2, z_3 をそれぞれ 40，20，80 として，内歯車③をフレームに固定して太陽歯車①を 75 min^{-1} で回転するとき，腕の回転速度を求めよ。

12 図 2-68(a)，(b)は，クランク b の長さ 100 mm，てこ d の長さ 160 mm，中間節 c の長さ 260 mm のてこクランク機構で，静止節 a の長さが異なる場合の例である。このように静止節 a の長さを変えた場合，このてこクランク機構が成立するための，静止節 a の長さの範囲を求めよ。

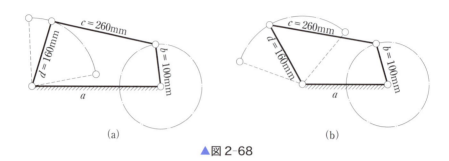

▲図 2-68

13 図 2-69 のてこクランク機構で，静止節 a の長さを 280 mm，クランク b の長さを 50 mm，てこ d の長さを 100 mm，中間節 c の長さを 260 mm としたとき，てこが左右に揺動する角度を作図して求めよ。

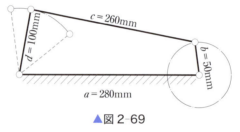

▲図 2-69

14 図 2-70 の変位線図をもつ板カムの輪郭形状を求めよ。

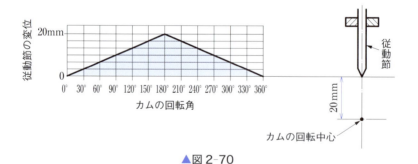

▲図 2-70

15 次にあげた運動の伝達には，どのような機構が用いられるか。
(1) 回転運動を直線運動に変えて伝達する機構
(2) 回転運動を揺動運動に変えて伝達する機構
(3) 直線運動を回転運動に変えて伝達する機構
(4) 連続回転運動を間欠回転運動に変えて伝達する機構

第3章

センサとアクチュエータ

▲人間形ロボット

人間は目や耳などの感覚器官によって，周囲に何があるか，また，どのようなものが近づいてくるかなどを知って，危険を避けたり，必要な行動をとる。

電子機械も人間の感覚器官と同じ役目をするセンサをもち，これにより機械の外部や機械自身の内部の情報を得ることができる。

一般に，この情報はコンピュータによって処理され，制御信号に変換される。そしてこの制御信号が，アクチュエータを制御して，電子機械に所定の動作を与えている。

この章では，電子機械を構成する重要な要素であるセンサとアクチュエータについて学ぶ。

節
1 センサの基礎
2 機械量を検出するセンサ
3 物体を検出するセンサ
4 その他のセンサ
5 アクチュエータ
6 アクチュエータとその利用
7 アクチュエータ駆動素子とその回路

1節 センサの基礎

　電子機械では，変位・速度・加速度・力・圧力などが制御の対象となる。これらの量はいずれもセンサで感知され，電圧や電流などの電気量に変換されて，さらに，コンピュータが処理しやすい形式の信号に変換される。
　ここでは，センサの種類，信号形式などについて考える。

1 センサとは

　人間の目・耳・皮膚・鼻および舌は，それぞれ視覚・聴覚・触覚・きゅう覚および味覚の五感をつかさどる感覚器官である。人間は，これら五感を通して形・色・光・音・圧力・温度・におい・味などを感じ取り，みずからの行動の制御に役立てている。
　センサ❶は，この人間の感覚器官に相当するものであり，電子機械の作動に必要な情報を検出・変換する要素である。人間の感覚器官との対比でセンサをみると，表3-1のようになる。

❶ JIS B 3000では，「対象状態に関する測定量を，測定に適した信号に変換する系の最初の要素。」と定義している。

▼表3-1 感覚器官とセンサ

感覚器官	センサ	状態量など	変換原理の例	センサ素子の例
目	光センサ	照度など	光電変換	CdSセル・ホトトランジスタ・ホトダイオード
耳	聴覚センサ	音圧など	圧電変換	圧電素子・ピエゾ抵抗素子・マイクロホン
皮膚	圧覚センサ	圧力	変位電気変換	圧電素子・ひずみゲージ・ダイヤフラム
	触覚センサ	物体の有無	接点の開閉	マイクロスイッチ
	温度センサ	温度	熱電変換	測温抵抗体・熱電対・サーミスタ
	湿度センサ	水蒸気濃度	分子吸着効果	セラミック湿度センサ
鼻	ガスセンサ	ガス濃度	分子吸着効果	半導体ガスセンサ・セラミックガスセンサ
舌	味覚センサ	イオン	イオン選択性電荷分離	イオンセンサ
		酵素	イオン選択性化学反応	酵素センサ
		微生物	微生物酵素消費効果	微生物センサ

　センサは，図3-1に示すように，計測しようとする種々の物理量や化学量を，処理しやすいほかの信号に変換する装置である。変換する信号の多くは，電圧や電流などの電気信号である。

問1 自動車には，どのようなセンサが利用されているか調べよ。

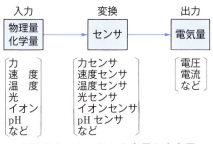

▲図 3-1　センサの入力量と出力量

2　身近なセンサ

　身のまわりの家庭電気製品にも，多くのセンサが使われている。これらの機器の中で，センサは人間の五感と同じ役割を担っていることから，使われるセンサのよし悪しが，製品の品質と性能を左右することになる。第1章で学んだ自動洗濯機の洗濯の過程❶では，布量や布質など洗濯物の状態を，いろいろなセンサを用いて調べ，それによって水流の強さや洗濯の時間を決定している。しかし，布量や布質を電気量に直接変換するようなセンサはない。そのために，布量や布質によって変化する物理量をセンサで測定し，布量や布質を知ることが必要である。

　ここでは，自動洗濯機には，どのようなセンサがどのように使われているかについて，具体的な例を取り上げて調べてみる。

❶ 11 ページの図 1-4，および見返し 3 の図を参照。

1　布量の検出

　布量の検出は，洗濯物の量を検出するもので，実際にはモータの電源をオフにした状態で，モータの誘導電圧(起電力)を計測するセンサ回路である。

　洗濯物を洗濯機に入れスタートのスイッチを押すと，最初に水を入れない状態で洗濯物がドラムの中で回転する。次に，モータに供給されている電源が自動的にオフになり，モータはしばらく回転して停止する。すなわち，モータを一時的に回転させ，電源をオフにしても，モータは慣性で回転を続ける。このとき，布の量によってドラムに加わる抵抗が異なるので，モータが停止するまでの時間も異なることになる。

　電源をオフにして慣性で回転させた場合，モータは発電機の働きをして，衣類の量に応じてその端子に図 3-2 のような誘導電圧が発生する。

1 節　センサの基礎　73

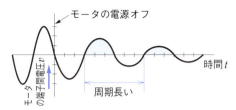
(a) 衣類の量が多い（抵抗が大きい）とき

(b) 衣類の量が少ない（抵抗が小さい）とき

▲図 3-2　布量とモータの端子電圧との関係

　このように，誘導電圧によって発生したモータの端子間電圧 v は，パルス電圧に変換する回路によって，図 3-3 のようなパルス電圧 v_p に変換されて，コンピュータに入力される。コンピュータは，入力されたパルスの間隔を計算し，その結果から布量を求め，これに適した洗剤量や給水量を決定する。

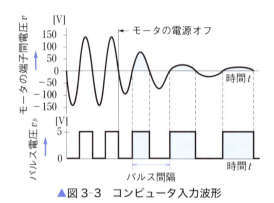
▲図 3-3　コンピュータ入力波形

2　水位の検出

　自動洗濯機の給水がはじまり，水位が高くなって圧力が高くなると，図 3-4 のように圧力センサのダイアフラムがふくらんで，フェライトコアがコイルの中空部にはいる。フェライトコアのはいる量によって，コイルのインダクタンス L が変化する。

　このコイルを使って，図 3-5 に示すような変換回路によりインダク

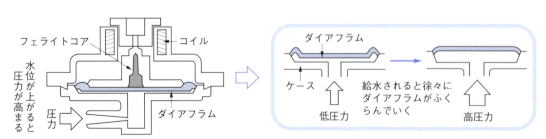
▲図 3-4　水位の検出

タンスの変化を発振周波数の変化に変換し，その周波数の変化をコンピュータで読み取ることによって，水位を検知することができる。

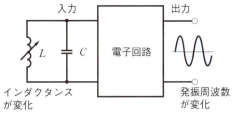

▲図 3-5　圧力センサの信号変換回路

3　布質の検出

布質を検出するためには，布量の検出と同様に，モータに発生する誘導電圧から変換されたパルスの間隔を測定する。この場合，水位を低水位と高水位の 2 回測定し，その差をコンピュータが計算する。その結果，図 3-6 のように，吸水性が大きい布（柔らかい衣料）はその差が大きく，吸水性が小さい布（ごわごわした衣料）では，その差が小さい。このことを利用して布質を判別し，ごわごわした布は水流を強く，柔らかい布は水流を弱くして洗い，洗濯時間の制御を行っている。

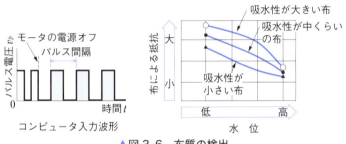

▲図 3-6　布質の検出

4　洗濯水の透明度の検出

洗濯機がすすぎの工程にはいると，図 3-7 のように，光センサ（発光素子と受光素子）が排水管を通る洗濯水の透明度を検出して，コンピュータがすすぎの終了と脱水を指示する。

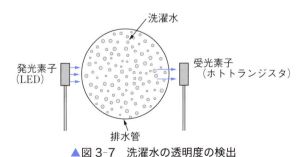

▲図 3-7　洗濯水の透明度の検出

3 センサの信号形式

コンピュータが内部で直接扱うことができる量は，0と1で表示される**2値信号**である。しかし，センサが出力する信号形式は必ずしもそうなっているとはかぎらないため，センサとコンピュータはそのままでは接続することができない。ここでは，センサが出力する信号やコンピュータが扱う信号形式について学ぶ。

1 ディジタル信号

時間の経過は連続的であるが，図3-8に示す**ディジタル時計**で表示される時刻は，1秒刻みのとびとびの数字である。このように不連続に数字化された量を**ディジタル量**といい，ディジタル量で表された信号を**ディジタル信号**という。

❶ ここでは，最小表示時刻が1秒の時計を考える。このように測定値を読み取ることができる測定量の最小変化を**分解能**という。

コンピュータで用いられる信号は，図3-9(a)に示すように，0と1を区別する2値信号である。電気こたつのスイッチ，工作機械のテーブルやロボットの腕の限界位置を検出するスイッチ(リミットスイッチ)などの状態は，図(b)に示すようにオンとオフの二つだけであり，図(a)と同じく2値信号とみることができる。2値信号は，0と1を複数けた並べることによって2進数に対応させることができるので，大きな数を表すことができる。

▲図3-8 ディジタル時計の例

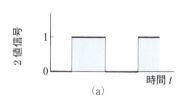

❷ 詳しくは，161ページで学ぶ。

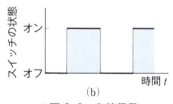

▲図3-9 2値信号

2 アナログ信号

交流の電圧や運動物体の変位は，たとえば，図3-10のように時々刻々と大きさが変わり，その変化のようすは連続的である。このように連続的に変化する量を**アナログ量**という。変位・速度・加速度・力・圧力・温度などはアナログ量である。アナログ量で表された信号を**アナログ信号**という。

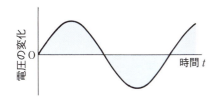
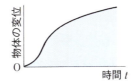

(a) 時間に対する交流の電圧の変化　　(b) 時間に対する運動物体の変位

▲図 3-10　アナログ量

3　信号変換

測定対象から信号が検出されてコンピュータに入力されるまでの一般的な過程を，ある温度センサを例にして図 3-11(a)の**ブロック線図**❶に示す。

❶ block diagram；制御系などの構成要素をブロック（四角の枠）で示し，信号の流れを表す線でこれを結んだ図。

●**第 1 段階（検出・変換）**❷❸（図(b)）　センサの入力と出力の関係（これを**入出力特性**という）を示す。センサ入力信号は 0～800℃（①）である。これに対応する出力信号は 15～80 mV（②）である。

❷ detection
❸ signal conversion

●**第 2 段階（レベルシフト）**❹（図(c)）　信号(②)を 15 mV 下にずらして，0 mV からはじまる信号に変換する。これを**レベルシフト**という。信号(②)はレベルシフト回路に入力され，0～65 mV の③の電圧に変換される。

❹ level shift

●**第 3 段階（スケーリング）**❺（図(d)）　センサの出力信号は，②のように微弱な電圧変化であることが多い。一方，AD 変換回路の入力電圧の最大値を図(d)のように 5 V とすると，信号(③)の最大値 65 mV を 5 V になるように増幅する必要がある。これを**スケーリング**という。

❺ scaling

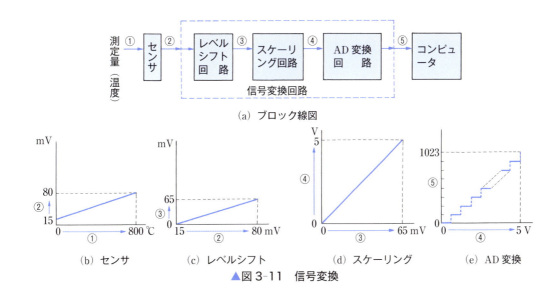

(a) ブロック線図

(b) センサ　　(c) レベルシフト　　(d) スケーリング　　(e) AD 変換

▲図 3-11　信号変換

1 節　センサの基礎　77

スケーリング回路の出力電圧は 0～5 V（④）となる。

● **第 4 段階（AD 変換）**❶（図(e)）　④の電圧，すなわち 0～5 V のアナログ電圧を AD 変換回路に入力すると，温度の値がディジタル信号⑤に変換され，コンピュータへの入力が可能となる。

4　演算増幅器

演算増幅器❷は，トランジスタや FET などを用いた複雑な電子回路で構成された素子である。直流から高周波まで広い周波数の範囲に使用でき，かつ電圧増幅度が大きいなどの利点があるため，センサの信号変換など，いろいろな電子回路に応用されている。

理想的な演算増幅器は，入力端子からみた入力インピーダンス Z_i は無限大，出力側からみた出力インピーダンス Z_o は 0，電圧増幅度は無限大である。

一般の演算増幅器は，図 3-12 のように，出力が入力と逆位相になる反転入力端子と，同位相の非反転入力端子の二つの入力端子と，正負の電源端子，および出力端子からなりたっている。

❶ 詳しくは 206 ページで学ぶ。

❷ 演算増幅器（operational amplifier）：オペアンプともよぶ。

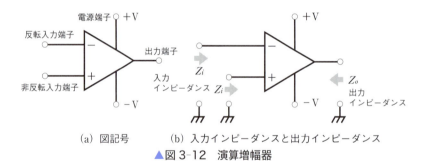

(a) 図記号　　(b) 入力インピーダンスと出力インピーダンス

▲図 3-12　演算増幅器

● **反転増幅回路・非反転増幅回路**　演算増幅器には，反転と非反転の二つの入力端子があるため，どちらの端子に信号を加えるかによって反転増幅回路と非反転増幅回路に分かれる。

図 3-13(a)は，反転入力端子に信号を加える反転増幅回路である。入力端子に図(b)のように信号 V_i を加えると，出力には入力とは逆位相の信号 V_o が出力される。その電圧増幅度 A_v は，次式で求めることができる。

$$A_v = \frac{V_o}{V_i} = -\frac{R_f}{R_s} \tag{1}$$

図(c)は，非反転入力端子に信号を加える非反転増幅回路である。

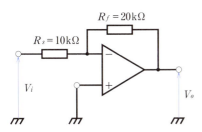
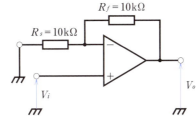

(a) 反転増幅回路　　　　　　　　(c) 非反転増幅回路

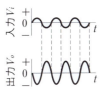
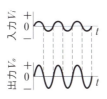

(b) 入出力波形の関係　　　　　　(d) 入出力波形の関係

▲図3-13　演算増幅器の利用

出力 V_o は入力 V_i と同位相となり，電圧増幅度 A_v は，次式で求めることができる。

$$A_v = \frac{V_o}{V_i} = \frac{R_f + R_s}{R_s} \tag{2}$$

問2　図3-13(a)，(b)で示す回路の電圧増幅度を求めよ。

●スケーリング回路　図3-14に，演算増幅器を使ったスケーリング回路を示す。

図において，入力電圧を V_i，出力電圧を V_o，点A，Bの電位を V_A，V_B とし，演算増幅器の電圧増幅度を A とすると，$V_o = A(V_A - V_B)$ であり，A はほぼ無限大であるから，$V_A - V_B = \dfrac{V_o}{A} \fallingdotseq 0$ である。また，演算増幅器の入力インピーダンスはひじょうに大きいから抵抗 R_1 には電流がほとんど流れず電圧降下はないので，$V_A = 0$ とみなせる。したがって，次式がなりたつ。

$$V_A = V_B = 0 \tag{3}$$

したがって，抵抗 R_f に流れる電流 I_f は，式(4)で表すことができる。

$$I_f = \frac{V_o - V_B}{R_f} \tag{4}$$

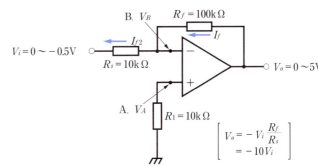

▲図3-14　スケーリング回路

また，入力インピーダンスが無限大であるため，抵抗 R_s を流れる電流 I_{f2} は I_f と等しい。また，R_s の両端の電位差は電圧降下に等しいから，式(5)がなりたつ。

$$V_B - V_i = R_s \cdot I_f \quad (5)$$

式(3)，(4)，(5)より，出力電圧 V_o は，次のようになる。

$$V_o = -V_i \frac{R_f}{R_s} \quad (6)$$

いま，$V_i = -0.5\,\mathrm{V}$ を $V_o = 5\,\mathrm{V}$ にするスケーリングを考えると，式(6)から $\frac{R_f}{R_s} = 10$ となる。

●**コンパレータ回路**　コンパレータとは，比較器という意味である。たとえば，図3-15において，基準電圧 V_{ref} に対して入力信号 V_i の電圧が高いか低いかを比較し，その結果を V_o に2値で出力するような回路を**コンパレータ回路**❶という。

❶ comparator

❷ コンパレータの出力部は，ディジタル信号を出力しており，ディジタル回路の電源(+V)との間にプルアップ抵抗とよばれる抵抗(R_o)を接続し，信号出力 V_o を安定させている。

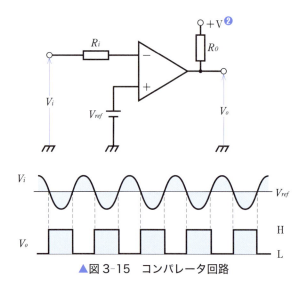

▲図3-15　コンパレータ回路

問3　図3-14において，入力電圧 $V_i = -0.2\,\mathrm{V}$ であるとき，出力電圧 V_o はいくらになるか。また，R_f を $50\,\mathrm{k\Omega}$ にしたときには，V_o はいくらになるか。

問4　コンパレータ回路が，どのような回路に使われているかを調べよ。

2節 機械量を検出するセンサ

機械量の厳密な定義はないが，一般に，位置・速度・加速度・力・圧力などを指し，これらは電子機械における制御量としてよく用いられる。
ここでは，機械量を検出する代表的なセンサについて考える。

1 変位センサ

物体の移動距離や位置の測定は，機械量測定の基礎をなすものである。**変位センサ**[1]は，表 3-2 のように，直線変位センサと回転角センサに大別される。

[1] displacement sensor

▼表 3-2　変位センサの種類

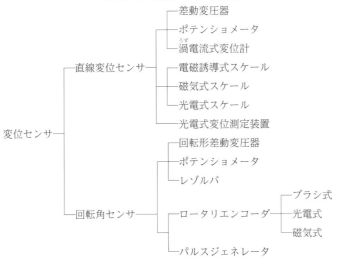

1 差動変圧器

差動変圧器[2]は，インダクタンスの変化を利用した変位センサの一つである。

[2] differential transformer

図 3-16 に，差動変圧器の構造と原理を示す。鉄心の中央に一次コイルが，その両端に一対の二次コイルがある。二つの二次コイルは極性が逆になるように接続されているので，それらの電圧 v_{o1} と電圧 v_{o2} の差が出力電圧 v_o として現れる。

鉄心の位置が中央ならば，二つの二次コイルの電圧は等しいから出力電圧は 0 となる[3]。鉄心が動くと，その変位に比例した交流出力電圧が得られる。

[3] 実際には，ごくわずかであるが電圧が現れる。これを**残留電圧**という。

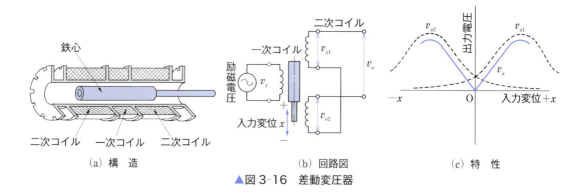

▲図 3-16 差動変圧器

出力電圧が入力変位に比例する範囲を直線範囲とよび，比例する特性を**直線性**という。

❶ linearity

このほかに，回転角測定用の差動変圧器もある。差動変圧器には，次のような特徴がある。

●利点

① 構造が簡単で故障が少ない。
② 鉄心の駆動力が小さい。
③ 小形・軽量である。
④ 感度が高く，直線性も良好で，ヒステリシスも小さい。
⑤ 零点が安定していて，ドリフトが少ない。
⑥ 耐久性・耐振性・耐衝撃性に富む。

❷ sensitivity：出力量の入力量に対する比をいう。
❸ hysteresis：入力量の値が同一でも，入力値が増加中の場合と減少中の場合とで出力量にずれが生じる現象。

●欠点

① 磁界の影響を受けやすい。
② 温度および周波数により誤差を生じる。

❹ drift：同一入力量に対して，時間がたつにつれて出力値が一方向にずれてしまうこと。

図 3-17 は，差動変圧器を用いて型板ガラスの形状を計測する例である。枠上に置いた基準フレームと差動変圧器の零点とを調整したのちフレームを取り除いて，自動車のフロントガラスやテレビジョンの画面部などを枠にのせ，その形状を基準フレームと比較することによって，精密な計測を行うことができる。

❺ 図中の矢印部は，変圧器鉄心に接続された高さ調整棒を示している。

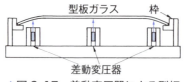

▲図 3-17 差動変圧器による型板ガラスの形状計測の例

2 ポテンショメータ

ポテンショメータ❻は，電気抵抗値を精密に変えられる抵抗器である。物体の移動距離や回転角を電気信号に変換する変位センサで，動作に

❻ potentiometer

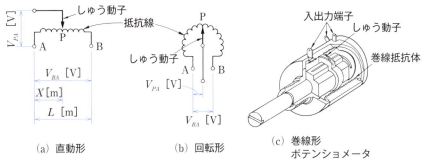

(a) 直動形　(b) 回転形　(c) 巻線形ポテンショメータ

▲図 3-18　ポテンショメータの原理図と構造

よって直動形と回転形がある。

　図 3-18(a) に直動形のポテンショメータの原理図を示す。抵抗線の両端 AB 間に一定の電圧 V_{BA} [V] を加え，出力電圧 V_{PA} [V] がしゅう動子の位置 X [m] に比例することを利用して，変位を検出するものである。抵抗線の長さを L [m] とすると，出力電圧 V_{PA} は，次の式で表される。

$$V_{PA} = V_{BA} \frac{X}{L} \tag{7}$$

　図(b)に回転形の原理図を，図(c)に巻線形の構造を示す。
　ポテンショメータの種類を，表 3-3 に示す。

▼表 3-3　ポテンショメータの種類

　こんにち使用されているポテンショメータは，しゅう動子と抵抗体が接触している接触形のものが多い。その抵抗体には，ニッケル(Ni)－クロム(Cr)合金や銅(Cu)－ニッケル(Ni)合金の抵抗線を巻枠に巻いた巻線形と，導電性プラスチックやサーメットの皮膜形❶がある。巻線形は精度がよく安定性がよいが，分解能が低い。皮膜形は分解能が高く，周波数特性❷がよいが，精度は巻線形よりやや悪い。

問 5　図 3-18(a) において，全長 $L = 0.1$ m の抵抗線に $V_{BA} = 20$ V の電圧が加えてある。出力電圧 $V_{PA} = 8$ V のとき，しゅう動子の位置 X はいくらか。

❶ 金属粉(Pb，PdAg，Cr など)や炭素粉末を混合して焼き付けたもの。

❷ frequency characteristics：入力量が種々の周波数で，正弦波状に変化した場合の出力量の変動特性をいう。

3 ロータリエンコーダ

ロータリエンコーダ[1]は，回転軸の回転角を検出し，それをディジタル信号の形で出力するセンサである。

[1] rotary encoder

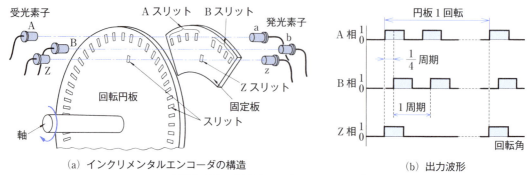

(a) インクリメンタルエンコーダの構造　　(b) 出力波形

▲図3-19　光電式ロータリエンコーダ

●**ロータリエンコーダの構造**　図3-19(a)に，光電式ロータリエンコーダの構造を示す。向かい合わせた発光素子a，b，zと受光素子A，B，Zの光軸をそれぞれ一致させ，かつ，両素子でスリット付き[2]の固定板および回転円板をはさんだ構造をしている。発光素子はつねに発光しているが，受光素子が受光できるのは，固定板および回転円板上のスリットが光軸上にあるときだけである。

[2] 固定板上のA，Bスリットと回転円板上のスリットは，同一ピッチのものである。

スリット幅は通常 $\frac{1}{2}$ ピッチとする。

●**ロータリエンコーダの出力**　ロータリエンコーダには，出力方式によって**アブソリュートエンコーダ**[3]と**インクリメンタルエンコーダ**[4]がある。

[3] absolute encoder
[4] incremental encoder

アブソリュートエンコーダは，回転円板のある状態を原点とし，原点からの回転角を出力するものである。

インクリメンタルエンコーダは，回転円板がある状態からほかの状態へ回転したとき，その回転角を出力するもので，工業用として多く利用されている。

図(a)のように，発光素子aと受光素子A(A相用)との間にスリットつき円板をつけて回転させる。すると，光の通過・しゃ断により受光素子は図(b)のようなA相パルス列を出力する。しかし，A相だけでは円板を逆転させても同じようなパルス列が出力されるので，回転方向を知ることができない。そこで，発光素子bと受光素子B(B相用)を追加する。ただし，固定板上のAスリットに対してBスリットを $\frac{1}{4}$ ピッチ(周期)だけずらしておく。すると，A相とB相の出力パ

ルス列は，図(b)のように$\frac{1}{4}$周期分ずれたものとなる。このように，B相の立ち上がり時点でA相を調べ，Aが1のときを正転と定めれば，0のときは逆転となる。

インクリメンタルエンコーダでは，A相とB相だけでは回転角と回転方向しかわからない。そこで，Z相を設けて円板1回転で1パルスだけ出力し，基準点がわかるようになっている。

ロータリエンコーダには，検出方式によって，光電式・磁気式・ブラシ式の3方式があるが，光電式が最も広く利用されている。光電式の特長をあげれば，次のとおりである。

① 分解能が高い。
② 精度がよい。
③ 周波数特性がよい。
④ 寿命が長い。

❶ life；使用に耐えうる期間。

ロータリエンコーダは，回転角を測定したい軸に直接取り付けて用いるほかに，減速機で減速して駆動させる回転軸では分解能を高めるために，原動軸に取り付けて使うことが多い。

図3-20は，多関節ロボットで使うロータリエンコーダの利用例である。各関節にロータリエンコーダを利用することにより，ハンドの位置や姿勢を知ることができる。

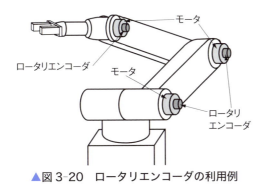

▲図3-20　ロータリエンコーダの利用例

2　ひずみゲージ

引張り・圧縮・曲げ・ねじりなどの応力測定や加速度センサ・力センサなどには，主要素として**ひずみゲージ**❷が用いられることが多い。ひずみゲージは，次のような原理を応用したものである。

❷ strain gauge

図3-21(a)のような長さl [m]，断面積A [m^2]の金属抵抗線があ

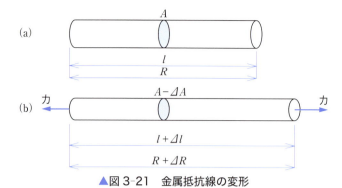

▲図3-21 金属抵抗線の変形

り，その電気抵抗を R [Ω] とする。図(b)のように力を加えて引っ張ると，断面積が ΔA [m²] だけ減少し長さが Δl [m] だけ増える。長さの増加率すなわち $\frac{\Delta l}{l}$ を**ひずみ**❶といい，ε を使って表す。

❶ strain

$$\varepsilon = \frac{\Delta l}{l} \tag{8}$$

一方，抵抗 R [Ω] は式(9)のように，抵抗率 ρ [Ω・m]，長さ l [m] および断面積 A [m²] によって決まる。

$$R = \rho \frac{l}{A} \tag{9}$$

図(b)における抵抗の増加分を ΔR [Ω] とすると，式(10)に示す関係が成立する。

$$\frac{\Delta R}{R} = K\varepsilon \tag{10}$$

ここで，K は材質による定数で**ゲージ率**❷とよばれ，ひずみゲージの感度，すなわちひずみに対する抵抗の増加率を表す。

❷ gauge factor

ひずみゲージには，一般に，次の性質が要求される。

① ゲージ率が大きいこと。
② 温度係数が小さいこと。❸
③ 化学的に安定していること。

❸ 一般に，金属の抵抗は温度に応じて変化する。単位温度変化あたりの抵抗変化率を温度係数という(94ページ参照)。20℃ の銅の温度係数は 3.9×10^{-3} ℃$^{-1}$ である。

ひずみゲージの材料としてよく用いられるものに，金属と半導体の2種類がある。

●**金属**　金属ひずみゲージには，アドバンス(Cu 54％，Ni 46％)，ニクロム系合金などがよく使用される。これらのゲージ率は2程度で小さいが，温度特性や化学的安定性にすぐれており，被測定物への取り付けも容易である。金属ひずみゲージは，図3-22(a)のように，細

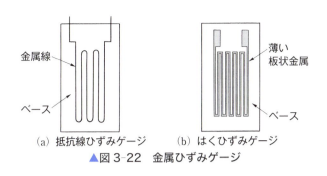
▲図 3-22 金属ひずみゲージ

い金属線を紙やプラスチックフィルムなどの電気絶縁物のベースにはりつけた**抵抗線ひずみゲージ**❶と，図(b)のように，線の代わりにごく薄い板状の金属をはりつけた**はくひずみゲージ**❷がある。

❶ wire strain gauge
❷ foil strain gauge

●**半導体**　半導体ひずみゲージは，ゲージ率が大きく 50〜120 程度である。しかし，周囲温度によって特性が大きく変わるので，温度に対する補償が必要である。

ひずみゲージを弾性体にはりつけることによって，その引張り，圧縮，ねじりのひずみと応力，またはその原因となる作用力やモーメントを測定することができる。

移動物体の加速度や衝撃の強さなどを知る加速度センサや角速度センサ（次ページで学ぶ），また，家庭用のはかり，自動車の積載量を測定するはかりにいたるまで広く利用されている。

問 6　長さ 100 mm の金属線が，ある力で引っ張られて長さ 100.01 mm となっている。ひずみはいくらか。

問 7　抵抗率 $\rho = 1.72 \times 10^{-8}$ Ω・m，長さ $l = 2$ m，断面積 $A = 0.1$ mm^2 の金属線の電気抵抗は何オームか。

問 8　抵抗 $R = 120$ Ω，ゲージ率 $K = 2$ のひずみゲージの抵抗増加分が 0.5 Ω であるとき，ひずみはいくらか。

3　加速度センサ

慣性力や衝撃力を測定するために，加速度センサが利用されている。たとえば，図 3-23(a) のように，自動車事故のさいに搭乗者への衝撃を軽減するエアバッグには，衝撃を受けると，その衝撃を変位に変換し，さらに，その変位を電気信号に変換して，衝撃を検出する**加速度センサ**❸がある。所定の大きさを超える衝撃が検出されると，事故と判断してエアバッグを作動させる。

❸ acceleration sensor

(a) エアバッグ

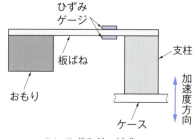
(b) ひずみゲージ式加速度センサの構造

▲図 3-23 加速度センサの応用例

　エアバッグに用いられている加速度センサには，ひずみゲージ式加速度センサがある。図 3-23(b)はその構造例である。板ばねの一端におもりが付けられ，他端は支柱を介してケースに固定されている。ケースに加速度が作用すると板ばねがたわみ，ひずみゲージの電気抵抗値が変化することで加速度を検出している。

　近年，MEMS❶技術の発達により，半導体微細加工技術を応用した加速度センサを大量かつ安定的に生産できるようになった。

❶ Micro Electro Mechanical System

問 9 加速度センサで，衝撃を検知する方法を説明せよ。

4 角速度センサ

　ロボットやドローンの姿勢制御，車などのナビゲーションシステム，ロボットの位置決めなどには，**角速度センサ**が応用されている。

　角速度センサは，別名ジャイロセンサともよばれ，図 3-24 のように，物体のある軸まわりで単位時間あたりに何度の回転運動をしているのかを検出するセンサである。

　測定原理は，振り子に回転力を与えたときのコリオリの力❷によって生じるひずみを電気信号として取り出すことにより，角速度を検出している。

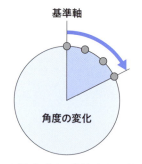
▲図 3-24 角速度センサ

❷ 回転座標系上で移動したときに，移動方向と垂直な方向に移動速度に比例した大きさで受ける慣性力の一種であり，コリオリ力，転向力ともいう。

通常，角速度センサは，振り子の代わりに水晶発振子や圧電セラミック素子を用いている。

図 3-25 に，角速度センサの応用例を示す。

(a) 車のナビゲーションシステム

(b) ロボットの位置決め

▲図 3-25　角速度センサの応用例

> **問 10**　ドローンでは，角速度センサがどのような機能を働かせているかについて考えてみよう。

5　方位センサ

自動車，家電，ロボット，宇宙工学など多くの分野で応用されているセンサとして**方位センサ**がある。

方位センサは，北の方位を基準として，原点と移動点との方位角を電圧で出力するセンサで，東西南北の方位角を測定するセンサである。❶

地球には図 3-26 のように，地磁気とよぶ磁気が取り巻いており，方位センサではこの地磁気を測定することにより，方位角を測定することができる。

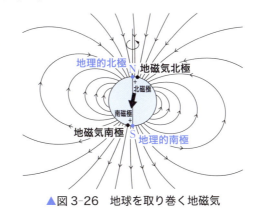

▲図 3-26　地球を取り巻く地磁気

方位センサには，X と Y の 2 軸タイプや Z を加えた 3 軸タイプがあり，それぞれの方位角を測定することができる。この方位角のデータをコンピュータやナビゲーションと組み合わせて活用している。

> **問 11**　地磁気の測定方法には，どのような方法があるか。その原理を調べて発表しよう。

❶ ある地点 A において，北(真北)の方向から右回り(時計回り)に他の地点 B の方向を測定した水平角を，A における B の**方位角**という。

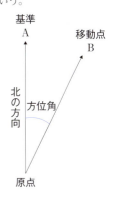

3節 物体を検出するセンサ

ロボットの腕には決まった動作範囲があり，その動作範囲を越えて動こうとすると，センサは腕が動作限界に達したことを検出してモータを停止させる。また，動作範囲内に人がいると，センサは人間を検出してロボットの動作を止める。

このように，物体を検出するセンサは，危険の回避や機械の自動化に利用されている。この物体を検出するセンサとしては，マイクロスイッチ・光電スイッチ・近接スイッチ・視覚センサなどが用いられている。

ここでは，これらの物体を検出するセンサについて考える。

1 マイクロスイッチ

マイクロスイッチ❶は，電気回路をオン，オフする小形スイッチで，スナップ動作機構❷をもち，操作片の規定された動きと規定された力で開閉動作をする。

❶ microswitch
❷ snap-action mechanism

マイクロスイッチの構造を図 3-27 に，スナップ動作機構を図 3-28 に示す。図 3-28 で，操作片に力が加えられていないときは，可動ばねによって可動接点には上向きの力が作用している。操作片がある一定の大きさ以上の力で押されると，可動接点は瞬時に常時開路端子と接する。このように，操作片の操作速度と接点の開閉速度は無関係である。

▲図 3-27 マイクロスイッチの構造

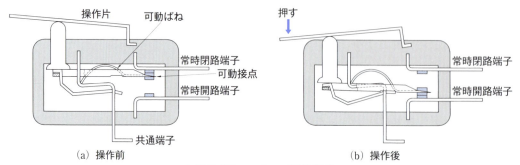

▲図 3-28 スナップ動作機構

2 光電スイッチ

光電スイッチは，物体の検出を目的として，発光素子と受光素子を組み合わせた非接触形のスイッチである。応答が速く，長寿命で信頼性が高いなどの特長をもっているので，機械の自動化・省力化に欠かせないスイッチである。

図 3-29 に，光電スイッチの原理を示す。光を発射する発光素子❶と光を受ける受光素子❷の間で，物体が光路をしゃ断したり（図(a)），光の一部を反射する（図(b)）と，受光量が変化する。光電スイッチは，この受光量の変化を電気量の変化に変換して，物体の有無や位置などの状態を検出する。

❶ 発光ダイオード(LED)などが使用される。
❷ ホトトランジスタ(102ページ参照)などが使用される。

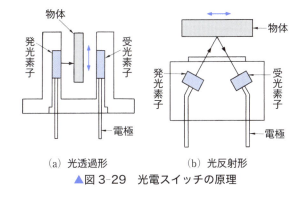

(a) 光透過形　　(b) 光反射形
▲図 3-29　光電スイッチの原理

3 近接スイッチ

近接スイッチ❸は，マイクロスイッチのように，機械的に物体が接触してオンオフ動作を行うのではなく，非接触状態でスイッチング動作を行う。機械的スイッチに比べて，高速性・長寿命・高信頼・防水性・防爆性などの特長がある。

❸ proximity switch

近接スイッチを動作原理から分けると，非接触で金属だけを検知する高周波発振式と，さまざまな物体❹を検知可能な静電容量式とがある。

❹ 金属などの導体や誘電体であるプラスチック，紙，油，水，ガラスなど。

1 高周波発振式近接スイッチ

図 3-30 に，高周波発振式近接スイッチの原理図とブロック線図を示す。図(a)のように，発振回路の発振コイルを検出コイルとして用いる。図(b)で，コイルの近くに金属体がないときは発振状態にあり，金属体が接近すると電磁誘導作用によって金属体に渦電流が流れる。このため，発振コイルのインピーダンスが増加して，発振が止まる。

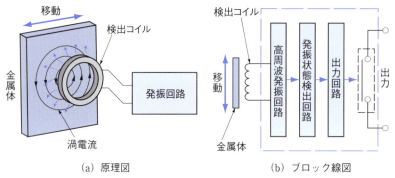

(a) 原理図　　　(b) ブロック線図

▲図 3-30　高周波発振式近接スイッチ

これによって，金属体の有無を検出することができる。

2　静電容量式近接スイッチ

図 3-31 に，静電容量式近接スイッチの原理図とブロック線図を示す。図(a)のように静電容量式近接スイッチは，数百 kHz〜数 MHz の高周波発振回路の一部を検出電極板に導き，高周波電界を発生させる。この電界中に物体がくると分極現象が起こり，静電容量が増加する。このため，図(b)の高周波発振回路において発振された高周波信号の振幅が増大し，出力回路で基準レベルを超えると出力スイッチが作動する。近接物体は，プラスチック・紙・油・水・ガラスなどの物体を検出することができる。

❶ phenomenon of polarization：絶縁体を電界中に置くと，正電荷は電界の方向に，負電荷は反対方向に移動する現象。この現象に着目したとき，この絶縁体を誘電体（dielectric）という。

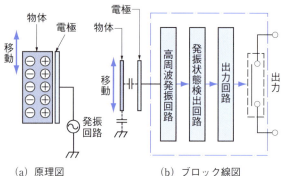

(a) 原理図　　　(b) ブロック線図

▲図 3-31　静電容量式近接スイッチ

4　視覚センサ

画像情報を検出するセンサとして**視覚センサ**❷があり，CCD❸をはじめとする半導体を利用した撮像素子が開発されている。また，コンピュータによる画像処理技術も進歩して，たんに物体の有無を検出するだけでなく，その数・形状・大小などを見分けることができる。

図 3-32 は，ラベルの位置・傾きの不良を検出する例である。

❷ vision sensor, visual sensor
❸ charge coupled device：電荷結合素子

▲図 3-32　ラベルのずれの検査

4節 その他のセンサ

機械量を検出するセンサや物体を検出するセンサのほかにも，ひじょうに多くのセンサがある。たとえば，物理的・化学的な量の検出には，温度センサ・磁気センサ・光センサ・湿度センサ，各種のガスセンサなどが用いられる。
ここでは，代表的な温度センサ・磁気センサ・光センサ・超音波センサについて考える。

1 温度センサ

温度センサ❶には，接触形と非接触形がある。

❶ temperature sensor

接触形温度センサは，センサ自体を対象物に接触させ，または測定環境にさらして温度を測定する方式である。

一方，非接触形温度センサは，測定対象物から放射される赤外線を測定することによって温度を測定する方式である。

表3-4に，温度センサの種類を示す。

▼表3-4 温度センサの種類

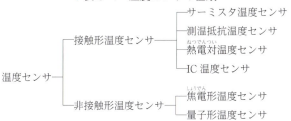

1 サーミスタ温度センサ

サーミスタ❷は，温度変化によって電気抵抗が大きく変化することを利用した感温半導体である。とくに温度に対して安定性にすぐれているものが，サーミスタ温度センサとして使用される。サーミスタの材料としては，マンガン(Mn)，ニッケル(Ni)，コバルト(Co)などの金属酸化物を主成分とした半導体が選ばれる。ほとんどのサーミスタは，これらの材料を高温で焼結したもので，**セラミックサーミスタ**とよばれる。セラミックサーミスタは，材料の成分の割合，焼結の条件，形状，寸法などによって特性が異なる。

❷ thermistor；thermally sensitive resistor からつくられた用語。

セラミックサーミスタには，形状によって図3-33のように，チップ形・ビード形・ディスク形などがある。

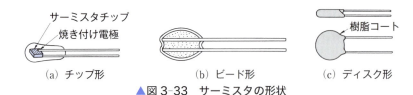

(a) チップ形　　(b) ビード形　　(c) ディスク形

▲図 3-33　サーミスタの形状

温度特性によって分けると，図 3-34 のように，温度上昇にともなって，抵抗値が特定温度で急増する PTC❶サーミスタ，逆に急減する CTR❷サーミスタ，またゆるやかに減少する NTC❸サーミスタがある。

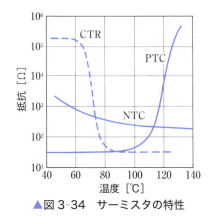

▲図 3-34　サーミスタの特性

❶ positive temperature coefficient
❷ critical temperature resistor
❸ negative temperature coefficient

サーミスタの具体的な応用例としては，電子体温計のように直接温度をはかるもののほか，エアコンディショナ・冷蔵庫・給湯器などに利用されている。

2　測温抵抗温度センサ

金属の電気抵抗は，温度にほぼ比例して増加する。金属の抵抗値が t_1 [℃] のとき R_{t_1} [Ω] とすると，温度が上昇して t_2 [℃] になったときの抵抗値 R_{t_2} [Ω] は，次式で表される。

$$R_{t_2} = R_{t_1} \{1 + \alpha (t_2 - t_1)\} \qquad (11)$$

ここで α [℃$^{-1}$] は，温度の変化に対する抵抗値の変化を表す係数で，抵抗の**温度係数**❹という。

❹ temperature coefficient

一般に，金属は正の温度係数をもち，金属の純度が高いほど温度係

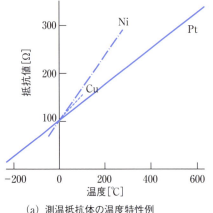

(a) 測温抵抗体の温度特性例

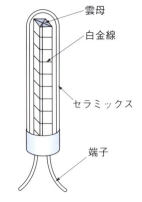

(b) 白金測温抵抗センサの構造例

▲図 3-35　測温抵抗温度センサ

数は大きくなる。図3-35(a)に，測温抵抗温度センサの温度特性例を示す。

図および式(11)からわかるように，抵抗を測定すれば温度を知ることができる。

測温抵抗体としては，白金(Pt)・ニッケル(Ni)・銅(Cu)などが用いられる。標準温度計や工業計測では，高純度(99.999％以上)の白金が使用される。

これらの金属線を雲母やガラスの巻枠にコイル状に巻き，外側をセラミックスやステンレスなどでおおった構造の例を図(b)に示し，表3-5に測温抵抗体の測定温度を示す。測温抵抗温度センサは，広く産業用機器や自動制御用機器，恒温槽の温度センサとして使用されている。

▼表3-5 測温抵抗体の測定温度

種類	材料	測定温度
白金測温抵抗体	白金	−200〜640℃
ニッケル測温抵抗体	ニッケル	−50〜300℃
銅測温抵抗体	銅	0〜150℃

問12 $t_1 = 0℃$ における抵抗 $R_{t_1} = 100\,\Omega$ の銅線は，$t_2 = 80℃$ では抵抗 R_{t_2} はいくらになるか。ただし，抵抗の温度係数 $\alpha = 3.9 \times 10^{-3}℃^{-1}$ とする。

3 熱電対温度センサ

図3-36(a)のように，種類の異なる二つの金属A，Bを接続して閉回路をつくる。二つの接点P，Qをそれぞれ温度 t_1，t_2 に保持すると，この回路に電流が流れる。この現象を**ゼーベック効果**❶といい，流れる電流を**熱電流**という。電流が流れるということは，起電力が発生していることを意味し，この起電力を**熱起電力**❷という。

このような2種類の金属線を組み合わせたものを**熱電対**❸とよび，これを温度センサに利用したものが**熱電対温度センサ**❹である。

熱電対の特長としては，構造が簡単で，熱容量が小さいので変化の速い温度の連続測定が可能であり，接触形センサの中で測定可能温度が最高であるなどがある。しかし，熱電対は，基本的に基準接点の温度を一定(たとえば0℃)に保たなければならないので，取り扱いがはん雑であった。最近では，熱電対信号処理用のICが開発され，その

❶ Seebeck effect
❷ thermoelectromotive force
❸ thermocouple
❹ thermocouple sensor

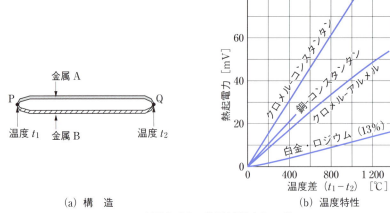

(a) 構　造　　　(b) 温度特性

▲図3-36　熱電対温度センサ

取り扱いが容易となり，比較的安価で入手しやすいため，電気炉や恒温槽，ボイラの配管，ガス暖房機などに広く使用されている。

代表的な熱電対の温度特性を，図3-36(b)に示す。

4　焦電形温度センサ

自然界に存在するあらゆる物体は，その温度に応じた波長の赤外線を放射している。高温物体は波長の短い赤外線を，低温物体は波長の長い赤外線を放射している。**焦電形温度センサ**❶は，強誘電体セラミックスの**焦電効果**❷を利用して，放射体の温度測定をするものである。

焦電形温度センサの構造を，図3-37に示す。焦電素子は，応答が速くなるように熱容量を小さくする必要がある。そのために素子は薄くつくられる。また，熱の発散の少ない構造にする必要がある。

焦電形温度センサの特長は，赤外線の波長に関係なく感度がほぼ一定であること，また，非接触形センサであるから，対象の状態を乱さないで測定できることである。移動物体の温度測定や遠隔測定が可能であり，取り扱いも簡単である。

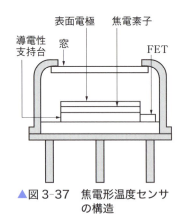

▲図3-37　焦電形温度センサの構造

焦電形温度センサは，対象物体が放射する赤外線を測定するので，光源が不要である。そのため，照明器具，自動ドア，洗面台などにおける人の検知などに使われている。

❶ pyroelectric sensor

❷ 強誘電体の結晶やセラミックスを加熱すると，自発分極（結晶の特定の方向に電荷が移動する現象）が生じる。その強さに応じた起電力を発生する現象である。

図 3-38 に，人体の検知・照明点灯回路の例を示す。焦電形温度センサの出力を電圧増幅部で増幅している。さらに，この出力を電力増幅部で増幅し，電球 L を点灯する。この回路を用いると，人が部屋にはいったことを検知し，照明を点灯させることができる。

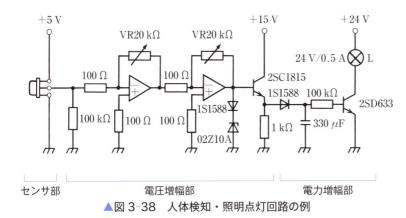

▲図 3-38 人体検知・照明点灯回路の例

問 13 接触形温度センサと非接触形温度センサの特徴をあげよ。

5 IC 温度センサ

トランジスタのベース―エミッタ間の電圧が，温度の変化に対してほぼ直線的に変化することを利用し，トランジスタ回路を集積化したセンサを **IC 温度センサ**という。

これは，たんに電源を供給するだけで直線的な出力電圧を得ることができ，外部の部品が少ないので取り扱いが簡単である。測温範囲は −55〜150℃ 程度であり，ディジタル表示方式の温度計として使用されたり，サーミスタに代わって使用されることが多い。

代表的な IC 温度センサの特性例を，図 3-39 に示す。

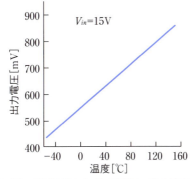

▲図 3-39 IC 温度センサの温度―出力電圧特性例

2 磁気センサ

駅の改札や集札では，乗車券を読み取るセンサとして**磁気センサ**が利用されている。乗車券の磁性体に，1および0で表される符号が記録されている。改札機に券を挿入すると，機器内の磁気センサがその内容を読み取り，適正であるかどうかを判断し，適正でなければゲートを閉じる。

▲図3-40 自動改札機

このように，磁気を検出するためのセンサが磁気センサである。磁気センサには，表3-6のような種類がある。

▼表3-6 磁気センサの種類

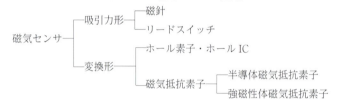

1 リードスイッチ

リードスイッチには，図3-41のように，不活性ガス❶を封入したガラス管内に，軟質で強磁性体のリード片が配置されている。外部の磁界に

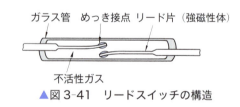
▲図3-41 リードスイッチの構造

❶ 化学反応を起こしにくいガス。窒素が広く用いられている。

よってリード片が磁化されると，白金(Pt)・金(Au)・ロジウム(Rh)などでめっきされた接点部は，たがいに異極すなわちN極とS極に磁化されるので吸引力を生じる。この吸引力がリード片の機械的弾性より大きくなると，接点が閉じて電気回路がオンになる。外部の磁界がなくなると，リード片の磁気もなくなるので，リード片の弾性によって接点は開き，回路はオフの状態となる。

リードスイッチの特長をあげれば，次のとおりである。

① 接点部が外部としゃ断されているため，動作が安定している。
② 小形・軽量・低価格である。
③ 繰り返し精度がよい。
④ 耐電圧性にすぐれている。
⑤ 寿命が長い。

リードスイッチ❶は，非接触で物体を検出するために永久磁石と組み合わせて使われることが多い。たとえば，冷蔵庫のドアに取り付けて，ドアの開閉により庫内照明回路をオン・オフできる。

❶ 通常，物体から数 mm 離れた位置で使用する。

2 ホール素子

図 3-42 のように，半導体の薄片に一定の電流 I を流しておき，これに直角に磁界 H を加えると，電流と磁界に直角な方向に電圧 V_H が生じる。この電圧を測定すれば，磁界の大きさを知ることができるので，磁気センサとして使用できる。この現象は，発見者の名にちなんで**ホール効果**❷とよばれ，この現象を用いた磁気センサを**ホール素子**❸とよぶ。

❷ Hall effect
❸ Hall element

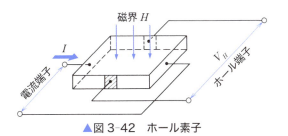

▲図 3-42 ホール素子

ホール素子は，磁気の有無の検出にだけ使うことも多く，たとえば自動車のパワーウィンドウの位置検出やブラシレスモータの回転子の位置検出などに利用されている。最近では，地磁気を測定することも可能になり，方位センサとしても応用されている。

3 半導体磁気抵抗素子

図 3-43 は，半導体(InSb，GaAs など)の両端に金属板電極をつけた素子内に電子が流れるようすを示す。図(a)のように，磁界がなければ，電子は両電極間の最短距離方向に移動する。図(b)のように，磁界が加わると，電子は両電極間方向に対してある角度をもった方向に移動する。したがって，磁界 H が加わることによって電子の流れる経路が長くなり，抵抗が増加する。

半導体磁気抵抗素子は，モータの回転角検出，磁性インクで印刷された紙幣の識別やハードディスクの磁気ヘッドなどに用いられるが，温度による抵抗変化が大きいので，その対策が必要となる。

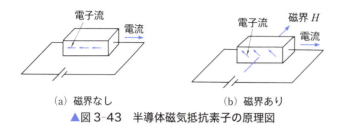

(a) 磁界なし　　　　(b) 磁界あり

▲図 3-43　半導体磁気抵抗素子の原理図

3　光センサ

光の有無や光に含まれる情報を検出して電気信号に変換する，いわゆる光電変換素子を総称して**光センサ**❶とよぶ。

❶ optical sensor

光センサには，次の特長がある。
① 動作速度が高い。
② 非接触形センサである。
③ 周囲に雑音を出さない。

おもな光センサを光電変換原理によって分類すると，表 3-7 のようになる。各センサのシステムへの組み込みかたには，個別センサとして用いる場合と，いくつかの素子を一体化した複合センサとして用いる場合とがある。

▼表 3-7　光センサの種類

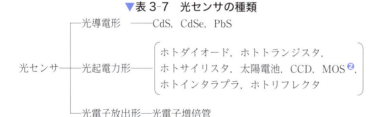

❷ metal oxide semiconductor の略。金属酸化膜半導体のこと。

各素子の光電変換原理として，次の現象がよく用いられる。

●**光導電効果**❸　半導体に光を当てると，電気抵抗が減少して導電性がよくなる現象をいう。これは，光エネルギーによってキャリヤすなわち正孔や自由電子が生じるためである。従来から硫化カドミウム (CdS) が，カメラの照度計として用いられてきた。

❸ photoconductive effect

●**光起電力効果**❹　p 形半導体と n 形半導体の接合面すなわち pn 接

❹ photovoltaic effect

合面に光を当てると，電極間に起電力が発生する。この現象を**光起電力効果**という。太陽電池・ホトダイオード・ホトトランジスタ・CCDなどは，この効果を利用したセンサである。

●**光電子放出** 物質の表面に光を当てると，光の強さ・波長に応じて電子がその表面から飛び出す。この電子を**光電子**といい，この現象を**光電子放出**という。代表的なものに光電子増倍管がある。これは，放出された光電子をとらえ，$10^5 \sim 10^6$ 倍に電流を増倍するように構成された高感度の光電管である。

1 光導電セル

光導電形センサは，一般には**光導電セル**とよばれる。光導電セルには，CdS，CdSe，PbS などがある。可視光用としては，CdS セルが多く用いられる。

図 3-44 に，CdS セルの構造を示す。

セラミックスの基板の上に光導電性の物質が焼成されている。くし形の電極を向かい合わせて，歯がたがい違いにはいり込むように配置されており，その全体はプラスチック被膜，または金属・プラスチック・ガラスなどのケースに収められている。

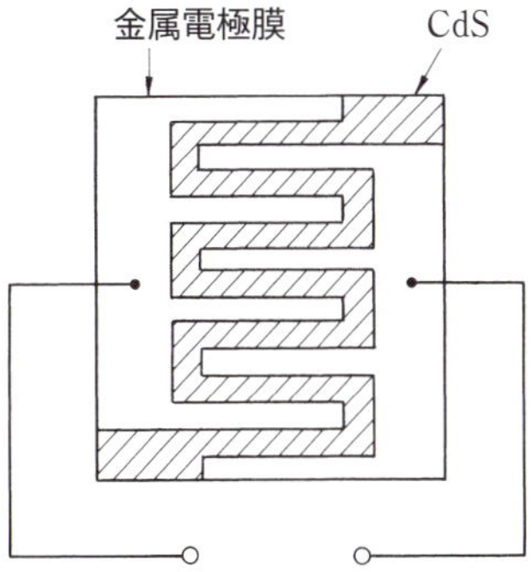

光導電セルには，次の特徴がある。
① 小形・軽量・低価格である。
② 比較的大きな電力が得られる。
③ 分光感度特性が人間の目に近い。
④ 直線性がよくない。
⑤ 精密測定に向かない。
⑥ 応答がやや遅い。

光導電セルは，光のエネルギーに応じて電気抵抗が変わり，光の波長によって感度が異なる。これを**分光感度特性**という。光導電セルの感度は，規定光源による規定の照度で，セルの受光面を照射したときのセルの抵抗値で表す。セルの抵抗値が低いほど，感度が高いことを意味する。

図 3-45 に，2 種類の光導電セルの分光感度特性を示す。CdS セルに含まれる S と Se の割合によって，分光感度特性のピークの位置を

▲図 3-44 CdS セルの構造

❶ 下図のように，p 形半導体側に＋，n 形半導体側に−の起電力が発生する。

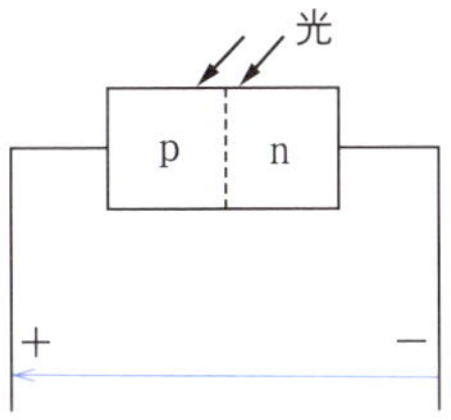

❷ photoelectric emission

❸ セレン化カドミウム
❹ 硫化鉛

❺ 色温度 2 856 K のタングステン電球。
❻ 10 lx

4 節 その他のセンサ 101

ずらすことができる。Seを増すと長波長側にずれる。CdSセルは色に対する感じかたが人間の目に近いので，目の代わりによく利用される。人間の目の代用をさせるような用途として，カメラの露出計，火災検知器，街路灯の自動点灯・消灯器などがある。

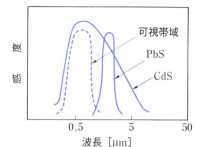

CdS：可視帯域をカバーしている。
PbS：可視帯域より長波長側に感度をもつ。

▲図 3-45 光導電セルの分光感度特性

2 ホトダイオード・ホトトランジスタ

ホトダイオード[1]は，光起電力形のセンサであるので，光を当てると起電力を発生し，出力電流を取り出すことができる。しかし，この出力電流は小さいため，トランジスタやICによって増幅して使用する。

ホトトランジスタ[2]は，原理的には，ホトダイオードとトランジスタを組み合わせたものと考えてよい。

ホトダイオードの材料としては，Si，Ge，GaAs[3]，GaAsP[4]などの半導体の結晶が用いられる。図3-46にホトダイオードの構造と図記号を，また，図3-47にnpn形ホトトランジスタの構造と図記号を示す。照射された光は，p層・n層の内部まで到達し，p層は正に，n層は負に帯電して起電力を発生する。

図3-48に，ホトダイオード(SiとGaAsP)の分光感度特性を示す。

[1] photodiode
[2] phototransistor
[3] ガリウムひ素
[4] ガリウムひ素りん

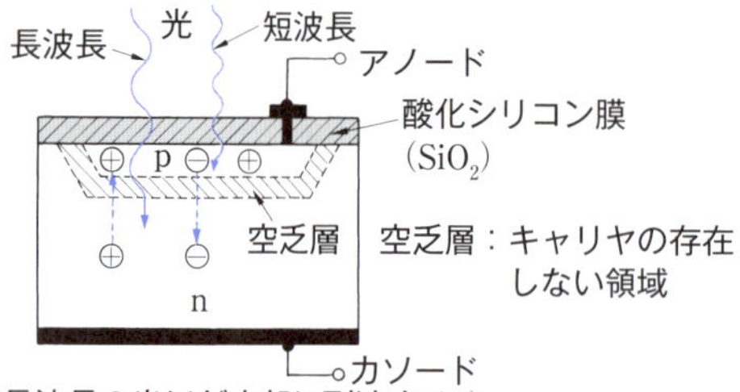

(a) 構造

(b) 図記号

▲図 3-46 ホトダイオードの構造と図記号

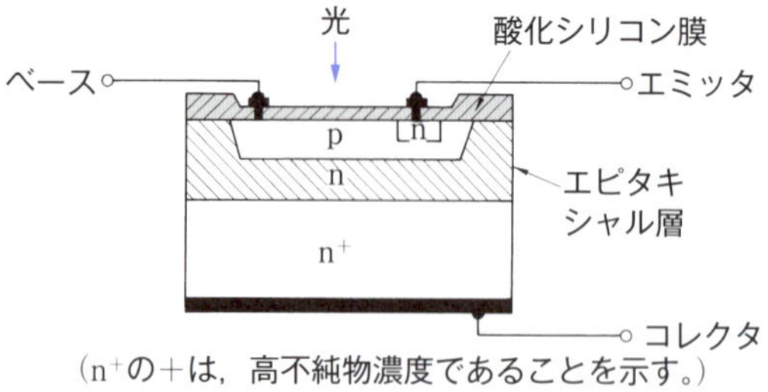

(a) 構造
(n⁺の＋は，高不純物濃度であることを示す。)

(b) 図記号

▲図 3-47 ホトトランジスタの構造と図記号

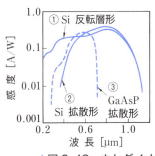

▲図3-48 ホトダイオードの分光感度特性

　図からわかるように，ホトダイオードは光の波長によって感度が異なる。また，ホトダイオードはその成分によって，高感度を示す波長域が異なる。

　ホトダイオードには，次の特長がある。

① 入射光に対する直線性がすぐれている。

② 雑音が小さい。

③ 広範囲の波長に対して良好な感度がある。

④ 応答速度が高い。

　ホトダイオードは，カメラの露出計や煙センサなどに，ホトトランジスタは，電動ミシンの布切れ検出などに利用されている。

　また，光源と光センサによって構成されるものにバーコードリーダがある。バーコードリーダは，図3-49のようなバーコードを光学的に検知し，数種の幅の白と黒の平行バーのパターンを解析することによって，特定のキャラクタ（文字）に変換するための装置である。

▲図3-49 バーコードの例

4　超音波センサ

　人間の可聴範囲（約 20 kHz）以上の高い周波数の音波を，**超音波**❶という。超音波の発生・検出には，電磁誘導現象・磁歪(じわい)現象・圧電現象のいずれかを利用する。ここでは，圧電現象を利用した圧電振動子について取り上げる。

　水晶やチタン酸バリウムなどの結晶に力を加えて圧縮すると，電圧が生じる。この現象を**圧電効果**❷といい，この効果を利用した素子を**圧電素子**という。図3-50に示すように，振動により一方が伸びると他方が縮むようにした振動子を**バイモルフ振動子**❸という。このバイモルフ振動子は出力電圧が大きく，機械的強度・温度特性・湿度特性にすぐれている。圧電素子は，電圧を加えると変形が生じるので，高い周

❶ ultrasonic wave

❷ piezoelectric effect

❸ bimorph vibrator

波数の電圧を加えて超音波を発生させるためにも用いられる。超音波を発生させ，その反射波を検出することで，物体や人体の有無，距離や速度の検出，航空機部品の探傷などに応用されている。

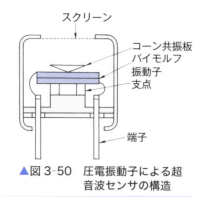

▲図3-50 圧電振動子による超音波センサの構造

5 pHセンサ

化学量を測定対象とするセンサの用途は非常に広範囲で，工場における製品の製造の工程管理から，工場排水や河川水の公害監視までさまざまなところで活用されている。この化学量の測定のセンサで代表的なものとして，❶pHセンサがある。

pHセンサは，薄いガラス膜で隔てた2種類の溶液を接触させると，両液のpHの差に比例した電位差がガラス薄膜に発生する。これを利用するのがガラス電極によるpHの測定である。

図3-51のように，薄いガラス膜で作られた容器Gの中にpHのわかっている溶液Bを入れ，これを被検液A

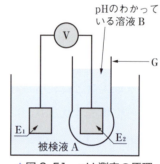

▲図3-51 pH測定の原理

の中に浸すと，ガラス膜の両側に起電力を生じる。そこで溶液A，Bに適当な電極E_1，E_2を浸し，その両電極間の電位差を電圧計Vで測定することにより，ガラス膜に発生した起電力，つまり溶液A，BのpHの差により被検液AのpHを測定することができる。

問14 pHセンサのように化学量を測定するセンサには，ほかにどのようなセンサがあるか。また，これらのセンサの原理についてまとめて発表せよ。

❶ 水溶液の酸性，アルカリ性の度合いを示す指標で，水素イオンの活量の逆数の対数で定義されている。純水のpHは中性でほぼpH7であり，これよりpH値が小さいときは酸性，大きいときはアルカリ性となる。

5節 アクチュエータ

機械を駆動するアクチュエータには，電気で動作するもの，空気圧や油圧で動作するものなどがある。空気圧および油圧で動作するものも，その制御部には電磁弁のように電気で制御する装置を利用することが多い。
ここでは，アクチュエータの基礎と種類について考える。

1 アクチュエータとは

アクチュエータは「エネルギーを機械的な動きに変換する機器」である。エネルギー源としては電気がよく利用され，電流と磁気の相互作用によって回転運動を得るモータは，代表的なアクチュエータである。

また，空気圧・油圧などのエネルギー源も電子機械にはよく利用されており，その圧力によって直線運動を生じさせる空気圧シリンダ・油圧シリンダもアクチュエータである。

問15 家庭で利用されている電子機械製品のアクチュエータを調べよ。

2 身近なアクチュエータ

第1章で学んだように，自動洗濯機は，洗いと脱水を一つの水槽で行うもので，スタートのスイッチを押すだけで洗いから脱水までを自動的に行わせることができる。

このためには，いろいろなセンサからの情報を，マイクロコンピュータが受け判断・演算し，アクチュエータを制御することが必要となる。

❶ 72ページ参照。

ここでは，洗濯槽への注水を制御する給水弁の開閉の構造について調べてみる。

図3-52(a)に示すように，給水弁は，**ソレノイド**❷・プランジャ・ダイヤフラムから構成されている。ソレノイドに通電されるとプランジャが吸引され，この吸引力と水道水の圧力によってダイヤフラムが開く。布量や布質をセンサで検出し，水位（給水量）が設定される。

❷ solenoid；詳しくは107ページで学ぶ。

給水がはじまると，水位センサが計測を開始する。水位センサからの信号と設定された水位を，マイクロコンピュータで判断してスイッチを動作させ，ソレノイドへの通電が止まり，図3-52(b)のように給水が停止する。

　また排水時には，給水弁の開閉と同じようにプランジャの吸引作用によって排水弁が開き，排水が行われる。排水弁の構造を，図3-53に示す。

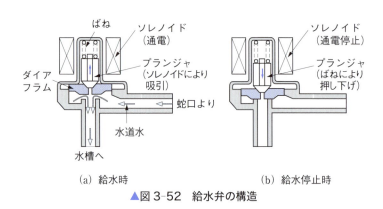

▲図3-52　給水弁の構造

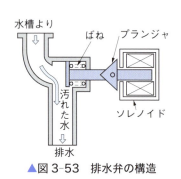

▲図3-53　排水弁の構造

3　アクチュエータの種類

　アクチュエータは，駆動エネルギー源により電気系，空気圧系および油圧系に分けることができる。その代表的なものを，表3-8に示す。

　これらのアクチュエータのなかで，電気系のモータが最も多く利用されている。モータには，直流で駆動する直流モータと，交流で駆動する交流モータがある。空気圧系および油圧系のアクチュエータは，電気系と組み合わせて用いられることが多い。

　アクチュエータの制御に関しては，電気系のものが最も扱いやすい。空気圧系は発生力がやや弱く，油圧系は発生力が強く動作速度も高い。

▼表3-8　アクチュエータの駆動エネルギーによる種類

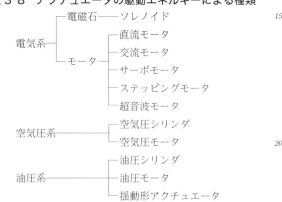

（問16）家庭でモータを利用している製品の例をあげよ。また，給・排水弁は，どのようなところに用いられているかを調べよ。

6節 アクチュエータとその利用

機械が仕事をする場合，駆動の役割を果たす重要な要素がアクチュエータである。センサからの情報は，コンピュータで制御信号に変換される。この信号によって制御されるアクチュエータは，ソレノイド・モータ・シリンダなど種類は多い。
ここでは，代表的なアクチュエータの種類・動作原理と，その利用について考える。

1 ソレノイド

電磁石の吸引力による磁性体の機械的運動を，アクチュエータとして直接利用するものを**ソレノイド**という。ソレノイドは，オーディオ機器・自動車・自動販売機・工作機械などに広く利用されている。

1 原理

図 3-54 のように，中空のコイルに電流を流すと，コイルの中にある可動鉄心（プランジャ）はコイルの中心部に引かれる。その結果，左側部分は引く力を生じ，右側部分は押す力を生じる。引く力を利用するものを**プル形**❶，押す力を利用するものを**プッシュ形**❷，その両方の力を利用できるように，両端に接続部を設けたものを**両用形**という。

❶ pull type
❷ push type

コイルの電流を切断すると，可動鉄心を引く力はなくなり，ばねの力により可動鉄心はもとへ戻る。ソレノイドを鉛直に取り付けて可動部の重力を利用し，可動鉄心をもとへ戻す場合もある。

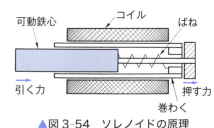

▲図 3-54 ソレノイドの原理

2 構造

両用形ソレノイドの例を，図 3-55 に示す。電磁コイル，可動鉄心，発生した磁束を効率よく通す役目を果たす磁性体のフレームで構成されている。可動鉄心の両端に負荷連結用端子が設けられ，ソレノイドの左側に負荷を接続するとプル形に，右側に負荷を接続するとプッシュ形になる。なお，可動鉄心の移動距離を**ストローク**❸という。

❸ stroke

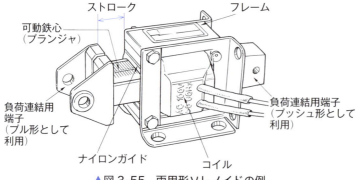

▲図 3-55 両用形ソレノイドの例

3 ソレノイドの利用

ソレノイドには，直流電源を利用する直流ソレノイドと，交流電源を利用する交流ソレノイドがある。

コイルに加える電圧は，直流では数 V から 100 V 程度，交流では 100 V または 200 V のものが多い。鉄心を吸引する力は電圧の 2 乗に比例するので，電圧の変動に注意して利用する。

図 3-56 に，交流ソレノイドのコイルに加える電圧と吸引力の関係を示す。なお，コイルに流れる電流は，動作開始時と保持状態では異なり，それぞれ**始動電流**❶および**保持電流**❷という。始動電流は，保持電流の 8 倍程度である。

❶ starting current
❷ holding current

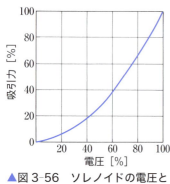
▲図 3-56 ソレノイドの電圧と吸引力

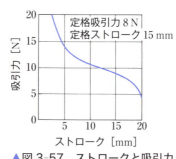
▲図 3-57 ストロークと吸引力の特性例

図 3-57 は，ソレノイドのストロークと吸引力の関係を示す例である。ストロークの大きさは，15 mm から 30 mm 程度のものがあり，作用する力は 3 N から 100 N くらいまで各種のものがある。負荷の移動距離は定格ストローク以内で使用し，ストロークが小さいほど大きな力が得られる。

また，ソレノイドの駆動は，p.143 図 3-107 のスイッチング回路などにより行われる。

問 17 図 3-56 において，定格電圧 AC 100 V，定格吸引力 20 N のソレノイドを，AC 85 V で利用したときの吸引力を求めよ。

2 直流モータ

ディジタルカメラ・CD プレーヤ・複写機などの電気製品に使われているモータは，**直流モータ**❶が多い。また，自動車はおもに直流 12 V のバッテリを搭載するため，パワーウィンドウやワイパなどに直流モータが利用されている。

❶ 直流電動機ともいう。

1 原理

図 3-58 のように，磁石の中に自由に回転できるようにした長方形導体 abcd を置き，導体に電流を流すと，導体はフレミングの左手の法則にしたがう方向に電磁力を受ける。ab 部および cd 部の導体が受ける力は，たがいに逆向きの方向となり，回転力を生じる。

導体が 90°以上回転すると，ab 部，cd 部の導体の受ける力は逆向きになるので，そのままでは連続した回転とはならない。そこで，導体に流す電流の向きを半回転ごとに切り換え，連続した回転とする。そのため，導体側につける半円筒状の金属片を**整流子**❷といい，この整流子に接触するブラシを通して直流電流を供給する。

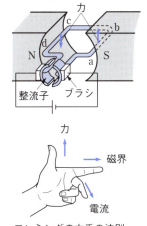

▲図 3-58 直流モータの原理

❷ commutator

2 構造

図 3-59 は，直流モータの構造である。磁界をつくる部分を**固定子**❸または**界磁**といい，永久磁石を利用する場合と，ヨーク(継鉄)にコイル(界磁コイル)を巻きつける場合とがある。

一方，中央部の回転する部分を**電機子**❹という。電機子鉄心にコイルが巻かれ，その端は整流子に接

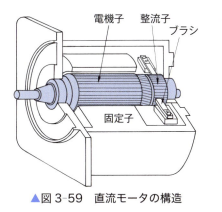

▲図 3-59 直流モータの構造

❸ stator

❹ armature

6 節　アクチュエータとその利用　109

続されている。整流子は，たがいに絶縁された銅板製の整流子片を円筒状に並べたものである。整流子に接触するブラシは，高温と摩耗に強い黒鉛や貴金属でつくられる。

　界磁コイルと電機子コイルに直流電流を流すと，電磁力によって電機子が回転する。電機子コイルに流す電流を逆にすれば，逆向きに回転する。

　直流モータの多くは，回転数が高くトルクが小さいため，出力軸から直接負荷を駆動するのに適さない場合が多い。そこで，必要なトルクを得るため，モータの出力軸端に減速装置❶を取り付けて使用するのが一般的である。減速歯車装置と組み合わせ，一体となったモータをギヤードモータといい，その減速装置を**ギヤヘッド**という。

❶ reduction gear

3　駆動法

　直流モータの駆動にはいくつかの方法があるが，その基本的な回路を図 3-60 に示す。図(a)は，モータをトランジスタのコレクタに接続し，コレクタ電流にほぼ等しい電流で制御するので，**定電流駆動形**とよばれる。トランジスタのベース入力端子に，パルスまたは直流電圧を加えることによりモータを駆動させる。この方法は，トランジスタの飽和電圧の値が小さいので電力損失は少ないが，モータがコレクタに接続されているため，モータに流れる電流の変化が大きい。

　モータの出力トルクは，モータ供給電流に比例して発生するので，微妙なトルク制御がしやすく，モータ負荷変動に対して安定した回転精度が求められる機器に用いられる。

　図(b)は，ベース-エミッタ間の電圧を無視すると，入力電圧がそのままモータに加えられるので，**定電圧駆動形**とよばれる。電流の**利得**❷が大きく，出力インピーダンスが小さいので，モータの特性のばらつきには影響されないが，トランジスタの電力損失が大きい。モー

❷ gain：入力信号に対する出力信号の比。

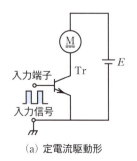
(a) 定電流駆動形

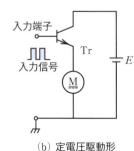
(b) 定電圧駆動形

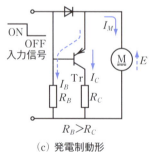
(c) 発電制動形

▲図 3-60　直流モータの駆動法

タの回転速度は，モータ供給電圧によって制御できるので，速度の制御が必要な機器に用いられる。

図(c)は，モータの制動を考慮した駆動回路で**発電制動形**とよばれる。この回路の動作は，入力がオン状態のときに電流 I_M が流れてモータを駆動するが，入力がオフになった場合は，モータの慣性による回転のため発電機として働き，誘導起電力 E によって電流 I_B が流れる。その結果，トランジスタは導通状態になり，コレクタ電流 I_C が抵抗 R_C を通ってモータに逆流し，これがモータの制動電流として作用する。この方法は，モータの回転・停止をひんぱんに繰り返し，精度のよい位置決め制御を要求される機器に用いられる。

4 制御

直流モータの制御例として，モータの正転・逆転制御の基本回路について学ぶ。

●**正転・逆転制御**　図 3-61 に，直流モータの正転・逆転制御の回路例を示す。この回路では，二つの端子から入力された論理信号が，ホトカプラを介してパワートランジスタで構成されたブリッジ回路を駆動させ，直流モータを制御している。

入力 a, b がともに H レベル，またはともに L レベルであるとき，モータの両端は等電位となり，モータは停止状態となる。入力 a が L レベル，b が H レベルのときは，トランジスタ Tr_3, Tr_4 が導通し，モータには実線の矢印の向きに正転電流が流れる。

❶ 論理回路の図記号には，JIS 規格と ANSI/IEEE 規格によるものがある。本書では，ANSI/IEEE で規定されているもののうちで，広く使われている図記号を用いる。

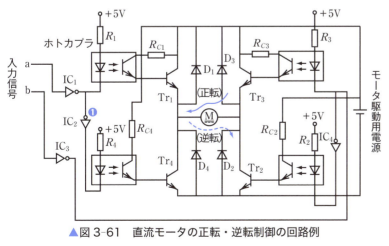

▲図 3-61　直流モータの正転・逆転制御の回路例

▼表 3-9　正転・逆転制御回路の真理値表

入力		出力				モータ
a	b	Tr_1	Tr_2	Tr_3	Tr_4	
H	H	ON	OFF	ON	OFF	停止
L	H	OFF	OFF	ON	ON	正転
H	L	ON	ON	OFF	OFF	逆転
L	L	OFF	ON	OFF	ON	停止

また，a が H レベル，b が L レベルのときは，トランジスタ Tr_1，Tr_2 が導通し，破線の矢印の向きに逆転電流が流れる。以上の動作をまとめると，前ページ表 3-9 のような真理値表になる。

　また，パワートランジスタ駆動用のホトカプラは，モータ駆動回路と入力信号用回路とを電気的に分離することによって雑音などによる誤動作を防いでいる。この働きを**アイソレーション**❶という。

❶ isolation：分離，独立，絶縁などの意味をもつ。

　近年では，パワー IC やトランジスタモジュールなど多くのモータ駆動用素子が市販され，駆動回路が組みやすくなっており，小形化・高性能化がはかられている。

図 3-61 において，モータを 10 秒間逆転，2 秒間停止，5 秒間正転，2 秒間停止の繰り返し動作を行う場合，入力 a，b の波形と，モータの動作をタイムチャートで示せ。

[解答]
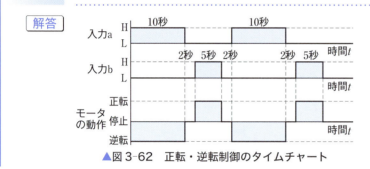
▲図 3-62　正転・逆転制御のタイムチャート

問 18　例題 1 において，正転から逆転（またはその逆）への制御に，すぐ移さない理由を述べよ。

5　速度・トルク・出力

　電機子が回転すると電機子の導体が磁束を切るので，電機子巻線に起電力が誘導される。この誘導起電力の方向は供給電圧と逆方向であり，起電力の大きさ E [V] は，界磁の磁束 Φ [Wb] と回転速度 n [min^{-1}] の積に比例する。

　図 3-63 に示す回路で，電機子巻線の抵抗を r_a [Ω]❷，電機子電流を I_a [A]，端子電圧を V [V] とすれば，モータの回転速度 n [min^{-1}] は，次のようになる。

❷ 以降，電機子抵抗という。

$$V = E + I_a r_a \qquad (12)$$

$$E = k\Phi n \quad (k \text{ は比例定数}) \qquad (13)$$

式(12)と式(13)から，

$$n = \frac{V - I_a r_a}{k\Phi} \qquad (14)$$

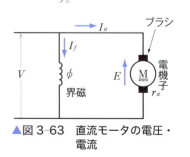
▲図 3-63　直流モータの電圧・電流

このことから，直流モータの回転速度を変える方法には，磁束$\varPhi$を変える**界磁制御法**，電機子抵抗r_aを変える**抵抗制御法**，および供給電圧Vを変える**電圧制御法**とがある。

また，一般に，直流モータのトルクT [N·m] は次式のようになり，トルクTは電機子電流I_a [A] と磁束$\varPhi$ [Wb] の積に比例する。

$$T = k_1 \varPhi I_a \quad (k_1 は比例定数) \tag{15}$$

モータの機械的出力P [W] は，角速度ω [rad/s] とトルクT [N·m] の積となり，モータの回転速度がn [min^{-1}] の場合，次のようになる。

$$P = \omega T = \frac{2\pi n T}{60} \tag{16}$$

❶ $2\pi\,\mathrm{rad} = 360°$であることを利用して，$\omega = \dfrac{2\pi n}{60}$ となる。

問19 直流モータの回転速度を変えるには，どうすればよいか。

問20 直流モータの回転方向を逆にするには，どうすればよいか。

問21 直流モータの回転速度$n = 1\,000\,\mathrm{min}^{-1}$，トルク$T = 0.3\,\mathrm{N\cdot m}$のとき，出力$P$ [W] はいくらか。

問22 図3-63の回路において，直流モータが入力電圧$V = 100\,\mathrm{V}$，回転速度$n = 1\,200\,\mathrm{min}^{-1}$で運転されている。この場合の発生トルク [N·m] の値はいくらか。ただし，電機子電流$I_a = 20\,\mathrm{A}$，電機子抵抗$r_a = 0.2\,\Omega$とする。また，出力Pは$P = EI_a$でも表せる。

6　種類と特性

直流モータは，界磁巻線と電機子巻線の接続方法により，次のように分類される。

●**分巻モータ**　図3-64(a)のように，直流電源に対し界磁巻線と電機子巻線を並列に接続したものを**分巻モータ**という。端子電圧を一定に保てば磁束は一定となるので，モータの負荷を増すと電機子電流は大きくなるが，回転速度はほぼ一定である。このように負荷に関係なく，回転速度が一定なモータは定速度モータとよばれている。分巻モータは，ポンプや工作機械などに利用されている。

●**直巻モータ**　図3-64(b)のように，界磁巻線と電機子巻線を直列に接続したものを**直巻モータ**という。負荷が大きくなると回転速度が下がる。トルクは電流の2乗に比例するので，ひじょうに大きな始動トルクが得られるが，無負荷になると高速度となり，危険な状態になる。電車やクレーンの巻上機などに利用されている。

●**複巻モータ**　図3-64(c)のように，分巻界磁と直巻界磁の2組をもつモータを**複巻モータ**という。2個の界磁巻線の磁束が同方向，す

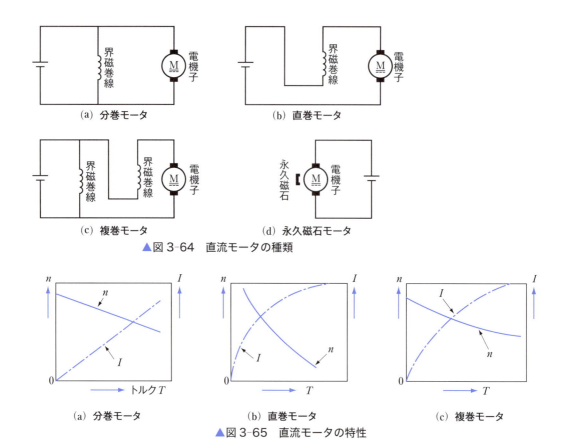

▲図 3-64　直流モータの種類

▲図 3-65　直流モータの特性

なわち加わるように接続してある場合を和動複巻，逆に磁束が逆方向になるように接続してある場合を差動複巻という．和動複巻はエレベータや圧縮機などに利用されているが，差動複巻はあまり利用されていない．

●**永久磁石モータ**　図3-64(d)のように，界磁巻線の代わりに永久磁石を用いるモータを**永久磁石モータ**という．界磁電流が一定な分巻モータと同じ特性をもつ．小形で大きなトルクが得られるため，玩具，自動車用小形モータ，電子機械のアクチュエータとしてよく利用される．

図3-65に，それぞれの直流モータの特性曲線の概略を示す．ここで，図(a)の分巻モータは回転速度 n・電流 I ともに直線性を示しているので，制御用モータとして適している．

問 23　界磁巻線と電機子巻線の接続方法を，4種類あげて説明せよ．

問 24　界磁に永久磁石を利用した直流モータにおいて，端子電圧 $V = 100$ V，電機子抵抗 $r_a = 0.2\,\Omega$，電機子電流 $I_a = 20$ A のときの回転速度が 800 min^{-1} であった．負荷トルクが2倍になると，回転速度はいくらになるか．

3 交流モータ

工場における工作機械や家庭の自動洗濯機・扇風機などに利用されているモータは，交流モータである。前者はおもに三相誘導電動機で，後者は単相誘導電動機である。ここでは，単相誘導電動機のなかで最もよく利用されているコンデンサモータを中心に学ぶ。

❶ single-phase induction motor

1 原 理

図 3-66(a)のように，自由に回転できるアルミニウム円板に磁石を近づけ，磁石を矢印の方向に移動させると，円板も磁石の移動する方向と同じ方向に回転する。これは，図(b)のように，磁石の移動によりアルミニウム円板に**渦電流**が流れ，磁石の磁束 φ と渦電流との相互作用によって起こる現象で，**アラゴの円板**という。

❷ eddy current

磁石を移動させる代わりに，交流電流で回転する磁界をつくり，中の導体を回転させるのが交流モータである。

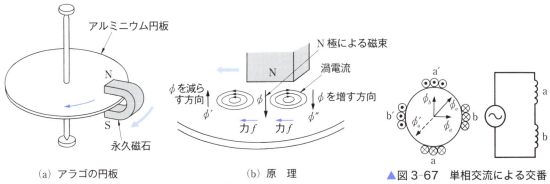

(a) アラゴの円板　　(b) 原　理
▲図 3-66　アラゴの円板

▲図 3-67　単相交流による交番磁界

図 3-67 のように，1 対の磁極に単相交流を加えると，電流の正負が変わるたびに磁極が反転し，**交番磁界**となる。この状態では，中に円筒状の導体などを置いても回転しない。

❸ 強さと向きが周期的に変化する磁界をいう。

そこで，図 3-68 のように，主コイルのほかにコンデンサ C を接続したコイル（始動コイル）を設け，単相交流を加えると，始動コイルに流れる電流 i_b は，コンデンサによって主コイルに流れる電流 i_a より 90° 位相が進む。その結果，電流の変化に対応して磁束 ϕ_a, ϕ_b が図のように変化し，これらを合成すると，①→②→③→④の順に回転する磁界が生じ，中の回転子が回る。この磁界を**回転磁界**とよび，単相電動機を**コンデンサ始動形電動機**または**コンデンサモータ**という。コンデンサは数 μF 程度のものが用いられ，力率改善の働きもしている。

❹ rotating field
❺ condenser motor
❻ コイルなどの誘導負荷には，電圧に対して遅れた電流が流れ，力率が悪い。コンデンサを接続すると，電流の位相が進み，力率が改善される。

6 節　アクチュエータとその利用　115

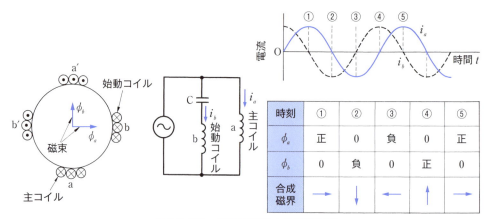

▲図 3-68 単相交流による回転磁界

2 構造

　図3-69は，単相交流モータの構造である。誘導電動機では，回転する磁界をつくる電磁コイルが固定子として外側に配され，渦電流を発生する導体が回転子として内側に配されている。回転子は，渦電流と磁界の相互作用により回転する。

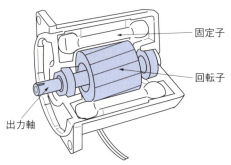

▲図 3-69 単相交流モータの構造

3 駆動回路

　回転方向を変えるには，主コイルと始動コイルの接続を切り換えればよい。図3-70に，回転切り換えの回路例を示す。

　図3-71は，ソリッドステートリレー（半導体による無接点リレー）SSRを2個使用したコンデンサモータの正転・逆転駆動回路である。ここでは，入力1，入力2を入力とし，SSR1でモータを，SSR2で交流リレーを制御している。交流リレーは，コンデンサCの切り換え用として動作する。いま，入力1，入力2からの信号がHレベルのとき各SSRはオン状態となり，Lレベルのときはオフ状態となる。

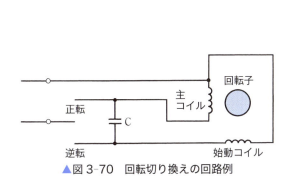
▲図3-70 回転切り換えの回路例

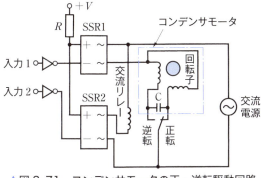
▲図3-71 コンデンサモータの正・逆転駆動回路

4 回転磁界と速度

図3-72のように，120°の間隔に設置された3個のコイルに，三相交流電流を流すと，各コイルには**アンペアの右ねじの法則**❶により磁界が発生し，それらを合成すると時間とともに回転する磁界となる。

図の①の時刻では，コイルaの磁束ϕ_aは最大で，コイルbの磁束ϕ_bとコイルcの磁束ϕ_cは図に示す方向で大きさが最大値の$\frac{1}{2}$となり，その合成磁束ϕ_1は，図のように上向きとなる。

同様にして，図の②および③の時刻における合成磁束ϕ_2，ϕ_3を求めると，図のように回転することがわかる。

●**回転磁界の速度** 三相交流による回転磁界は，図3-72に示すように，固定子コイル3個の場合は電流の変化①～④の三相交流1サイクルで1回転する。交流の周波数がf [Hz]ならば，回転磁界は1秒間にf回転し，1分間では$60f$回転することになる。

❶ 電流の流れる方向に右ねじの進む方向を一致させてねじを回すとき，ねじを回す向きに磁界が生じる。

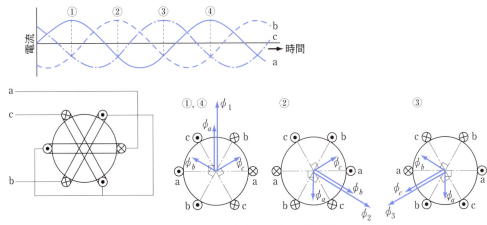
▲図3-72 三相交流による回転磁界

1個のコイルでN, S二つの磁極が生じ, 3個1組の三相コイルで生じるN, Sの磁極は, 三相交流1サイクルで1回転する。

磁極数 P と周波数 f [Hz] から, 回転磁界の毎分の回転速度 n_s [min^{-1}] は, 次のようになる。

$$n_s = 120 \times \frac{f}{P} \quad (17)$$

n_s を**同期速度**❶といい, 固定子コイルが3個1組ならば磁極数 $P = 2$ であり, コイルが6個すなわち2組になると $P = 4$ となる。

●**回転速度**　モータの回転子が回転磁界の速度に近づくと, 誘導される渦電流が小さくなり, 回転力も小さくなる。したがって, 回転子に負荷が加わると, 回転子の回転速度は同期速度 n_s [min^{-1}] より遅くなる。この遅れる割合を**滑り**❷といい, 回転子の回転速度を n [min^{-1}] とすると, 滑り s は次式で表される。

$$s = \frac{n_s - n}{n_s} \quad (18)$$

なお, 滑りは, 百分率で表すことが多く, 無負荷で運転しているときは 0% に近く, 定格どおりの負荷で運転しているときには 4〜10% 程度である。

問 25　磁極数が4極, 周波数が 50 Hz の交流モータの同期速度を求めよ。

問 26　交流モータにおいて, 同期速度 $n_s = 1500$ min^{-1}, 回転子の回転速度 $n = 1440$ min^{-1} のとき, 滑りはいくらになるか。

5　制　御

交流モータの回転速度 n は, すでに学んだように, $n_s = 120 \times \frac{f}{P}$, $n = n_s(1 - s)$ で表される。したがって, 滑り s, 極数 P, または周波数 f を変化させることによって, 回転速度 n を制御することができる。とくに, 周波数による速度制御は大きな速度変化が得られ, パワーエレクトロニクス技術の進歩により, 現在最もよく用いられる方法である。

周波数を変化させる装置には, **可変電圧可変周波数電源装置**（**VVVF電源装置**）❸や**サイクロコンバータ**❹などがある。

図 3-73 に, 可変電圧可変周波数電源装置の主要部分の回路例を示す。この電源装置では, 入力された一定周波数の三相交流を整流回路と平

❶ synchronous speed

❷ slip

❸ variable voltage variable frequency
❹ cycloconverter；交流をじかに周波数変換する装置。

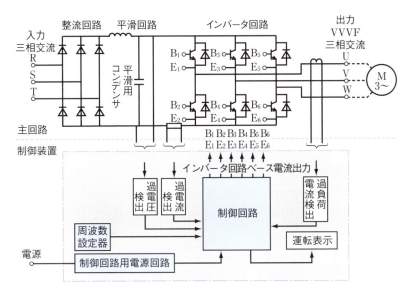
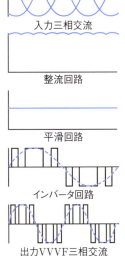

(a) 電源装置回路図　　　　　　　　(b) 各部の電圧波形
▲図3-73　可変電圧可変周波数(VVVF)電源装置

滑回路で直流に変換し，**インバータ**[1]回路へ供給する。このインバータ回路では，制御回路から出力されたベース電流によって，6個のパワートランジスタが作動し，直流を断続して，新たな三相交流に変換する。制御装置内の周波数設定器でベース電流を制御することによって，出力される三相交流の周波数を連続的に変化させ，三相誘導電動機の速度制御を行う。

　また，電源装置は，インバータ回路に過電流が流れたり，直流回路の電圧が異常に上昇したり，あるいは出力電流が異常に大きくなったりなど，異常状態が生じたときの保護機能をもっている。すなわち，過電流・過電圧・過負荷電流などの検出信号を制御回路に取り入れてベース電流を制御し，出力する三相交流の電圧や周波数を抑制するなどして電源装置の保護を行っている。

　インバータ回路は，空調機・工作機械・電気自動車など，さまざまな用途に用いられている。

[1] inverter；直流電力を交流電力に変換する装置。ここではPWM波形をつくっている。

6　種類と特性

　交流モータは，大きく分けて**誘導モータ**と**同期モータ**がある。

●**三相誘導モータ**　　三相誘導モータは，構造が簡単で低価格，故障が少なく，容易に取り扱えるなど多くの利点があり，古くから工場などの大動力用として用いられている。また，揚水ポンプや各種工作機

▲図 3-74　三相誘導モータの構造

械などの動力用としても，広く使用されている。

①**構　造**　　図 3-74 に，よく利用される三相かご形誘導モータの固定子・回転子などの外観を示す。

　固定子は，けい素鋼板の鉄心の内側に溝をつくって三相コイルをはめ込み，❶Y または ❷△に結線してある。

　回転子は，円筒状の積層鉄心の外側に溝をつくり，アルミニウム合金を埋め込み，両端を短絡環で短絡してある。これを**かご形回転子**❸という。回転子には巻線形もあり，抵抗を接続してある程度の速度制御ができる。

②**特　性**　　図 3-75 に，三相誘導モータの特性例を示す。回転速度は，図(a)に示すように，負荷によって多少変化するが，無負荷時と定格負荷時の回転速度の差は小さい。また，トルクは，図(b)に示すように，始動時（点①の位置）からある滑り（点②）までは，滑りにほぼ反比例して増加する。それを過ぎると，滑りにほぼ比例して減少し，滑り $s = 0$（点③）でトルク $T = 0$ となる。なお，最大トルク T_m を**停動トルク**という。

❶ star：下図のような結線をいう。
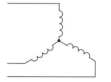

❷ delta：下図のような結線をいう。
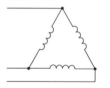

❸ squirrel-cage rotor

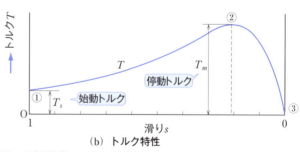
(a)　速度特性　　(b)　トルク特性
▲図 3-75　三相誘導モータの特性例

問 27　周波数 60 Hz の三相交流電源に接続した三相誘導モータの同期速度はいくらか。ただし，誘導モータの固定子コイルは 3 個とする。

問 28 同期速度 $n_s = 3000 \text{ min}^{-1}$ の誘導モータの滑り s が $0.03(3\%)$ の場合，誘導モータの回転速度はいくらか。

●**三相同期モータ** 三相同期モータ[1]は，回転子に直流電流を流して磁極をつくり，固定子の回転磁界と回転子の磁極との相互作用によって，回転磁界と同じ速度すなわち同期速度で回転するものである。

[1] three-phase synchronous motor

①**原理** 図 3-76 に，三相同期モータの原理図を示す。固定子の巻線に三相交流電流 i_a, i_b, i_c を流すと，回転磁束が発生する。固定子鉄心から磁束が出る部分 N 極と，はいる部分 S 極をそれぞれ Ⓝ, Ⓢ で表すと，Ⓝ, Ⓢ は同期速度 n_s で回転する。

同期モータが負荷を担って回転している場合は，図 3-77(a) のように，回転子磁極 N, S と回転磁極 Ⓝ, Ⓢ が θ の角度をへだてた位置関係を保って同期速度で回転している。このとき，N と Ⓢ, および S と Ⓝ との吸引力 F によって，回転子には時計回りのトルク T_1 が生じ，負荷のトルク T_1' に対して逆方向に働くことで回転する。[2]

[2] 負荷角とよばれている。

同期モータの負荷が軽くなり，T_1' が小さくなると θ も小さくなり，モータが無負荷状態になると，図(b) のように θ は 0 になって，T_1' と T_1 も 0 になりトルクは発生しない。

このように，回転子磁極は回転磁束と等しい同期速度で回転し，負荷の増減によって回転子磁極軸と回転磁束軸との位置関係 θ が変わるだけで，回転速度は一定(同期速度 n_s)である。

②**始動と運転** 同期モータは，同期速度で運転しているときのみ連続的にトルクを発生するもので，いい換えれば，同期モータ自身で始動することができない。したがって，これを始動させるためには，一般に，図 3-78(a) のように，回転子の磁極の表面に銅などの

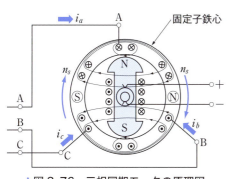

▲図 3-76 三相同期モータの原理図

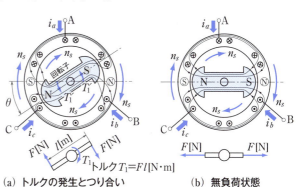

(a) トルクの発生とつり合い　　(b) 無負荷状態

▲図 3-77 同期モータの回転

6節　アクチュエータとその利用　121

導体をさし込み，その両端を短絡して誘導モータとして始動させる。回転が同期速度に近くなったところで，回転子に直流電流を送って三相同期モータとして利用する。

図 3-78(b)は，三相同期モータの運転接続図である。はじめは，スイッチ S_1 を左側(抵抗側)に閉じておき，回転子コイルは抵抗 r で短絡しておく。次に，スイッチ S_2 を閉じ，さらに S_3 を始動側に閉じれば，三相同期モータは三相誘導モータとして回転をはじめる。同期速度近くになったら S_1 を右側(直流電源側)に切り換え，S_3 も運転側に切り換える。

始動補償器は，始動時に固定子コイルに過大電流が流れるのを防ぐために用いる。また，抵抗 r は，回転子コイルに高電圧が生じるのを防ぐために用いる。

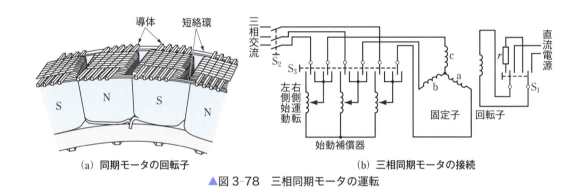

(a) 同期モータの回転子　　(b) 三相同期モータの接続
▲図 3-78　三相同期モータの運転

なお，**交流励磁機**❶を利用し，回転子軸に取り付けたコイルに交流電圧を生じさせ，その交流を整流器で整流して回転子コイルに供給する同期モータも利用されている。この方法によれば，ブラシを使用しないので，ブラシの摩耗や火花発生の心配がない。このようなモータを**ブラシレス同期モータ(ブラシレスモータ❷)**とよぶ。

また，回転子に永久磁石を利用した同期モータは構造が簡単で，あとで学ぶ交流サーボモータに利用されている。

問 29　ブラシレスモータの利点をあげよ。

❶ 固定子側と回転子側にコイルを設け，固定子側コイルに加えた交流電圧を回転中の回転子コイルに誘導するもの。

❷ brushless motor

4 ステッピングモータ

ステッピングモータは**パルスモータ**ともよばれ，プリンタや各種制御装置の位置決めなどに利用されている。ステッピングモータは，電圧を加えただけでは回転せず，固定子コイルにパルス電流を流すたびに，一定の角度だけ回転する。また，加えるパルス周波数を変えることによって回転速度が変わる。

❶ stepping motor
❷ pulse motor

1 原 理

図 3-79 は，ステッピングモータの外観で，図 3-80 は原理図である。ステッピングモータは，多相のコイルを巻いた固定子磁極とピッチの少しずれた凸極の回転子とで構成されている。

図 3-80 のように，固定子コイルを接続し，スイッチ $S_A \sim S_C$ を切り換えて固定子に A→B→C の順に電流を流すと，凸極の回転子が固定子磁極に引かれ一定の角度ずつ回転する。電源とスイッチの代わりに，各コイルに順にパルス電流を流すと，そのパルス数だけ回転子が回転する。1 パルスで回転する角度を**ステップ角**という。

❸ step angle

パルスを加える順序を C→B→A の順にすると，回転子は逆転する。出力軸の回転角 θ [°] は，ステップ角を α [°/パルス]，入力パルス数を n とすれば，次式のようになる。

$$\theta = \alpha \times n \tag{19}$$

▲図 3-79 ステッピングモータ（ハイブリッド形）

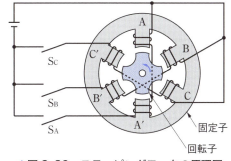

▲図 3-80 ステッピングモータの原理図（可変リラクタンス形）

2 種 類

ステッピングモータは，その動作原理および構造から，**可変リラクタンス(VR)形**・**永久磁石(PM)形**・**ハイブリッド(HB)形**の 3 種類に分けられる。

❹ variable reluctance type
❺ permanent magnet type
❻ hybrid type

●**ハイブリッド形**　一般に利用されているハイブリッド形二相ステッピングモータは，図3-81のような構造になっている。図の場合，固定子磁極は回転方向に$AB\bar{A}\bar{B}$の順に45°ずつずれた位置にあり，A相用励磁コイルAと$\bar{A}$，およびB相用励磁コイルBと$\bar{B}$は，それぞれ電流が逆方向になるように巻かれている。固定子の磁極には，全部で48個の歯が設けてある。回転子は軸方向に磁化された永久磁石でできていて，N極側とS極側にそれぞれ50個の歯が円周方向に並んでおり，両者の歯は$\frac{1}{2}$ピッチずつずれている。

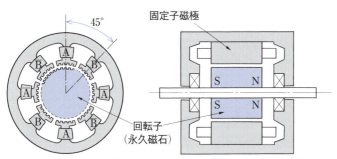

▲図3-81　ハイブリッド形二相ステッピングモータの構造

図3-82(a)のように，Cを共通端子として各コイルを接続して電流を流すと，図(b)のような磁極が形成され，1個のパルスで回転子の歯幅の$\frac{1}{2}$だけ回転する。歯幅とすきま部の幅が同じであり，ステップ角αはパルスの加え方（励磁方式）で異なるが，基本的には次のようになる。

$$\alpha = \frac{360°}{50 \times 4^{❶}} = 1.8°　　　　　(20)$$

❶ 極数2と相数2をかけたもの。

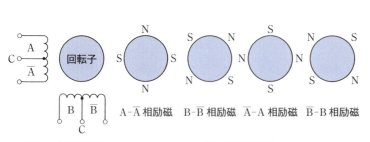

(a) コイルの接続　　　　(b) 固定子磁極

▲図3-82　ハイブリッド形二相ステッピングモータ

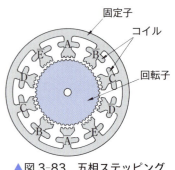

▲図3-83　五相ステッピングモータ

また，ハイブリッド形には，図 3-83 のように，A〜E の五相 2 極の固定子コイルを設けた五相ステッピングモータもある。このステッピングモータは，回転子の歯数が二相ステッピングモータと同じく 50 個で，ステップ角は 0.72° となる。二相ステッピングモータに比べて高速かつ高トルクである。

3　特　性

　ステッピングモータを利用して位置決め制御などを行う場合，その基本となるのは 1 パルスあたりの回転角すなわちステップ角である。そのほかに次のような特性があり，モータ選定時に考慮する。

●**パルス速度-トルク特性**　　図 3-84 のように，モータの入力パルスの速度とトルクの関係を表したものを，**パルス速度-トルク特性**とよぶ。モータの励磁方式によっても大きく異なるが，一般に高速になるほど固定子コイルに流れる電流が短時間となり，トルクが小さくなる。

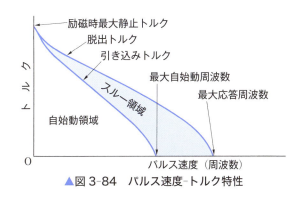

▲図 3-84　パルス速度-トルク特性

●**励磁時最大静止トルク**　　定格電圧で励磁し，出力軸に外部からトルクを加え，その大きさをしだいに大きくしていくとモータは回りはじめる。そのときのトルクの大きさを，**励磁時最大静止トルク**という。

●**自始動領域**　　入力パルスに対して始動・停止・逆転できる領域を，**自始動領域**という。

●**最大自始動周波数**　　無負荷の状態で自始動できる最高のパルス周波数を，**最大自始動周波数**という。

●**最大応答周波数**　　自始動領域で始動後，徐々にパルス周波数を高くしたとき，同期速度[1]で回転できる最高の周波数を，**最大応答周波数**という。

[1] 入力パルス速度とステップ角の積で決まる回転速度である。

●**引き込みトルク**　モータの回転が入力パルスと1対1に対応して自始動できるモータの負荷トルクを，**引き込みトルク**という。

●**脱出トルク**　ある周波数のパルスで自始動後，負荷トルクを増したとき，入力パルスに1対1に対応できる限界のトルクを，**脱出トルク**という。

●**スルー領域**　自始動領域を超えて入力パルスの周波数を上げたとき，入力パルスと同期速度で回転できる領域を，**スルー領域**という。

4　励磁方式

ステッピングモータを駆動するには，一般に，図3-85のような構成にする。モータの回転方向や回転速度などを制御する制御装置，制御装置からの信号でパルスを発生するパルス発生器，パルスを各コイルに順序よく分配して電流を流す駆動回路が必要である。

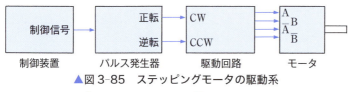

▲図3-85　ステッピングモータの駆動系

なお，図中の CW❶ は時計回り，CCW❷ は反時計回りを意味する。

❶ clockwise
❷ counter-clockwise

ハイブリッド形二相ステッピングモータの固定子コイルは，p.124図3-82のように接続されている。励磁方式は，コイルに電流を流す方法により1相励磁，2相励磁，1-2相励磁に分けられる。

図3-86に，それぞれの励磁のパルス信号と励磁信号の関係を示す。パルス発生器に加えられたパルスから，図のような方形波状の信号をつくり，各コイルに電流を流す。

次に，励磁方式についての概要を示す。

●**1相励磁**　電流を流すコイルが1相だけで，順次相を切り換えて回転させる。ステップ角は1.8°となる。

●**2相励磁**　2個のコイルに，同時に電流を流して順次相を切り換える方法で，ステップ角は1.8°となる。電流は1相励磁の2倍になるが，最大自始

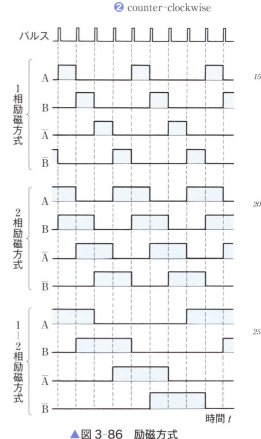

▲図3-86　励磁方式

動周波数が高く，大きなトルクが得られる。

● **1-2 相励磁** 1 相励磁と 2 相励磁を交互に行う方法であり，駆動電流が 2 パルスごとに切り換わるので，ステップ角は 0.9° となる。励磁電流は大きいが，大きなトルクが得られ，最大自始動周波数も高い。

問 30 ステップ角 1.8° のステッピングモータに 1000 パルスを加えたとき，モータは何回転するか。

問 31 ハイブリッド形二相ステッピングモータを 1-2 相励磁で利用する場合，パルス数 200 に対する回転角を求めよ。

5 駆動回路

ステッピングモータを駆動するには，1 相励磁，2 相励磁，1-2 相励磁の方法がある。1 相励磁は振動が起きやすいので，動作の安定な 2 相励磁またはモータのステップ角が 1 相励磁や 2 相励磁の $\frac{1}{2}$ になる 1-2 相励磁が多く用いられる。

▼表 3-10 2 相励磁の順序

ステップ\相	A	B	$\overline{A}$	$\overline{B}$
1	H	H	L	L
2	L	H	H	L
3	L	L	H	H
4	H	L	L	H

ステッピングモータを 2 相励磁によって駆動させるためには，図 3-86 の励磁信号から，表 3-10 の励磁順序が得られる。

ステッピングモータの各相のコイルに，この表のような順序で通電するための回路の例を，図 3-87 に示す。この回路では，入力端子 1 ～4 より入力された信号が，駆動回路で変換・増幅され，ステッピングモータの各相を励磁する。したがって，入力信号は，励磁順序に従って入力端子 1～4 に H レベルの入力信号を，表 3-10 に示すように出せばよい。

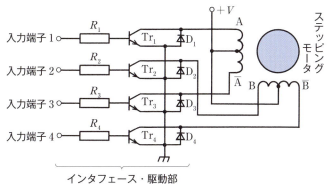

▲図 3-87 ステッピングモータの駆動回路の例

例題 2 ステップ角 0.9° のステッピングモータに，1 分間に 1000 パルスを加えたときのモータの回転速度 $n\,[\mathrm{min}^{-1}]$ を求めよ。

解答 ステッピングモータの回転角 θ は，
$$\theta = 0.9 \times 1000 = 900°$$
1 回転は 360° であるから，回転速度 n は，
$$n = \frac{900}{360} = 2.5\,[\mathrm{min}^{-1}]$$

問 32 ステップ角 1.8° のステッピングモータの回転速度を $10\,\mathrm{min}^{-1}$ にするために，2 相励磁の場合では 1 分間に加えるパルス数はいくらか。

5　リニアモータ

一般的なモータが回転運動をするのに対し，電気エネルギーを直接，直線運動に変換するモータを**リニアモータ**という。

リニアモータは，基本的な動作原理が回転形のモータと同じであり，図 3-88 のように，円筒形のモータを切り開いて平面に展開した構造として考えられる。

固定子に巻かれた三相コイルで移動磁界を発生させ，その上に移動子(銅やアルミニウムの導体板)を置くと，移動子に渦電流(誘導電流)が流れ，フレミングの左手の法則により，移動磁界と同じ方向に移動子が力を受け移動する。

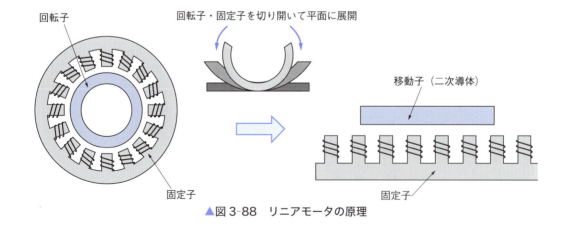
▲図 3-88　リニアモータの原理

また，p.123 図 3-80 の回転形ステッピングモータを，固定子コイル A と C′ の間で切り開いて直線状に展開すると，図 3-89 のリニアステッピングモータとなる。

図3-89において，SW_A がオンのときの移動子の突起部はコイル A と A′ に引きつけられている。次に，移動子は，SW_B がオンならば右へ，SW_C がオンならば左へ $\frac{1}{2}$ ピッチ移動する。

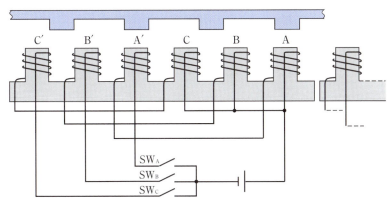

▲図3-89　リニアステッピングモータの原理(可変リラクタンス形)

　リニアモータを用いると，回転運動を直線運動に変換する機構が不要なので，機械の駆動装置を小形化でき，機械的な伝達効率にすぐれ，動作音も小さい。一方，漏れ磁束が大きく，同程度の出力の一般的な回転形モータに比べ電気的な特性は劣る。

　リニアモータの具体的な使用例には，放電加工機やマシニングセンタなどの精密工作機械や搬送装置，身近なものでは電動のカーテンレールや自動ドアなどがある。

6　流体を利用したアクチュエータ

　流体を利用したアクチュエータは，電動モータに比べると大きな出力を得ることができるため，古くから産業用機械に用いられてきた。

　流体を利用したアクチュエータには，流体の圧力エネルギーを直線的な往復運動に変換するシリンダ，回転運動に変換するモータ，1回転未満の回転運動に変換する揺動形アクチュエータなどがある。

1　流体の基礎知識

●**流体の基本的性質**　単位体積あたりの質量を**密度**［kg/m^3］という。一般に，気体の密度は圧力と温度によって大きく変化するが，水や油などの液体では変化しないと考えてよい。水の密度は 1 000 kg/m^3，油圧装置に使われる標準的な油の密度は 860 kg/m^3，標準状態(20℃，1気圧)における空気の密度は 1.20 kg/m^3 である。

流体に働く圧力が増大すると体積が減少する。この性質を**圧縮性**という。気体は容易に圧縮されるので圧縮性流体であるが，水や油などの液体は圧縮されにくく，非圧縮性流体として取り扱われる。

また，流体には流れに対して抵抗する**粘性**がある。粘性は，液体では温度の上昇とともに減少し，気体では逆に増加する。

●**空気圧と油圧の特徴**　空気は圧縮性が高いため，高圧にすると熱エネルギーを発生してエネルギー損失が大きくなる。そのため，空気圧装置の使用圧力は 0.5 MPa 程度であり，工場内では比較的軽作業に使用されている。

油が非圧縮性であることから，油圧装置では高い圧力と正確な運動特性が得られる。一般に，3～25 MPa 程度の油圧が使用されており，空気圧の 6～50 倍程度の圧力を利用することができる。

空気圧の場合は，圧力発生源(空気圧コンプレッサと高圧空気タンク)を 1 か所に集約し，そこから工場全体に送るシステムが用いられる。油圧の場合は，粘性によるエネルギー損失が大きいので，油圧発生源(油圧ポンプ)は機械の中に組み込まれるのが一般的である。

問 33　空気圧と油圧の特徴について，次の項目において比較せよ。
コスト，負荷に対する安定性，危険性，環境問題

2　構造と種類

●**空気圧・油圧シリンダの原理と構造**　圧縮空気や高圧油を装置内に通し，その圧力により直線的な往復運動をする装置を，それぞれ**空気圧シリンダ**❶，**油圧シリンダ**❷という。図 3-90(a)に示すように，一方だけの空気圧・油圧で作動し，ばねなどの力で復帰する構造のものを**単動シリンダ**という。図(b)のように，前進・後退ともに空気圧・油圧で作動する構造になっているものを**複動シリンダ**という。

❶ pneumatic cylinder
❷ oil-hydraulic cylinder

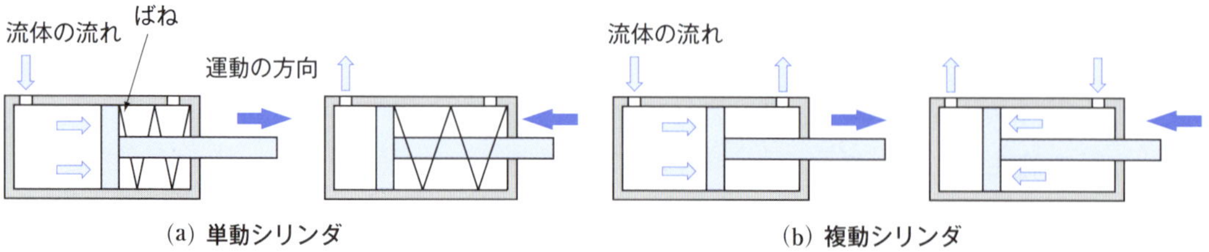

(a) 単動シリンダ　　(b) 複動シリンダ
▲図 3-90　シリンダの動作原理

●**空気圧シリンダ**　密閉された容器の中で，圧縮空気によってピストンを移動させ，ピストンに連結されたピストンロッドで，外部に力を取り出すアクチュエータを**空気圧シリンダ**といい，ひじょうに多くの種類がある。

複動シリンダ，**単動シリンダ**のほかに，ピストンロッドが，シリンダの片側にだけ出ているものを**片ロッドシリンダ**，両側に出ているものを**両ロッドシリンダ**という。空気圧シリンダの構造を，図3-91に示す。

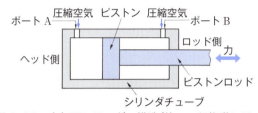

▲図3-91　空気圧シリンダの構造（片ロッド複動シリンダ）

空気圧シリンダは，ロボットやさまざまな産業機械に利用されている。

問34　技術の進歩とともに，いろいろなアクチュエータが開発されている。最近のアクチュエータには，どのようなものがあるかを調べよ。

●**油圧シリンダ**　油圧により物を押したり引いたりするアクチュエータを**油圧シリンダ**という。押す方向にだけ力が作用する**単動シリンダ**と，押しと引きの両方に力が作用する**複動シリンダ**に分類できる。また，複動シリンダで**ピストン**❶両側の有効面積に差を設けたものを**差動シリンダ**という。図3-92に，油圧差動シリンダの構造を示す。なお，シリンダチューブに設けられた油の出入口を**ポート**❷という。

図において，油圧 P [MPa] がポートAから供給される場合，シリンダチューブの内径を d_1 [mm] とすれば，推力 F [N]❸ は，次式のようになる。

❶ piston
❷ port
❸ thrust

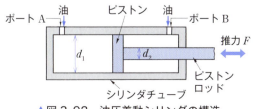

▲図3-92　油圧差動シリンダの構造

$$F = \frac{P \times \pi d_1{}^2}{4} \tag{21}$$

また，油圧がポート B から供給される場合，**ピストンロッド**❶の直径を $d_2\,[\mathrm{mm}]$ とすれば，推力 F は，次式のようになる。

❶ piston rod

$$F = \frac{P \times \pi\,(d_1{}^2 - d_2{}^2)}{4} \tag{22}$$

油圧シリンダは，空気圧シリンダと比較して，次のような利点をもっている。

① 比較的小形の装置で大きな力が得られる。
② 位置決め制御や速度制御などがよい精度で行える。
③ 振動が少なく，滑らかに動作する。

しかし，油を利用するため，次のような欠点がある。

① 油の温度変化が制御精度に悪影響を及ぼす。
② 油漏れの恐れがあり，また，油の保守点検を必要とする。

油圧シリンダは，大きな力を発生させることができるため，自動車のブレーキ，パワーショベル，ブルドーザなどに広く用いられている。

問 35 シリンダチューブの内径が 50 mm，ピストンロッド径が 20 mm である油圧シリンダの押し出し力と引き込み力を求めよ。ただし，シリンダ内の油圧を 5 MPa とする。

●**空気圧・油圧モータ** **空気圧モータ**❷，**油圧モータ**❸は，圧縮空気や高圧油を使って連続する回転運動を得るアクチュエータである。動作機構上，ピストン形とベーン形に分けられる。

❷ pneumatic motor
❸ hydraulic systemmotor

ピストン形は低速回転において大きなトルクが得られるため，出力の大きなものに利用される。ベーン形は高速回転が得られ，ピストン形よりも効率がよいため，出力が小さいものに適している。

油圧モータには，定容量形と可変容量形がある。定容量形は，軸動 1 回転に必要な油圧が一定であり，可変容量形はそれを調整できる構造のものをいう。さらに，油圧モータでは**歯車モータ**❹も用いられる。

❹ gear motor

図 3-93 に，空気圧・油圧モータの構造と図記号を示す。ポート部の正三角形はエネルギーの方向を示し，白抜きの三角形△は空気圧を，塗りつぶした三角形▲は油圧を示す。

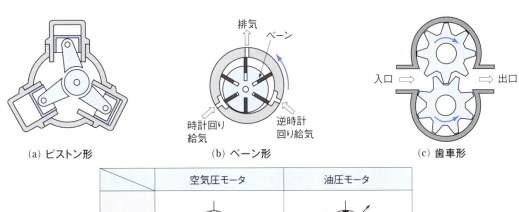

▲図 3-93 空気圧モータ・油圧モータの構造と図記号

> **問 36** 歯車モータは，なぜ回転運動が得られるのか。その作動原理について説明せよ。

●**揺動形アクチュエータ**　360°未満の角度で揺動するアクチュエータが揺動形アクチュエータである。動作機構上，ベーン形とラックアンドピニオン形(ピストン形)に分けられる。図 3-94 に，揺動形アクチュエータの構造とそれらの図記号を示す。

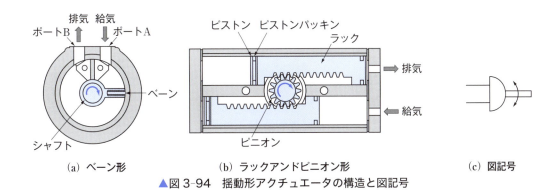

▲図 3-94 揺動形アクチュエータの構造と図記号

> **問 37** ベーン形の揺動形アクチュエータについて，その動作原理を考え，説明せよ。

3 制御機器

　流体を利用したアクチュエータを制御するには，出力・速度・方向の制御が必要である。このために，各種の制御弁が用いられる。

　空気圧式アクチュエータはモータと異なり，位置決め・速度制御には用いられず，ストッパによる往復運動が主体である。一方，油圧式アクチュエータは，位置決め・速度制御が可能であるので，以下では，おもに油圧式のアクチュエータについて解説する。

　出力を制御するためには圧力制御弁が用いられ，リリーフ弁（安全弁）・減圧弁などがある。

　速度を制御するためには流量制御弁が用いられ，絞り弁・流量調整弁などがある。

　方向を制御するためには方向制御弁が用いられ，逆止め弁（チェック弁）・方向切換弁（シート形式とスプール形式）などがある。さらに，電磁石（ソレノイド）を用いてスプールを動かして方向制御を行う電磁式方向切換弁があり，電気回路に組み合わせて自動制御が簡単にできるので，広く用いられている。

●**リリーフ弁（安全弁）**　リリーフ弁は，回路の圧力が設定値を超えたときに，高圧動作流体をタンクに戻して回路の圧力が設定以上になることを防ぐ役割を果たす。直動形とパイロット[1]作動形がある。

　直動形は，圧力調整ハンドルで設定したポペット弁用のスプリングによる力で圧力を直接的に調整する。圧力がスプリングによる力よりも大きくなると弁が開き，余分な高圧動作流体が流れ出て回路の圧力を設定圧力以下に保つ。

　パイロット作動形は，圧力制御部（パイロット弁）と流量制御部（主弁）が分離している。回路圧力が設定圧力に達すると，まずパイロット弁が開く。次にその影響を受け，主弁が開いてタンクに高圧動作流体を戻すので，直動形に比べて有効に使える圧力範囲が広くなる。

　直動形は応答性がよいことから安全弁として用いられ，パイロット作動形は回路の圧力設定用として用いられる。

●**電磁式方向制御弁**　電磁式方向制御弁は，電磁石（ソレノイド）を用いてスプールを移動させて流路を切り換える方向制御弁である。電気回路に組み合わせて自動制御が簡単にできるので，広く用いられている。図3-95に，電磁式方向制御弁の図記号とその解説を示す。

[1] パイロット（pilot）のもともとの意味は水先案内人のことである。パイロット弁に働く圧力で主弁の開閉が操作され，その結果，油圧回路内の圧力が決まるので，主弁の水先案内人という意味でこの名が用いられている。この圧力をパイロット圧という。

表 3-11 は，方向制御弁の種類と図記号をまとめたものである。

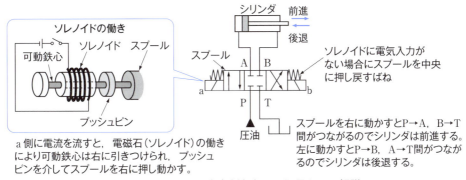

▲図 3-95　電磁式方向制御弁の図記号とその解説

▼表 3-11　方向制御弁の種類と図記号

（JIS B 0125-1 より作成）

4　制御回路

　油圧および空気圧式アクチュエータは，各種の機械を制御する手段として，モータとともに，マイクロコンピュータやプログラマブルコントローラ(**PLC**)❶と組み合わせて広く利用されている。

❶ 4 章 (p.178) で学ぶ。

● **油圧式・空気圧式制御回路のおもな相違点と留意点**　油圧式では，回路を動作させるための圧力油をつねに供給する必要があるので，油圧ポンプを駆動し続けなければならない。このため，シリンダが停止したときに油の流れを止めることは危険であり，各種制御弁の正確な

6 節　アクチュエータとその利用　135

制御と，不要な油は油タンクに戻す回路設計が必要である。また，使用ずみの油は，油タンクに戻して再利用する。

一方，空気圧式では，圧力供給源としての圧縮空気を空気圧縮機（エアコンプレッサ）でつくり，それを空気タンク（バッファタンク）に溜めて利用する。タンク内の圧力が基準に達すると，空気圧縮機は停止する。タンク内の高圧空気が消費されても，タンク内にじゅうぶん溜まっていれば，空気圧縮機を駆動する必要はない。このため，シリンダが停止したときに空気の流れを完全に止めても問題はなく，使用ずみの空気は，潤滑油や粉じんをクリーナーで除去したのち，回収せず大気中に放出することも可能である。

油は非圧縮性なので，シリンダを途中で停止させるなどの精密な位置決めが可能であることから，油圧サーボシステムを構築することができる。空気圧に比べ大きな出力を得ることができるが，油の粘性による圧力損失を考慮して回路を設計しなければならない。

空気は圧縮性が高いため，体積変化・温度変化を生じ，正確で安定した制御には不向きである。しかし，安価でしかも簡単に制御システムを構築でき，負圧の利用による吸引装置も可能である。

したがって，油圧式・空気圧式の制御回路は，すでに述べたおもな相違点をふまえたうえで，構築していく必要がある。

●**油圧制御回路**　図3-96は油圧制御回路の例であり，図3-97はこれを図記号で表したものである。

シリンダの制御の流れは，次のとおりである。

まず，油圧式アクチュエータを作動させるための動力源である油圧ポンプで，油タンクの油を汲み上げる。油は逆止め弁を通り，方向制御弁ポートPに流入する。ここで，SOLbに電流が流れ，弁が左方向に押されると，油はポートP→Bを流れ，シリンダの右側に流入する。これによって，ピストンは左方向へ移動する。シリンダの左側の油はポートA→Tを通過して油タンクに流れる。

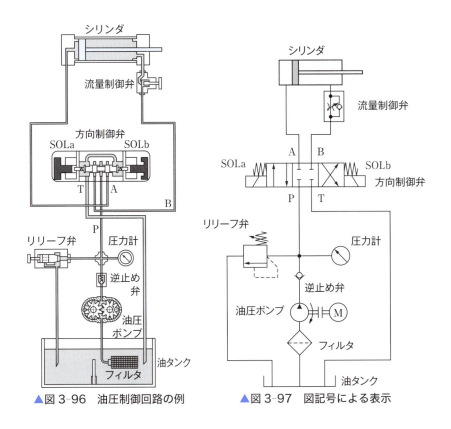

▲図3-96　油圧制御回路の例　　▲図3-97　図記号による表示

●**油圧制御回路の応用例**　ここではPLCを利用して，2本の油圧シリンダのシーケンス制御について考えてみる。図3-98は，テーブルを，X，Y方向に決められた距離だけ移動させる制御回路で，電磁式方向制御弁と2本の油圧シリンダを組み合わせたものである。シリンダの位置を検出するリミットスイッチの入力信号の状態によって，PLCからの信号で電磁式方向制御弁の所定のソレノイドに電気を流し，シリンダを制御するようなプログラムを作成する。

図3-99は，PLCの入出力ユニットと配線図である。

動作順序は，次のとおりである。まずスタートスイッチが押されると，SOLaに通電してシリンダXが前進する。すると，シリンダXの前進端のXLS2がオンになる。XLS2がオンになったところで，SOLcに通電してシリンダYを前進させる。シリンダYの前進端のYLS2がオンになると，SOLcの電気を切ってSOLdに通電してシリンダYを後退させる。シリンダYの後退端YLS1がオンになったら，SOLaの電気を切りSOLbに通電してシリンダXを後退させる。

以上の動作順序とPLCの制御プログラム例を，図3-100に示す。

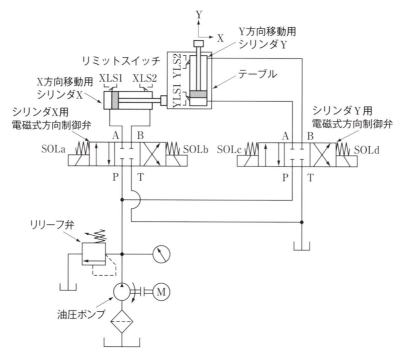

▲図3-98 2本のシリンダを制御する油圧制御回路

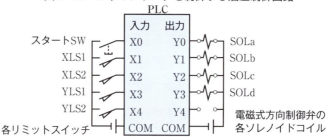

▲図3-99 PLCの入出力ユニットと配線図

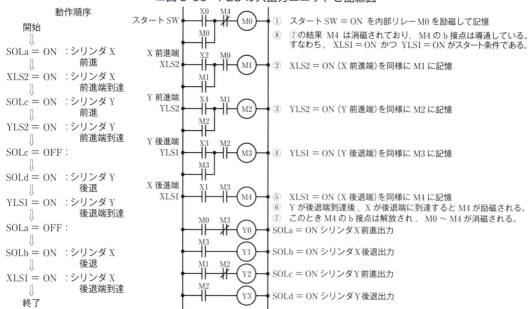

▲図3-100 動作順序とPLCの制御プログラム例

138　第3章　センサとアクチュエータ

> **問 38** シリンダ X とシリンダ Y が同時に前進・後進してもとの位置に戻る場合(斜め直進運動)，動作順序と PLC の制御プログラムを作成せよ。

●**空気圧制御回路**　図 3-101 は空気圧制御回路の例であり，空気圧シリンダ内の圧力を制御し，ピストンを左右に移動させて，駆動力を得るための回路である。図 3-102 は，この回路を図記号で表したものである。おもな機器の働きは，次のとおりである。

① **空気圧縮機**(エアコンプレッサ)　空気圧式アクチュエータを作動させるための圧縮空気をつくる。

② **冷却器**　空気を圧縮するさいに発生する熱を除去する。

③ **空気圧フィルタ**　圧縮空気中に含まれる粉じんや水分などを除去し，清浄な圧縮空気を供給する。

④ **減圧弁**　高圧の圧縮空気を一定の圧力に減圧して，圧力の安定した圧縮空気を供給する。

⑤ **ルブリケータ**　潤滑とさび止めの目的で，潤滑油を霧状にし，圧縮空気とともにシリンダに供給する。

⑥ **方向制御弁・速度制御弁**　油圧制御回路と同様である。

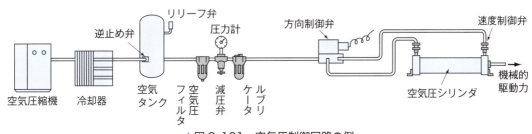

▲図 3-101　空気圧制御回路の例

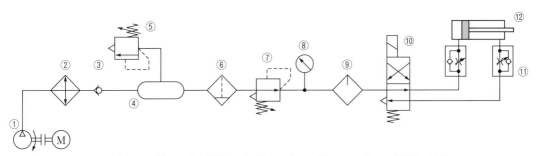

①空気圧縮機　②冷却器　③逆止め弁　④空気タンク　⑤リリーフ弁
⑥空気圧フィルタ　⑦減圧弁　⑧圧力計
⑨ルブリケータ　⑩方向制御弁　⑪速度制御弁　⑫空気圧シリンダ

▲図 3-102　JIS 図記号による表示

● 空気圧制御回路の応用例

① **負圧を利用した真空吸着ハンドの回路**　一般に，空気圧は正圧で利用することが多いが，逆に負圧を利用している分野もある。

図 3-103 に，真空吸着ハンドの例を示す。

この空気圧回路で真空をつくりだしている部分は，**エジェクタ**❶とよばれる真空発生器である。エジェクタの原理図を図 3-104 に示す。

圧縮空気が，ノズルからディフューザとよばれる部分に設けられたすきまに噴射されると，その部分が負圧状態となる。これを利用したものがエジェクタである。このエジェクタを用いた真空吸着ハンドは，簡単かつ安価に応用でき，鋼板や板状のプラスチックなどの非金属材の吸着や運搬に利用される。しかし，空気を吹き流し状態で使用するため，空気消費量が多いという欠点がある。

❶ ejector

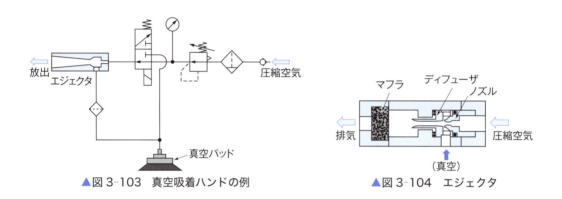

▲図 3-103　真空吸着ハンドの例　　▲図 3-104　エジェクタ

問 39　身近なところで，空気圧が利用されている装置をあげよ。

7節 アクチュエータ駆動素子とその回路

電気系アクチュエータの制御および駆動回路には，**トランジスタ・電界効果トランジスタ**❶**・サイリスタ**❷などが利用される。また，いろいろな**リレー**❸が，駆動回路の制御に利用される。

ここでは，これらの素子や回路について考える。

❶ field effect transistor： 略して FET
❷ thyristor
❸ relay

1 トランジスタ

図 3-105 は，アクチュエータ駆動回路に用いられる大電力用トランジスタの例とその図記号である。図(a)は，モータ駆動回路などにも利用される大電力用トランジスタであり，図(b)は，2個のトランジスタを内部で直結した**ダーリントントランジスタ**❹である。図(c)は，大電力用の FET でパワー MOS FET とよばれる。図(d)は，**絶縁ゲートバイポーラトランジスタ**❺とよばれ，大容量かつ高速スイッチングが可能な電力制御用の素子である。

❹ Darlington transistor

❺ insulated gate bipolar transistor：IGBT（148 ページ参照）

(a) 大電力用トランジスタ　　(b) ダーリントントランジスタ

(c) パワーMOS FET　　(d) 絶縁ゲートバイポーラトランジスタ

▲図 3-105　大電力用トランジスタの例とその図記号

2 トランジスタ回路

図 3-106(a)は，トランジスタにおける，ベース電流 I_B を変えたときのコレクターエミッタ間電圧 V_{CE} とコレクタ電流 I_C の関係を示し

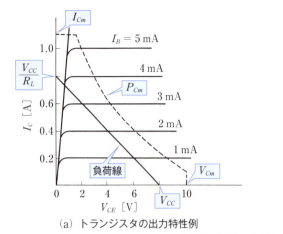
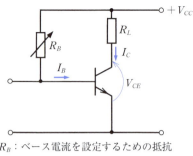

(a) トランジスタの出力特性例　　　(b) 基本的なトランジスタ回路

▲図3-106　トランジスタ回路

た例である。このような特性をトランジスタの**出力特性**とよび，トランジスタの動作を調べるのによく利用される。

図(b)は，基本的なトランジスタ回路である。この回路のコレクタの回路については，次式が成立する。

$$V_{CC} = R_L I_C + V_{CE} \qquad (23)$$

式(23)で，$I_C = 0$ のとき，

$$V_{CC} = V_{CE} \qquad (24)$$

同様に，$V_{CE} = 0$ のとき，

$$I_C = \frac{V_{CC}}{R_L} \qquad (25)$$

となる。トランジスタのコレクタ電流 I_C とコレクタ-エミッタ間電圧 V_{CE} は V_{CC} と $\dfrac{V_{CC}}{R_L}$ を結ぶ線上にあり，この線を**負荷線**❶という。図(a)の P_{Cm}，I_{Cm}，V_{Cm} はそれぞれ最大コレクタ損失，最大コレクタ電流，最大コレクタ電圧とよび，トランジスタ利用時に超えてはならない限界の値である。したがって，負荷線は破線の内側にあるようにする。

❶ load line

トランジスタのコレクタ電流 I_C とベース電流 I_B の比 $\dfrac{I_C}{I_B}$ を**電流増幅率**❷といい，h_{FE} で表す。その値は数十から数百である。ダーリントントランジスタの h_{FE} は，それぞれのトランジスタの h_{FE} の積となり，かなり大きな値となる。

❷ current amplification factor

ソレノイドやモータなどを駆動するには，そのコイルをトランジスタのコレクタに接続し，ベースに加える電気信号でコレクタ電流をオンオフ制御する。このような回路を，トランジスタによる**スイッチング回路**という。

図 3-107 に，トランジスタによるスイッチング回路を示す。コイルに並列に接続されたダイオード D は，コイルの両端に発生するパルス状の電圧を吸収し，トランジスタの破壊を防止している。ベース回路の抵抗 R_B は，駆動時のコレクタ電流を設定するもので，**ベース抵抗**または**電流制限抵抗**とよぶ。

トランジスタの電流増幅率を h_{FE}，コレクタ回路の電流を I_C [A]，ベース回路に加える電圧を V_B [V]，トランジスタのベース－エミッタ間電圧を V_{BE} [V] とすれば，次のようにしてベース抵抗 R_B [Ω] の値を求めることができる。

ベース電流 I_B [A] は，

$$I_B = \frac{I_C}{h_{FE}} \tag{26}$$

したがって，R_B [Ω] を求める式は，次のようになる。

$$R_B = \frac{V_B - V_{BE}}{I_B} = \frac{V_B - V_{BE}}{\dfrac{I_C}{h_{FE}}} \tag{27}$$

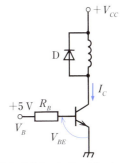

▲図 3-107　トランジスタスイッチング回路

❶ フライホイールダイオード (flywheel diode) という。
❷ シリコントランジスタでは $V_{BE} ≒ 0.6\,\text{V}$ である。

例題 3　図 3-107 の回路で，コイルに流す電流を 0.1 A とし，ベースに加える電圧を 5 V とした場合のベース抵抗の値を求めよ。ただし，トランジスタの電流増幅率 $h_{FE} = 200$ とする。また，$V_{BE} = 0.6\,\text{V}$ とする。

解答　式 (27) に代入して R_B の値を求める。

$$R_B = \frac{V_B - V_{BE}}{\dfrac{I_C}{h_{FE}}} = \frac{5 - 0.6}{\dfrac{0.1}{200}} = 8\,800\,\Omega = 8.8\,\text{k}\Omega$$

問 40　図 3-106(a) を利用して，図 3-108 の回路の V_{CE} と I_C を求めよ。

問 41　1 個のトランジスタの h_{FE} が 150 のダーリントントランジスタの電流増幅率を求めよ。

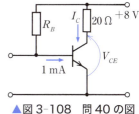

▲図 3-108　問 40 の図

3　MOS FET

図 3-109 に，MOS FET ❸ ❹ の構造と図記号を示す。

図 3-110(a) のように，ゲートに電圧を加えず，ドレーンとソース間に電圧を加えても，二つの pn 接合が逆方向に接続された構造であるから，ドレーン電流は流れない。

❸ metal-oxide-semiconductor
❹ field-effect transistor；電界効果トランジスタ

図3-110(b)は，ゲートに低い正の電圧を加えると，絶縁膜をへだてたp形領域に，ゲートの正の電圧に引かれて電子が集まる。すると，ドレーンとソースにはさまれたp形領域に電流の流れるチャネルができ，ここをドレーン電流が流れる。

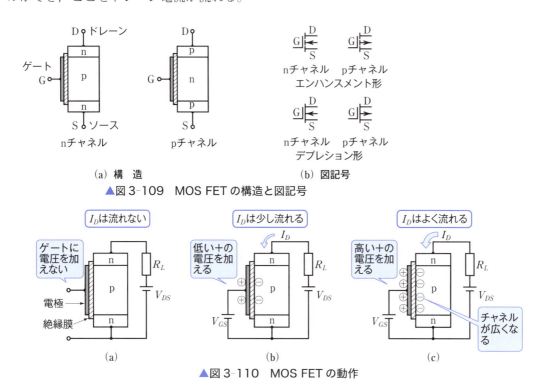

▲図3-109　MOS FETの構造と図記号

▲図3-110　MOS FETの動作

　図3-110(c)のようにゲート電圧を上昇させると，チャネルの幅が広くなり，ドレーン電流は増加する。

　このように，トランジスタがベース電流でコレクタ電流を制御するのに対して，MOS FETはゲート電圧でドレーン電流を制御する。

　図3-111に，2個のFETと電源を組み合わせたスイッチング回路を示す。FETをそれぞれスイッチS_1，S_2と仮定すれば，図(b)のような回路になり，モータの正転・逆転制御ができる。

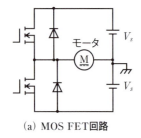

S_1	S_2	モータの動作
オフ	オフ	停　止
オン	オフ	正　転
オフ	オン	逆　転

(a) MOS FET回路　　(b) 原理回路　　(c) スイッチとモータの関係

▲図3-111　スイッチング回路

この回路に用いた FET は**エンハンスメント形**とよばれ，ゲート電圧が 0 のときドレーン電流は流れず，ゲート電圧を高くすると，ドレーン電流が増加する動作を行う。一方，ゲート電圧が 0 のとき，ドレーン電流が流れ，ゲート電圧を負にするとドレーン電流が減少するものを**デプレション形**という。

❶ enhancement type
❷ depletion type

4 サイリスタ

サイリスタは，電気回路を断続するスイッチング機能を備えた素子で，工場におけるいろいろなモータや，家庭電気製品である扇風機などの制御用に利用されている。ここでは，代表的な逆阻止 3 端子サイリスタとトライアックを取り上げる。

1 逆阻止 3 端子サイリスタ

p 形および n 形半導体を pnpn のように 4 層以上接合した素子を，**サイリスタ**という。

最も代表的なサイリスタは，シリコン半導体を利用した 3 端子の半導体素子で**逆阻止 3 端子サイリスタ**といい，単にサイリスタとよんだ場合は，このサイリスタを指すことが多い。サイリスタの構造は図 3-112(a)のようになっており，アノード A・カソード K およびゲート G の三つの電極をもち，ゲート電圧によって，数千 A 程度までの大きなアノード電流を制御できる。サイリスタの外観例を図(b)に，図記号を図(c)に示す。

❸ 以後，本書でも単にサイリスタとよぶことにする。
❹ anode
❺ cathode
❻ gate

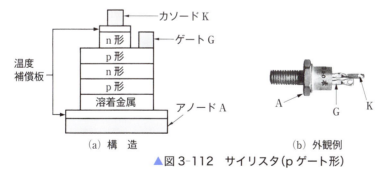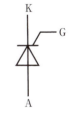

(a) 構造　　(b) 外観例　　(c) 図記号

▲図 3-112　サイリスタ(p ゲート形)

サイリスタの特性は，図 3-113 のとおりである。ゲート電圧 V_{GK} を変えて G-K 間に流れる電流 I_G を一定にし，アノード電圧 V_{AK} を徐々に上げていくと，急激にアノード電流 I_A が流れる。これを**ターンオン**とよび，このときのアノード電圧を**ブレークオーバ電圧**という。ターンオン後の特性は図 3-113 のようになり，V_{AK} を減らしても I_A

❼ turn on
❽ breakover voltage

7節　アクチュエータ駆動素子とその回路　145

は一定である。A-K 間の電圧の極性を逆にするとアノード電流は流れなくなり，このことを**ターンオフ**という。

❶ turn off

図 3-114(a) は，サイリスタを利用した調光器の回路図である。

図 (b) のように時刻 t_1 になると，サイリスタはオンになりランプに電流が流れ，点灯する。t_2 から t_3 の間は逆方向電圧となり，ランプには電流は流れない。t_4 になると，再度ランプに電流が流れる。

このように，サイリスタのゲートに加える電圧 V_{GK} を可変抵抗 VR で変え，ランプに流れる電流 I_A を調整し，明るさの調節ができる。

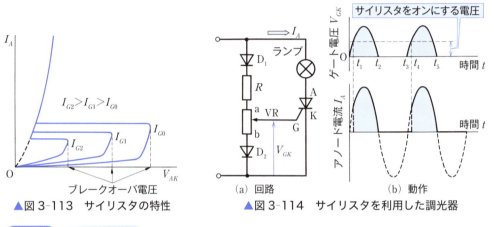

▲図 3-113 サイリスタの特性　　▲図 3-114 サイリスタを利用した調光器

2 GTO

GTO は，ゲートに加える電流の正負によって，オン状態からオフ状態，あるいは，オフ状態からオン状態にできる素子である。図 3-115(a) に GTO の基本動作を示す。GTO は，サイリスタのような逆電圧を加える操作を必要とせずに，オフにすることができる。したがって，装置の小形化，高性能化が可能である。そのようすを，図 (b) に示す。

❷ GateTurn-Off thyristor：ゲートターンオフサイリスタ

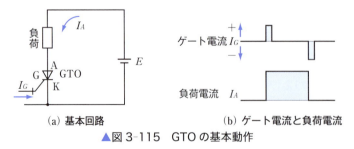

▲図 3-115 GTO の基本動作

3 トライアック

サイリスタは単方向の電流だけしかオンオフ制御できないが，双方向の電流，すなわち交流を制御できるようにしたものを**トライアック**

❸ TRIAC：triode AC switch の略。3 端子交流スイッチ。

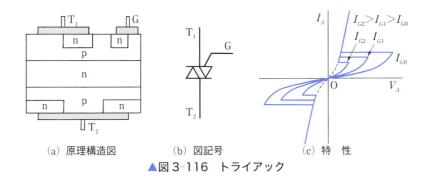

(a) 原理構造図　　(b) 図記号　　(c) 特　性
▲図 3-116　トライアック

という。トライアックの基本構造は，図 3-116(a)のように npnpn の 5 層構造となっており，2 個のサイリスタをたがいに逆方向に並列接続したものと考えることができる。

電極は，ゲート G と，G に近い T_1 端子およびその反対側の T_2 端子とからなり，特性は図 3-116(c)のようになる。トライアックは，交流機器の制御に広く利用されている。

また，トライアック制御用として，図 3-117 のような構造の**ダイアック**❶が利用される。

ダイアックは，npn の 3 層構造となっており，pn 接合部の降伏現象❷を利用するもので，その特性は，図 3-117(c)のようになる。オンのときの電圧が 0 V とならないので，電気機器を直接制御することには利用されず，トライアックのゲート制御用に利用される。

❶ DIAC；diode AC switch の略。2 端子交流スイッチ。
❷ pn 接合に加える逆方向電圧を徐々に上げていくと，急激に電流が流れるようになる現象。

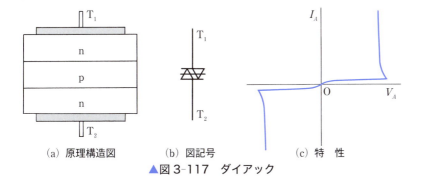

(a) 原理構造図　　(b) 図記号　　(c) 特　性
▲図 3-117　ダイアック

図 3-118 に，トライアックとダイアックを利用して負荷電流を制御する回路例を示す。可変抵抗 VR の値を変えるとダイアックの発生するパルス i_G の位相 θ が変わり，交流負荷に加わる電圧 v_o を制御することができる。

7 節　アクチュエータ駆動素子とその回路　147

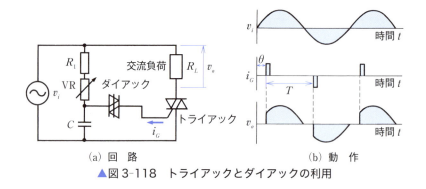

(a) 回　路　　　　　　　(b) 動　作

▲図3-118　トライアックとダイアックの利用

問 42　p.146 図3-114(a)の回路で，可変抵抗 VR の接点を点 a にしたときと点 b にしたときとでは，ランプはどちらが明るいか。

問 43　サイリスタとトライアックの違いを述べよ。

5　IGBT

IGBT[1]は，パワー半導体の一種で，おもに電力制御に用いられている。IGBT の図記号および等価回路を，図3-119 に示す。図(b)の入力にあたるゲート G が MOS FET で，出力にあたるコレクタ C-エミッタ E 間がトランジスタで構成される，複合形の構造となっている。ゲート G に電圧を加えるとコレクタ C-エミッタ E 間がオン状態となり，ゲート G の電圧を 0 にするとコレクタ C-エミッタ E 間はオフ状態となる。

入力部が MOS FET でつくられており，ゲート G(トランジスタのベースに相当)がひじょうに高インピーダンスとなっているため，ゲート電流はほとんど流れない。そのため，入力部では電力を必要としないので，IGBT を駆動するための回路は簡単となる。また，出力部はトランジスタであるため，MOS FET より大電力の制御が可能である。したがって，モータの制御など，大電流スイッチングの分野に応用されている。

[1] insulated gate bipolar transistor

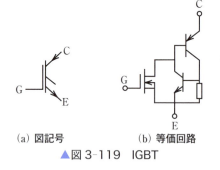

(a) 図記号　　　(b) 等価回路

▲図3-119　IGBT

問 44　トランジスタと FET の動作の違いについて述べよ。

問 45　サイリスタと GTO の違いについて述べよ。

6 リレー

けい素鋼板を積み重ねた鉄心に導線を巻き、そのコイルに電流を流すと磁力が生じ、鉄片を吸引する。この鉄片に電気的接点を設け、電気回路のスイッチング機能をもたせたものを**リレー**（**電磁継電器**）という。

一方、機械的接点を利用しないで、トランジスタのスイッチング回路やICによる論理回路、発光ダイオードとホトトランジスタの組み合わせなどで電気回路をオン、オフするものを**無接点リレー**とよぶ。

リレーは、アクチュエータの制御回路に広く利用されている。

1 リレーの原理と種類

リレーは、小さな電力で大きな電流を断続できる。最も多く利用されている**ヒンジ形リレー**[1]の原理図を、図3-120に示す。

[1] hinge type relay

ヒンジ形は、電磁石と復帰ばね、固定・可動接点、接点の引き出し端子などで構成されている。

コイルに電流が流れていないときは、端子C-B間が接続されており、端子C-A間は切断されている。コイルに電流が流れると、可動鉄片が鉄心に引かれ、C-B間は切断され、C-A間が接続される。コイルに電流が流れなくなると、復帰ばねの働きで接点はもとへ戻る。

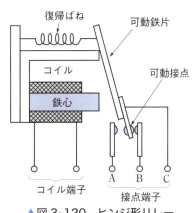

▲図3-120 ヒンジ形リレー

一般に、コイルに電流が流れたときに接続される接点を**メーク接点**[2]（以下**a接点**とよぶ）、切断される接点を**ブレーク接点**[3]（以下**b接点**とよぶ）、図3-120の接点のように、a接点とb接点の共通接点であり、リレーが動作することにより切り替えられる接点をc接点という。それぞれの接点の図記号を、図3-121に示す。

[2] make contact
[3] break contact

(a) a接点　(b) b接点　(c) c接点
▲図3-121 リレーの接点の図記号

(a) ヒンジ形　　（b) プランジャ形　　（c) リード形

▲図 3-122　各種のリレーの例

　リレーを動作原理によって分類すると，ヒンジ形のほかに，コイル内の可動鉄心（**プランジャ**とよぶ）の移動により電気回路を断続する**プランジャ形**❶と，コイル内にばね機構の接点を設けた**リード形**❷とがある。図 3-122 に，各種のリレーの例を示す。

❶ plunger type
❷ lead type

2　リレーの利用

　リレーのコイルに加える電圧には，交流の場合は 12 V，24 V，48 V，100 V，120 V，200 V などがあり，直流の場合は 5 V，6 V，12 V，24 V，48 V，100 V などがある。

　また，それぞれ接点で制御できる電流の最大値が指定されているので，その範囲内で利用しなければならない。

　接点は機械的に摩耗するものであり，接点に電流を流さないときに操作できる回数を**機械的寿命**，接点に定格負荷を接続し，電流を流した状態で操作できる回数を**電気的寿命**という。リレーによって異なるが，機械的寿命が数千万回以上，電気的寿命が数十万回以上のものがある。繰り返し開閉する場合は，寿命を考慮してその範囲内で利用しなければならない。

　図 3-123 は，オンオフ用リレーの回路❸である。端子 1-2 間に電流を流すと，端子 3 側にある接点が端子 4 側に切り換わる。したがって，端子 5 と端子 3，または端子 5 と端子 4 に接続した回路のオンオフ制御を行うことができる。

❸ 第 4 章で詳しく学ぶ。

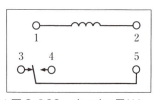

▲図 3-123　オンオフ用リレー

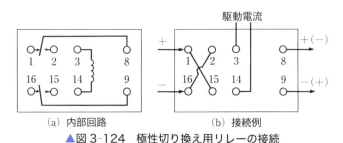

(a) 内部回路　　　　　　（b) 接続例

▲図 3-124　極性切り換え用リレーの接続

また，図 3-124(a) の回路のリレーは，図(b) のように接続して，極性の切り換えに利用できる。

問 46 図 3-125 の接点をもつリレーで，極性を切り換える回路を考えよ。

3 無接点リレー

ここでは無接点リレーとしていろいろな制御回路に利用されている**ソリッドステートリレー**(SSR)❶と**ホトモスリレー**❷を取り上げる。

SSR は，半導体を利用したリレーのことをいい，比較的小電力を扱う入出力用 SSR と，大電力の制御に利用する制御用 SSR とに分けることができる。図 3-126 は，制御用 SSR の外観である。

▲図 3-125 問 47 の図

❶ solid state relay；略して SSR。
❷ photo MOS relay

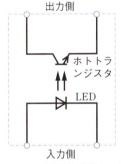
▲図 3-126 制御用 SSR の外観

●**入出力用 SSR** 発光ダイオードとホトトランジスタを組み合わせた図 3-127 の**ホトカプラ**❸を利用した，いろいろな入出力用 SSR の内部構成例を，図 3-128 に示す。

❸ photocoupler

▲図 3-127 ホトカプラの内部構成

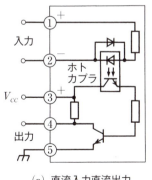
(a) 直流入力直流出力

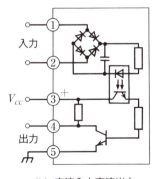
(b) 交流入力直流出力

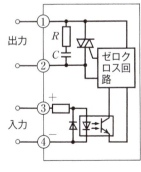
(c) 直流入力交流出力

▲図 3-128 入出力用 SSR の内部構成例

図 3-128(a) は直流入力直流出力用 SSR である。入力側の発光ダイオードに電流が流れると発光ダイオードから光が生じ，その光により

7節 アクチュエータ駆動素子とその回路 151

受光素子であるホトトランジスタがオンになり，出力側の回路が閉回路となる．図(b)は，入力側回路に整流回路が組み込まれた交流入力直流出力用SSR，図(c)は，直流入力交流出力用SSRである．

　図に示すように，出力側の素子には，直流負荷用としてトランジスタ，交流負荷用としてトライアックが組み込まれている．なお，図(c)の回路には，出力側の電流がゆるやかに流れるように，出力側の交流電圧が0V付近でオンになる**ゼロクロス回路**が組み込まれている．ゼロクロス回路は，起動電流の大きなモータやソレノイドの駆動に適している．

●**制御用SSR**　制御用SSRには，受光素子にホトトランジスタを利用した**ホトトランジスタ方式**と，トライアックを利用した**ホトトライアック方式**❶とがある．図3-129に，それぞれの制御用SSRの内部構成例を示す．

　出力側回路には，誘導負荷の場合の逆起電力による誤動作を防ぐため，**スナバ回路**❷が内蔵されているものもある．

❶ photo TRIAC
❷ 図3-129(b)のようにRC直列回路で誘導負荷の逆起電力を吸収する．$C ≒ 0.1〜0.2μF$, $R ≒ 10〜100Ω$である．

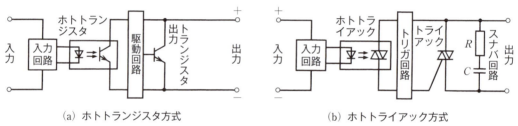

▲図3-129　制御用SSRの内部構成例

●**ホトモスリレー**　ホトモスリレーは，入力側に発光ダイオード，受光素子として**ホトMOS形FET**❸を利用したものである．内蔵されているホトMOS形FETは，1個の場合と2個の場合があり，図3-130に，内部構成例を示す．

❸ MOS形FETのゲート部に光を当ててドレーン電流を制御するFET．

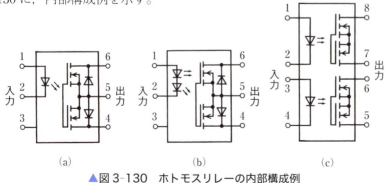

▲図3-130　ホトモスリレーの内部構成例

ホトモスリレーは，オンのときの出力端子間電圧がSSRに比べて小さいので，小さい信号の制御に適している。

4 無接点リレーの利用

図3-131に，いろいろな素子によるSSR駆動回路の例を示す。図(a)はnpn形トランジスタによる駆動回路の例で，ベースに正の信号が加わるとSSRの出力側はオンとなる。

図(b)はNAND回路❶を利用した駆動回路の例で，NAND回路の入力がともにHレベル❷のときに出力側がオンとなる。

また，図(c)のように，雑音❸により誤動作を生じる恐れがある場合は，雑音吸収用CR回路❹を接続する。

❶ 入力がともに1のとき，出力が0になる回路。
❷ 一般に，+5VをHレベル，0VをLレベルという。207ページを参照。
❸ 本来の信号に加えられる，望ましくない電圧や電流。
❹ コンデンサが+側の雑音を-側に流し吸収する回路。

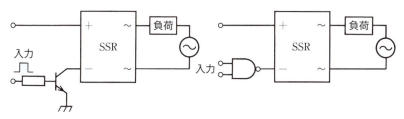

(a) npn形トランジスタ駆動（交流負荷）　　(b) TTL-IC駆動（交流負荷）

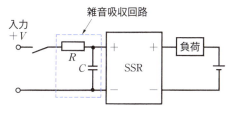

(c) 雑音吸収回路（直流負荷）
▲図3-131　SSR駆動回路の例

図3-132のように，出力側に直流の誘導負荷を接続する場合は，トランジスタによるスイッチング回路の場合と同じように，負荷と並列にダイオードDを接続する。❺

❺ 143ページ，図3-107参照。

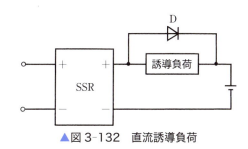

▲図3-132　直流誘導負荷

問47　無接点リレーの利点を述べよ。

章末問題

1. p.77 図 3-11(b) において，センサ入力 800℃ のとき出力 80 mV とする。このセンサでは，入力が 480℃ のとき出力はいくらか。

2. 図 3-11(c) において，入力 80 mV のとき出力 65 mV とする。入力が 54 mV のとき出力を求めよ。

3. 図 3-11(d) において，入力 65 mV のとき出力 5 V とする。入力が 39 mV のとき出力を求めよ。

4. 図 3-11(e) において，入力 5 V のとき出力 1023 とする。入力が 3.0 V のとき出力を求めよ。

5. 図 3-11(b)～(e) を総合すると，このシステムは，図 3-133 のように 0～800℃ のアナログ値を入力したとき，0～1023 のディジタル値を出力することがわかる。図 3-133 のように，500 を出力しているときの入力温度 t [℃] を求めよ。

6. 感度 0.20 V/mm の差動変圧器がある。この差動変圧器が 4.5 V の電圧を出力しているとき，変位は何 mm か。

7. 長さ 30 mm のひずみゲージを 0.03 mm だけ引き伸ばしているときのひずみはいくらか。

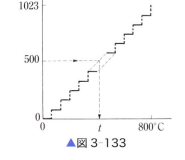

▲図 3-133

8. ゲージ率 $K = 120$ のひずみゲージのひずみが $\varepsilon = 0.002$ であるとき，ひずみゲージの抵抗は何% 増加しているか。

9. 20℃ において 20 Ω の銅線がある。60℃ および 70℃ のときの抵抗はいくらになるか。ただし，銅線の温度係数は $0.0039℃^{-1}$ とする。

10. 次のセンサの応用例を，右の語群から選べ。ただし，複数解答，重複解答を可とする。

    ① ホトダイオード
    ② サーミスタ
    ③ CdS セル
    ④ 光電スイッチ
    ⑤ 加速度センサ
    ⑥ 湿度センサ
    ⑦ 焦電形温度センサ

    a) カメラの露出調整　b) ビデオテープレコーダの結露検出　c) 侵入警報装置における人の検出　d) テレビジョンのリモートコントロール受信部　e) 磁性インクで印刷された小切手の識別　f) 自動車用エアコンディショナの外気温測定　g) 自動車用エアバッグの作動　h) 自動車用シートベルトのロック作動　i) 気圧計　j) IC のピンの不良検出　k) 電子ジャーの温度スイッチ　l) 街路灯の自動点滅

11. サイリスタの電極名とその働きを述べよ。

12. トランジスタに比べ，サイリスタのすぐれている点をあげよ。

13. リレーの a 接点・b 接点・c 接点の働きを述べよ。

14. ソレノイド駆動回路で，コイルに並列に接続するダイオードの名称と働きを述べよ。

15. SSR とホトモスリレーの違いを述べよ。

16. コンデンサモータの動作原理を述べよ。

17. ステップ角 1.8° のステッピングモータに，600 パルスを加えたときのモータの回転数を求めよ。

18. リニアモータは，どのようなものに利用できるかを述べよ。

第4章 電子機械の制御

▲シーケンス制御による自動車の塗装ライン

節
1 制御の基礎
2 シーケンス制御回路
3 プログラマブルコントローラ
4 シーケンス制御の実際
5 フィードバックの利用

　電子機械を構成する要素の中には，センサから得られた情報をもとに，自動的に判断し作業を進めていくための制御装置がある。制御装置は人の手を借りないで目的を達しようとするものであり，一般に自動制御を応用したものである。自動制御には，あらかじめ定められた順序に制御するシーケンス制御と，動作結果をもとにして制御内容を調整するフィードバック制御とがある。
　この章では，おもにシーケンス制御について学ぶ。

第1節 制御の基礎

　前章までに，運動を伝達する機構や動力を発生するアクチュエータ，目的の状態であるかどうかを検出するセンサなどを学んできた。これらを組み合わせることで，さまざまな目的を達成することができる。そのために，必要な情報を得て，判断を行い，自動的に必要な操作を与えるための制御回路を組むことが必要である。機構とセンサが同じであっても，それを制御する回路の組み方によって異なった動作をするので，それぞれの機構の動作や取り付けられたセンサの信号の意味などを把握しておくことが重要である。
　ここでは，制御の基礎について考える。

1 制御

　ある目的に適合するように，対象となっている物に所要の操作を加えることを**制御**❶という。

❶ control

　たとえば，図4-1において直流モータを起動させるには，スイッチを入れればよく，停止させるためにはスイッチを切ればよい。このスイッチを入れたり切ったりすることが制御である。また，スイッチを人の手によらず，センサの情報などから自動的に入れたり切ったりすることを**自動制御**❷という。

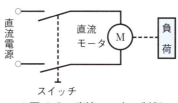

▲図4-1　直流モータの制御

❷ automatic control

　直流モータの回転速度を，ある目標の値(たとえば $600\ \mathrm{min^{-1}}$)にするには，図4-2(a)のように，界磁コイルに直列に滑り抵抗器を入れ，回転速度計で回転速度を測定する。そして，図(b)の速度特性をもとに滑り抵抗器の抵抗値を変化させ，界磁コイルの磁束 ϕ を変えて目標の回転速度 n_0 となるように制御する。

　ここで制御の対象となる物(ここでは直流モータ)を**制御対象**❸といい，制御の目的となっている量(ここでは回転速度)を**制御量**❹という。また，制御量がその値となるように目標として与えられた値($600\ \mathrm{min^{-1}}$)を**目標値**❺という。さらに，制御対象に加える量で，制御量を支配することができる量(ここでは滑り抵抗器のしゅう動変化量)を**操作量**❻という。なお，自動制御を行う機械や装置など制御対象全体を含めた一つの系統を**自動制御系**❼という。

❸ controlled object
❹ controlled variable
❺ desired value
❻ manipulated variable
❼ automatic control system

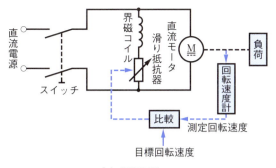
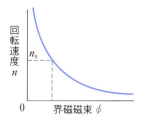

(a) 制御回路   (b) 速度特性

▲図4-2 直流モータの速度制御

制御系には, **開ループ制御系**❶と**閉ループ制御系**❷がある。入力信号に対する出力信号が, 系の特性によって定まるものを開ループ制御系, または**フィードフォワード制御系**❸という。これに対して閉ループ制御系は, 出力信号を入力信号と比較し, その偏差を制御信号とする制御系であり, **フィードバック制御系**❹ともよばれる。図4-3に, 開ループ制御系と閉ループ制御系のブロック線図を示す。

❶ open loop control system
❷ closed loop control system
❸ feedfoward control system
❹ feedback control system

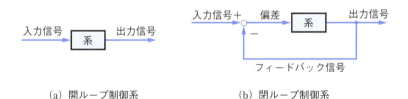

(a) 開ループ制御系   (b) 閉ループ制御系

▲図4-3 制御系のブロック線図

2 シーケンス制御

いくつかの現象が続いて起こること, または, 法則に従って現象が起こる順序を**シーケンス**❺という。したがって, **シーケンス制御**❻とは「あらかじめ定められた順序, または論理に従って制御の各段階を逐次進めていく制御」である。

❺ sequence
❻ sequence control

自動洗濯機・自動販売機・交通信号機・エレベータ・自動搬送装置・自動倉庫・産業用ロボットなどには, シーケンス制御を応用したものが多い。

たとえば自動販売機は, 硬貨の種類を判別・計算して, 購入可能な商品を示すランプを点灯させ, 選択された商品を押し出して, 釣銭を返す。さらに, お礼のことばを発する機種もある。

図 4-4 は，100 円・50 円・10 円の 3 種類の硬貨を判別・計算し，商品を販売する自動販売機の動作順序を表す流れ図である。❶

　これは，各条件が満足(YES)か不満足(NO)か，つまり硬貨がはいったか，必要な金額になったか，ボタンが押されたかなどによって，次の段階を逐次進めていくので，シーケンス制御である。このときの制御信号は，YES か NO の 2 値信号(**バイナリ信号**)❷ である。

　シーケンス制御では，動作が次の段階に移る方法に，次の三つの場合がある。

① 一定の時間が過ぎれば，次の動作に移る。
　　　（自動洗濯機・交通信号機など）
② 前の動作が一定の条件を満たすと，次の動作に移る。
　　　（CD プレーヤの読み取り動作など）
③ 前の動作の結果に応じて，次の動作に移る。
　　　（自動販売機・エレベータなど）

シーケンス制御系の一般的な構成は，図 4-5 になる。

　シーケンス制御では検出部において，図の破線のように，制御対象の状態を表す物理量を電気信号として取り出し，その物理量が定められた基準の条件を満たす(YES)か否(NO)かを判別して，YES・NO の 2 値信号を発生する。この 2 値信号が検出信号としてもとに戻されて，YES であれば，前の動作から次の動作へ移る操作が行われる。

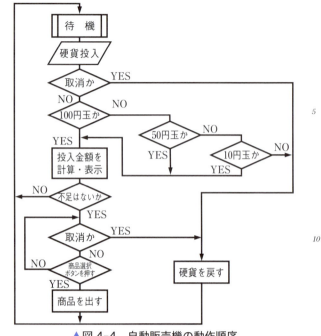

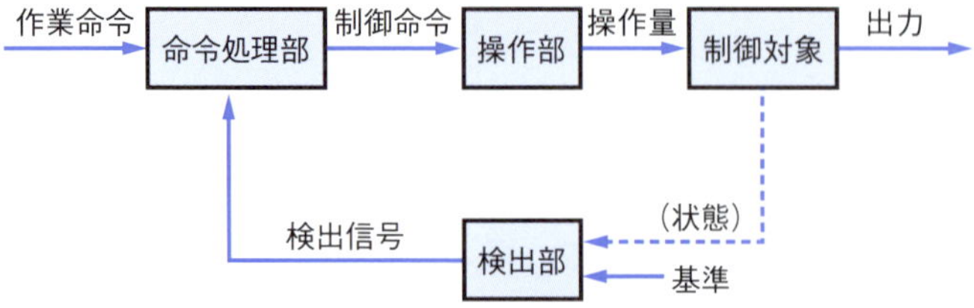

▲図 4-4　自動販売機の動作順序

❶ ここでは，釣銭などの細かな処理の記述は省略してある。
❷ binary signal

▲図 4-5　シーケンス制御系

3 フィードバック制御

フィードバック制御とは，制御量の値を入力側に戻して目標値と比較し，それらを一致させるように調整動作を行う制御をいう。

フィードバック制御に必要な**制御装置**は，制御対象から制御量の信号を取り出す**検出部**，目標値と検出部の出力信号(検出信号)を比較し，両者の偏差(偏差信号)を制御対象に必要な物理量に変換して出力する**比較部・調節部・操作部**から構成されている。

図 4-6 に，基本的なフィードバック制御系のブロック線図を示す。

フィードバック制御は，エアコンディショナによる温度の制御をはじめ，薬品をつくる場合に原料の濃度を制御するなど，各分野に利用されている。

❶ controller：制御対象に組み合わされて制御を行う装置。
❷ detecting element

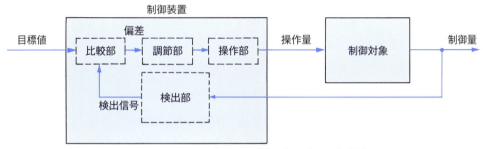

▲図 4-6　フィードバック制御系のブロック線図

問 1 制御の定義を述べよ。

問 2 シーケンス制御の定義を述べよ。

問 3 フィードバック制御において，制御対象への入力信号・出力信号を何とよぶか。

問 4 ガソリンの供給量を調節して，自動車の速度を 60 km/h にしたい。上の制御の文において，下線を施したことばは，自動制御用語では何とよばれるか。

問 5 図 4-4 の自動販売機の動作順序において，50 円硬貨を 2 枚と 10 円硬貨を 2 枚投入し，120 円のジュースを買った。一連の動作のなかで，条件判断の処理は最低何回行われるか。

2節 シーケンス制御回路

シーケンス制御を行うには，その目的を達成するためのさまざまな機器を使用する。
ここでは，工場などで多く使用されている三相誘導電動機の制御を例に取り上げ，どのような場合にどのような機器を使用して回路を組むかを考える。また，それぞれの機器の働きや図記号についても考える。

1 モータの運転制御

　図4-7に，三相誘導電動機の運転制御回路を示す。モータを運転する信号は，人の手によって与える。この回路では，操作用押しボタンスイッチによって電磁接触器を動作させ，電磁接触器に内蔵されている接点を用いて，モータに電源を接続するかどうかを制御している。電磁接触器を使用することで，人が直接触れる押しボタンスイッチには，モータの大きな電流が流れることがなくなり，接点容量の小さい小形のスイッチを使用することができる。また，モータの操作を離れた場所で行う場合，制御線は長くなるが，モータと電源を結ぶ配線の長さは変わらないので，モータの電圧は低下しない。

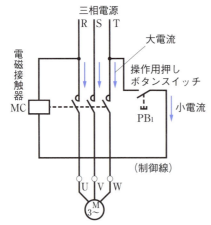

▲図4-7　三相誘導電動機の運転制御回路

1 操作用機器

　操作用機器は，制御システムに人間の意志（指令）を伝えるためのもので，各種の押しボタンスイッチや操作スイッチなどがある。

●**押しボタンスイッチ**　押しボタンスイッチには，押したときに接点が閉じる a 接点，接点が開く b 接点，そして両方の使い方ができる c 接点がある。図 4-8 に，押しボタンスイッチの外観，構造ならびに図記号を示す。

押しボタンスイッチの c 接点には，COM・NO・NC の三つの接続❶❷❸端子があり，a 接点として使用する場合には NO と COM 端子を用い，b 接点として使用する場合には NC と COM 端子を用いる。

❶ common の com を取ったもので，「a 接点と b 接点の共通端子」という意味がある。
❷ normally open から no を取ったもので，「通常開いている接点端子」という意味がある。

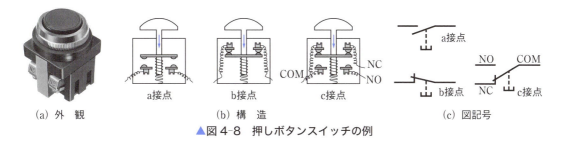

▲図 4-8　押しボタンスイッチの例

●**リミットスイッチ**　物体が移動して，ある決められた限界値に達したときに接点を開閉するスイッチを**リミットスイッチ**という。❹

通常は，マイクロスイッチを外力・水・油・ほこりなどから保護す❺るため，金属ケースや樹脂に組み込んでリミットスイッチとして使用する。図 4-9 に，リミットスイッチの外観と図記号を示す。

❸ normally closed から nc を取ったもので，「通常閉じている接点端子」という意味がある。
❹ limit switch
❺ 90 ページを参照。

▲図 4-9　リミットスイッチの例

●**切換スイッチ**　動作回路を選択する場合には，図 4-10 に示すよ

▲図 4-10　切換スイッチの例

2 節　シーケンス制御回路　161

うな切換スイッチを使用する。二つまでの接点を操作する場合はひねり操作形，三つ以上の接点を切り換える場合はロータリ形を用いる。

2 駆動用リレー

制御用の微小な信号によって，制御対象を直接駆動したり停止したりするには，その電圧や電流を上げる必要がある。そのために，接点容量の大きい電磁接触器や電磁開閉器が利用されている。また，第3章で学んだように，トランジスタやサイリスタなどの半導体を使ったSSR❶も，駆動用として用いられることが多い。

❶ 151ページ参照。

●**電磁接触器** **電磁接触器**は，モータや抵抗負荷の開閉によく使用される。操作コイルには，直流用と交流用があり，加える電圧に合わせて選択する。また，電磁接触器には，大きな電流を開閉する**主接点**のほかに，制御回路の小さな電流を開閉するための**補助接点**が内蔵されている。

●**電磁開閉器** **電磁開閉器**は，電磁接触器に熱動形過負荷リレー（**サーマルリレー**❷ともいう）を組み込んだものである。サーマルリレーは，過電流が流れたりモータが過熱したりしたときに作動するので，モータを自動的に停止させ保護するための働きをする。図 4-11 に，電磁開閉器の外観と図記号を示す。

❷ thermal relay

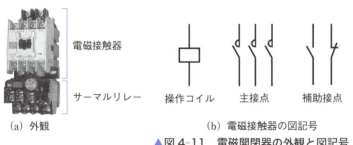

(a) 外観　　(b) 電磁接触器の図記号　　(c) サーマルリレーの図記号

▲図 4-11　電磁開閉器の外観と図記号

3 シーケンス図

電磁接触器を使って三相誘導電動機を動作させるための回路を図4-7 に示したが，この回路図では動作原理や動作順序が理解しにくい。そこで一般に，機器の動作や機能を中心に展開して表した**シーケンス図**（**展開接続図**ともいう）が用いられる。また，シーケンス図でかかれた内容を回路と表現することもある。

シーケンス図は，制御用機器を動作の順に従って配列し，動作の内容を理解しやすいように表した図である。

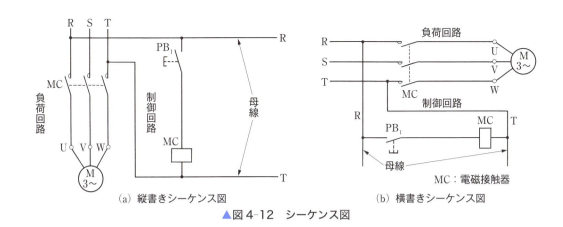

▲図4-12　シーケンス図

　図4-7をシーケンス図で表したものを，図4-12に示す。図(a)は，**制御電源母線**(以下，母線とよぶ)が上(R)と下(T)にあり，回路を構成する要素を縦に並べて接続していくので，**縦書きシーケンス図**という。これに対して図(b)のように，母線が左(R)と右(T)にあり，回路を構成する要素を横に並べて接続していくかき方を，**横書きシーケンス図**という。母線は，直流の場合はP，N，交流の場合はR，Tの記号をつけて区別する。

　縦書きシーケンス図では制御機器が左から右へ，横書きシーケンス図では上から下へ動作するように配列する。

　一般に，シーケンス図は次のような状態で表す。

① 電源を切った状態。
② 手動操作のものは，手を離した状態。
③ 制御すべき機器や電気回路は，停止している状態。
④ 復帰すべき接点は，復帰している状態。

　また，シーケンス回路を設計するときは，リレーの操作コイルは，その駆動条件がスイッチによって決まるので，必ずスイッチのあとにかくようにすることがたいせつである。

2　複数のスイッチを使った運転

　図4-7の回路では，操作するスイッチが一つなので，モータは1か所のスイッチを押すだけで運転される。危険をともなう作業現場では，複数のスイッチを同時に押さなければ運転できないようにする。

　図4-13に，3か所のスイッチを同時に押さなければモータが運転できない制御回路を示す。この回路では，三つの押しボタンスイッチ

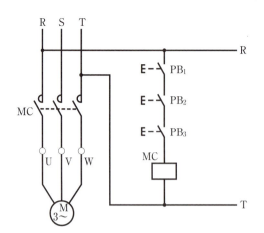

▲図4-13　プレス装置の回路

が，直列に接続されている。スイッチを直列に接続することで，すべてのスイッチを押さなければ，母線Rからの電流が電磁接触器の操作コイルMCに流れないようになっている。たとえば，プレスを行う装置では，作業者の手をはさむことがないように，両手で2か所のスイッチを押しながら，片足で1か所の足踏みスイッチをふまないと動作しないように，安全対策がなされている。❶

このように，複数の接点を組み合わせることで，回路をより複雑な条件をつけて制御することが可能になる。これを，有接点リレーにおける**論理回路**という。

有接点リレーの基本論理回路と論理式を表4-1に示し，次に論理回路について簡単に述べる。

❶ 作業者の誤作動があったとしても事故が発生しないように設計することを，**フールプルーフ**（fool proof）という。

▼表4-1　基本論理回路と論理式

	AND回路	OR回路	NOT回路
リレー回路	（AとBが直列）	（AとBが並列）	（Rがb接点）
論理式	$F = A \cdot B$	$F = A + B$	$F = \overline{A}$

● **AND回路**　接点A，Bがあり，接点AかつBがオンのときにリレーRが働き，出力Fがオンになる回路をAND回路という。これは，接点AとBが直列に接続された回路である。

AND 回路は，二つの接点が同時にオンの状態で通電する。たとえば，A の信号を伝達するかどうかの許可を，B の信号で制御する場合などに使われる。

● **OR 回路**　接点 A，B があり，接点 A または B がオンのときにリレー R が働き，出力 F がオンになる回路を **OR 回路**という。これは，接点 A と B が並列に接続された回路である。

OR 回路は，複数の入力のうち一つ以上の信号を得たとき通電する。たとえば，回路を動作させるためのスタート条件が複数ある場合などに使われる。

● **NOT 回路**　接点 A があり，A がオフのとき，リレー接点 R はオン（リレー R の b 接点），接点 A がオンのとき，リレー接点 R がオフとなる回路が **NOT 回路**である。つまり，接点 A を否定したものである。

NOT 回路は信号の論理を否定するので，センサから送られてくる信号の論理が異なっている場合の補正などに使われる。

3 モータの始動・停止回路

1 自己保持回路

図 4-7 の回路では，押しボタンスイッチを押し続けていなければ，モータは回転し続けない。始動用の押しボタンスイッチを押すと回転がはじまり，スイッチから手を離しても回転し続けるようにしたり，運転状態のモータが，停止スイッチが押された場合や，モータに過電流が流れた場合に停止させたりするには，次のようにする。

図 4-14(a) の回路で，押しボタンスイッチ PB$_1$ を押すと，リレー R が励磁されて，リレー接点 R が閉じ，ランプ L が点灯する。この状態で押しボタンスイッチから手を離し，PB$_1$ の接点が開いても，リレ

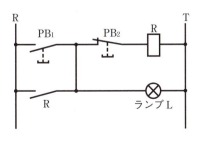
(a) 自己保持回路

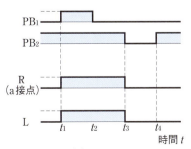
(b) タイムチャート

▲図 4-14　自己保持回路とそのタイムチャート

一接点Rから電流が供給されるので，リレーRの励磁状態が続き，ランプLは点灯し続ける。このように，リレーの操作コイルの励磁状態を，そのリレーの接点で保持する回路を**自己保持回路**という。自己保持の状態を解除するには，押しボタンスイッチPB_2を押して，リレーRへ流れる電流をしゃ断すればよい。このような制御の一連の流れにおいて，制御機器の動作状況を時間を追ってわかりやすく表したのが図4-14(b)であり，これを**タイムチャート**という。タイムチャートは，横軸に時間，縦軸にそれぞれの機器の動作状況を表している。図(b)から，次のような動作状況がわかる。

|時刻 t_1| PB_1を押した瞬間，Rが閉じ，Lが点灯。

|時刻 t_2| PB_1から手を離した瞬間。

|時刻 t_3| PB_2を押した瞬間，Rが開き，Lが消灯。

|時刻 t_4| PB_2から手を離した瞬間。

2 モータの始動・停止回路

自己保持回路は，一度保持すると解除するまで同じ状態を保つ記憶機能がある。この回路は，リレーシーケンス回路のなかで最も基本的で，たいせつな回路であり，いろいろな制御回路に使われている。たとえば，動作中に停電になった場合は，操作コイルに電流が流れないので，自己保持が解除される。したがって，停電から復旧したときに，機械が勝手に動き出すことがなく，安全である。

図4-15に，自己保持回路を使った，モータの始動・停止回路を示す。この回路では，押しボタンスイッチPB_1(始動スイッチ)を押すと，母線Rから電磁接触器MCの操作コイルへ電流が流れて主接点が閉

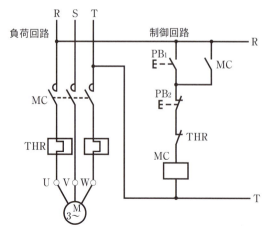

▲図4-15 モータの始動・停止回路

じ，モータは運転状態となる。また，このとき MC の補助接点も閉じるため，モータの運転状態が保持される。自己保持状態を解除するために，押しボタンスイッチ PB$_2$（停止スイッチ）が設けられている。

また，モータへ過電流が流れた場合の対策として，サーマルリレーが用いられている。サーマルリレー THR の b 接点は，過電流を検出したときに開いてモータを停止させるようにするため，操作コイル MC に直列につないである。

4 モータの正転・逆転回路

これまでに学んだ制御回路では，モータは 1 方向にしか回転しない。ここでは，モータの回転方向を変える制御回路を考える。

三相誘導電動機の回転方向を変えるためには，電源 R，S，T に接続する 3 本の電線のうち 2 本を入れ換えてモータに接続すればよい。エレベータの上昇・下降など，モータの回転方向を変える制御は，このような配線の入れ換えをリレーによって行っている。

1 インタロック回路

図 4-16 に，モータの配線の入れ換え回路を示す。図に示すように，この回路では，MC$_1$ と MC$_2$ の二つの電磁接触器を用いている。MC$_1$ の主接点が閉じると，モータの駆動電源 R，S，T は，それぞれモータの端子 U，V，W に接続され，モータは正転する。また，MC$_2$ の主接点が閉じると，電源 R，S，T は，それぞれモータの端子 W，V，U に接続される。このとき，R と T の二つの線が入れ換わって接続されているので，モータの回転方向は逆となる。

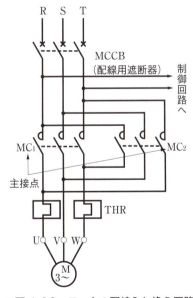

▲図 4-16　モータの配線入れ換え回路

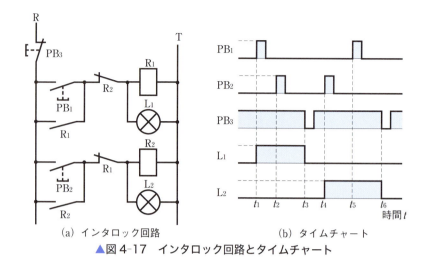

（a）インタロック回路　　（b）タイムチャート
▲図4-17　インタロック回路とタイムチャート

ところが、この回路で、MC_1、MC_2の両方の接点が同時に閉じると、RとTが短絡してしまう。したがって、安全にモータを運転させるには、一方の電磁接触器が動作しているときに、もう一方の電磁接触器が動作しないように制御回路を組まなければならない。

図4-17に、二つのリレーを用いた回路とそのタイムチャートを示す。時刻t_1に押しボタンスイッチPB_1を押すと、リレーR_1が励磁され、リレー接点R_1で自己保持されてランプL_1は点灯を続ける。また同時に、リレーR_2と直列に接続されているリレー接点R_1のb接点が開くため、時刻t_2でPB_2を押しても、リレーR_2へ電流は流れない。したがって、リレーR_2は動かない。このような場合、リレーR_2に"**インタロックがかかっている**"という。

ランプL_2を点灯させるには、押しボタンスイッチPB_3を押してリレーR_1の自己保持を解除し、そのあとに押しボタンスイッチPB_2を押せばよい。図4-17(b)で、t_4からt_6の間は、リレーR_2によって自己保持が働き、ランプL_2が点灯する。この場合、リレーR_1に"インタロックがかかっている"という。このように、動作条件が満足されなければ、動作が阻止される回路を**インタロック回路**という。

❶ interlock：二つ以上の装置またはシステム間で、その一方が動作している間は、他方に入力があっても動作しないようにすること、またはそのしくみをいう。

2　インタロック回路の応用

インタロック回路は、動作に優先度をもたせたり、装置や機器の保護や安全をはかるときに使用される。図4-17(a)のインタロック回路では、PB_1とPB_2のうち、先に押されたスイッチに接続された回路の動作が優先される。このような回路を**先行動作優先回路**という。

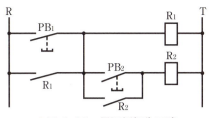

▲図4-18 電源側優先回路

これに対して，図4-18に示す回路は，PB$_1$を先に押して，PB$_2$よりも電源側にあるリレーR$_1$が閉じなければ，PB$_2$を押してもリレーR$_2$は動かない。このような回路を**電源側優先回路**という。

図4-16の回路を，インタロックを用いて安全に動作させるための制御回路が図4-19である。電磁接触器MC$_1$の操作コイルの手前にMC$_2$のb接点を直列に入れ，また，MC$_2$の操作コイルの手前にはMC$_1$のb接点を直列に入れてある。このように，先に動作した電磁接触器の補助接点が，もう一方の電磁接触器の動作を阻止することによって，回路全体の安全を確保している。

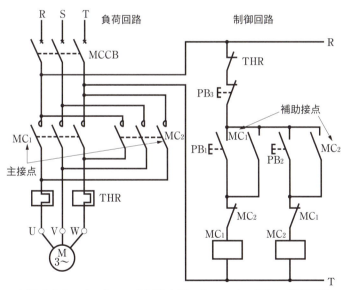

▲図4-19 インタロック回路を用いたモータの正転・逆転回路

5 時間経過による自動停止回路

電動の切断機を使って物を切るとき，切断機のスイッチを切り忘れるとひじょうに危険である。この場合，ある一定の時間が経過したかどうかを調べ，経過した時点で危険と判断してモータを自動的に停止

2節 シーケンス制御回路　169

させる回路が，装置の安全性にとって必要である。このように，時間経過による制御を行う場合には，**タイマ**（限時継電器）を用いる。

❶ timer

1 タイマ

信号を受け，一定の時間が経過してから接点の開閉を行うリレーをタイマという。また，このときの接点を**限時接点**といい，タイマに入力信号がはいってから一定時間遅れて開閉するものを**限時動作**接点，入力信号が切れてから一定時間遅れて開閉するものを**限時復帰**接点という。タイマには，電子式・電動式・制動式のものがある。

❷ on-delay：オンディレイともいう。

❸ off-delay：オフディレイともいう。

電子式タイマは，コンデンサに充放電をさせたときの電圧の変化を利用したものと，内部で発生させた基準信号のパルスの数を数えるものとがある。小形で精度がよいので，広く利用されている。

図 4-20 に，電子式タイマの外観とタイムチャートおよび図記号を示す。

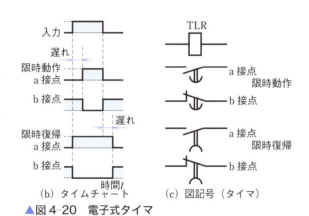

(a) 外 観　　(b) タイムチャート　　(c) 図記号（タイマ）

▲図 4-20　電子式タイマ

電動式タイマは，**小形同期電動機**を利用したもので，その回転速度は電源周波数によって決まる。

❹ モータの固定子コイルに発生する回転磁界の速度（同期速度）で回転するモータ。

制動式タイマは，気体や液体の粘性を利用したもので，あまり精度を必要としないところに使われる。

2 タイマ回路

タイマを使った回路を**タイマ回路**という。

図 4-21 に，限時動作のタイマ回路とそのタイムチャートを示す。タイマは，遅延時間の設定ができるようになっている。時刻 t_1 において，押しボタンスイッチ PB_1 を押すと，リレー R が働きリレー接点 R が閉じる。それと同時に，タイマ TLR に電源が供給される。タイマで設定した遅延時間 t_0 だけ時間が経過した時刻 t_2 で，タイマ接

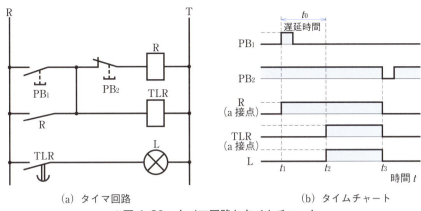

(a) タイマ回路　　　　　　　(b) タイムチャート
▲図4-21　タイマ回路とタイムチャート

点 TLR が閉じランプ L が点灯する。

　タイムチャートの TLR はタイマ接点の動作を表し，タイマ接点は，押しボタンスイッチ PB₂ を押して自己保持を解除した時刻 t_3 で復帰する。

3　タイマ回路を利用した自動停止回路

　図 4-15（p.166）のモータの始動・停止回路に，タイマ回路を用いた制御回路を図 4-22 に示す。電磁接触器 MC の操作コイルとタイマ TLR が並列に接続され，その手前にタイマの限時動作接点（b 接点）を，停止用押しボタンスイッチ PB₂ およびサーマルリレー THR と直列になるように接続してある。

　押しボタンスイッチ PB₁ を押すと，モータが回転をはじめると同時にタイマが計時をはじめる。PB₂ と THR が動作しなくても，設定

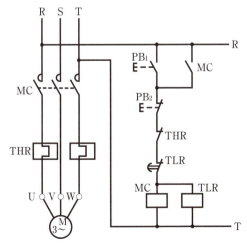

▲図4-22　タイマによるモータの自動停止回路

時間が経過するとタイマのb接点(TLR)が開いてMCが解除されるため，モータは自動的に停止する。なお，このときタイマTLRへの電流もしゃ断されるので，タイマのb接点は瞬時に閉じて，回路全体が初期状態に戻る。

タイマによる制御回路は，交通信号機のように，ある時間が経過したとき次の動作へ移行する制御や，機械の操作において停止スイッチを押し忘れたとき，事故防止のための制御などに用いられる。

6 異常を表示灯の点滅で知らせる回路

工場などでは，事故を防止するためモータにおおいをかけてあったり，モータから離れた場所で操作したりすることが多い。このような場合，モータが運転状態にあるのか停止状態にあるのか，操作する人がモータを見なくても確認できるようにする必要がある。

一般に，操作スイッチの付近などに表示用のランプを取り付けて，ランプが点灯しているのか，消灯しているのかでモータの運転状態を確認できるようにすることが多い。

また，サーマルリレーが動作して，モータが異常停止した場合には，表示灯を点滅させたり，ブザーを鳴らすなどして，周囲の人に異常を知らせるようにすることも必要である。

このような制御システムをつくるために，次のような機器や回路が利用されている。

1 表示用機器

表示用機器は，システムの状態を表示したり，警報を指示したりするもので，人間がシステムの異常を知るためのものである。異常を視覚で知らせる表示灯，聴覚で知らせるブザーやベルなどがある。

●**表示灯** 表示灯の光源には白熱電球を使用したものと，ネオンランプなどの放電灯やLEDなどを使ったものがある。

●**フリッカリレー** フリッカリレー[1]は，ランプを点滅させるために使われるリレーである。フリッカリレーには，CR遅延回路とリレーコイルを使ったものと，タイマを使ったものとがある。設定するフリッカの周期は，速すぎるとまわりの人が点滅していることに気がつかず，遅すぎると発見に時間がかかるので，一般には，0.1〜1.0秒程度がよいとされている。

[1] flicker relay

●アナンシエータリレー　アナンシエータリレー[1]は，過電流，地絡（アースに電流が流れること），欠相（三相のうち一線が断線すること），反相（相が入れ換わること），電圧不足などの異常を知らせる機器である。図4-23に，有接点式のアナンシエータリレーの外観を示す。アナンシエータリレーの出力端子に，ブザー・ベル・ランプを接続することによって，次のような動作が可能となる。

① 異常が発生したときには，ベルやブザーが鳴り，同時に異常内容をランプで表示し，フリッカで知らせる。

② ベルやブザーの時間は，任意に設定できる。

③ ランプによって，随時，断線点検・不良点検ができる。

④ 異常が重複して発生したときは，正確に個々の異常を表示できる。

応答が速く複雑な警報パターンが得られるように，トランジスタなどの半導体素子を用いた無接点式のアナンシエータリレーもある。

[1] annunciator relay：機器の故障発生，故障位置・内容などをブザー・ランプなどで表示する。

▲図4-23　アナンシエータリレーの外観

2　フリッカ回路

制御システムに異常が発生したとき，表示灯を点滅させる回路を**フリッカ回路**という。フリッカ回路は，フリッカリレーを用いれば接点に点滅信号が直接得られるので簡単な回路となるが，限時動作のタイマとリレーを組み合わせてつくることもできる。図4-24に，タイマとリレーを組み合わせたフリッカ回路とタイムチャートを示す。

時刻t_1で，押しボタンスイッチPB_1を押すとリレーR_1が働き，タイマTLR_1に電流が流れる。タイマTLR_1には，あらかじめt_aという遅延時間が設定されているとすれば，t_aだけ経過した時刻t_2でタ

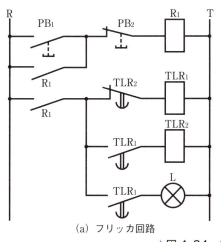

(a) フリッカ回路

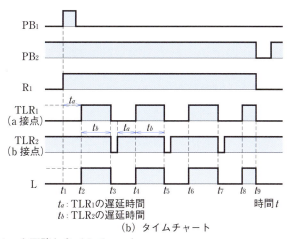

t_a：TLR_1の遅延時間
t_b：TLR_2の遅延時間

(b) タイムチャート

▲図4-24　フリッカ回路とタイムチャート

イマ TLR$_1$ の接点が閉じる。同時にタイマ TLR$_2$ に電流が流れはじめ，ランプ L が点灯する。タイマ TLR$_2$ の接点は，設定された遅延時間 t_b が経過した時刻 t_3 で動作する。この接点は b 接点なので，タイマ TLR$_1$ に流れる電流をしゃ断し，同時にランプは消灯する。タイマ TLR$_1$ が切れるとタイマ TLR$_2$ も切れるので，限時接点 TLR$_2$ は閉じ，ふたたびタイマ TLR$_1$ が動作する。その後は，PB$_2$ を押すまで同じ動作を繰り返し，リレー接点の切り換わる時間（t_b と t_a の間の時間）は無視できるので，ランプはほぼ t_a，t_b の間隔で点滅を続ける。

7 動作回数による制御

　機械をあらかじめ設定した回数だけ，同じ動作を繰り返させてから，自動的に停止させたり，別の動作に移らせたりする制御は，生産工場などでよく行われている。

　たとえば，ベルトコンベヤで運ばれてくる部品が，設定した数に達したときに，ベルトコンベヤを停止させたり，ロボットの動作回数によって，点検時期を知らせる表示灯を点灯させたりする制御である。

　このような制御には，運ばれた部品の数や，ロボットの動作回数を数えるための計数器が必要である。一般に，機械の制御には，内部に接点を備えた計数器が用いられる。このような計数器を，**カウンタ**❶という。

❶ counter

1 カウンタ

　カウンタは，入力された信号の数を表示するとともに，その数が，あらかじめ設定した数に達したときに，内蔵された接点が開閉するようになっている。信号の入力回数は，入力信号の電圧が L レベルから H レベルに**変化した瞬間**❷を調べるなどして計数する。

❷ 電圧が L レベルになる瞬間や，二つの入力端子を短絡した瞬間を調べるものもある。

　図 4-25 に，カウンタの外観と端子構成を示す。リレーなどは，動作させるときだけ電源を供給すればよいが，カウンタは内部に電子回路を内蔵しているため，つねに電源を供給して使用するものが多い。また，内部にバッテリを内蔵することでカウンタの数値を保持するものもある。これは，数日間にわたって生産を行う工場で，生産量を管理する場合などに必要とされる。

　図 4-26 に，カウンタの動作を表すタイムチャートを示す。ここでは，カウンタの設定値を 6 としている。電源を入れたときに計数値が

(a) 外観　　　　　(b) 端子構成図
▲図4-25　カウンタの外観と端子構成図

0であるとはかぎらないので，数えはじめるまえにリセット信号を送る。目的の回数である6回だけ信号が入力されると，カウンタの接点が動作する。続いて7回目以上の信号が入力されても，接点の動作は保持される。接点の動作を復帰させるためには，リセット信号を送る。　❶ reset

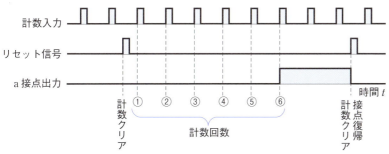

▲図4-26　カウンタの動作（タイムチャート）

2　カウンタを活用した回路

　図4-27は，ベルトコンベヤで運ばれてくる箱を，物体検出センサで感知するシステムである。いま，このシステムのセンサからの検出信号によって運ばれてきた箱を計数し，設定された個数に達してから，3秒後にベルトコンベヤを停止させるための制御回路の例を，図4-28に示す。

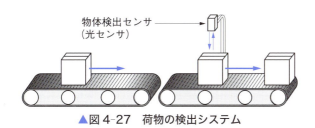

▲図4-27　荷物の検出システム

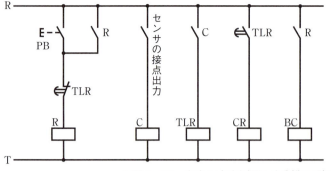

▲図4-28 カウンタを活用した制御回路の例

　押しボタンスイッチPBを押すと，リレーRが動作し自己保持がかかるとともに，ベルトコンベヤ駆動回路BCに電源が供給される。ベルトコンベヤが運転しはじめ，箱が矢印の方向へ移動する。箱が物体検出センサの下を通過すると，センサから得られる接点出力がカウンタに送られ，カウンタは計数値を1増やす。いくつかの箱が物体検出センサの下を通過し，カウンタに設定してある数値に達するとカウンタの接点Cが閉じ，タイマTLRが計時をはじめる。タイマの設定時間（ここでは3秒）が経過すると，タイマの接点が動作する。TLRの接点は，a接点でカウンタをリセットする信号をつくり，b接点でリレーRによる自己保持を解除する。したがって，ベルトコンベヤは停止するとともに，カウンタの値を0にして，次回の操作に備えた状態となる。

問6 次の表は，制御に用いる機器の図記号を示したものである。表の中に，その名称を記入せよ。

図記号					
名称					

問7 シーケンス図をかく場合，それぞれの機器の状態はどのように表すか。
問8 自己保持回路をかき，その動作順序を説明せよ。
問9 インタロック回路をかき，その動作順序を説明せよ。
問10 5個の押しボタンスイッチPB_1〜PB_5がある。PB_1とPB_2を同時に押す場合，または，PB_3とPB_4を同時に押す場合にリレーRが自己保持され，PB_5を押すと自己保持が解除される回路をかけ。

問 11 図 4-29 の回路について答えよ。

(1) 自己保持回路の配線部分 a, b, c のそれぞれの位置で断線（導通しなくなること）が起きた場合，回路の動きはどうなるか。

(2) b 接点の押しボタンスイッチを追加して非常時に回路を停止できるようにするには，どこに接続すべきか。

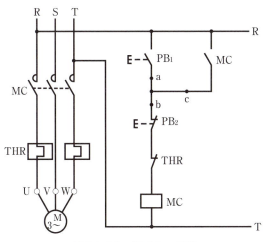

▲図 4-29　問 11 の回路

3節 プログラマブルコントローラ

こんにち，各種の工作機械・ロボット・エレベータや工場などでの自動化システムを実現するために，シーケンス制御装置の一種である**プログラマブルコントローラ**[1]（以下 PLC とよぶ）がよく使用されている。PLC は，取り扱いが簡単で容易にプログラミングできるコントローラとして，1970 年ころに登場した。初期のものは，シーケンス制御のための論理演算機能をもつだけの装置であった。その後，算術演算や関数機能が内蔵され，ほかの PLC やコンピュータとの通信機能をもち，複数のプログラム言語でプログラミングができるようになるなど，多くの機能面で向上し，需要が拡大する中で急速な進歩をとげた。

ここでは，PLC のしくみやその使い方の基本について考える。

1 PLC とは

入力端子から入力される信号情報を，内蔵されたマイクロコンピュータを用いて処理し，その結果を出力端子から出力することが PLC の役割である。あらかじめプログラムされた内容により，処理内容は変わる。多くのタイマやカウンタ機能をもっているが，半導体素子や IC を使っているため小形で，信頼性が高い。

図 4-30 に，PLC の外観を示す。PLC には，ベースユニットとよばれる取り付け台に必要な**ユニット**[2]を接続して使うユニット増設形 PLC と，すべての機能を一つのケースに納めた一体形の PLC がある。

[1] programmable controller：プログラミングが可能な制御器で，プログラマブルロジックコントローラともいう。
一般的な PC という表記は，パーソナルコンピュータを指し，混同することを避けるため，PLC とよぶ。

[2] unit：モジュールともいう。

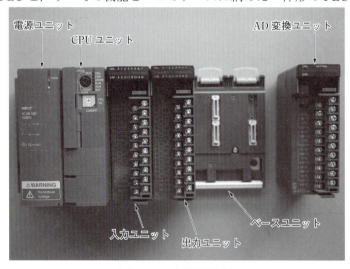
(a) ユニット増設形 PLC

(b) 一体形 PLC

▲図 4-30 PLC の外観

ユニット増設形 PLC では，次のような働きをもつユニットを必要に応じて選択し接続すればよく，拡張性・改善性に富む。
・電源ユニット：PLC 内部で使用する電力を供給する。
・CPU ユニット：入力情報をもとに出力判定の演算処理を行い，その結果を出力する。
・入力ユニット：入力信号を受け取る。
・出力ユニット：処理結果をもとに負荷回路へ信号を出す。
・AD 変換ユニット：アナログ信号をディジタル信号に変換する。
・リンクユニット：ほかの PLC とデータの受け渡しをする。
　これに対し，一体形 PLC は拡張性は劣るが，複数の機能をまとめることで扱いが簡単になり，小形・軽量・安価である。

2　PLC の構成

　図 4-31 に，PLC の構成を示す。PLC は，有接点リレーを使った回路とは異なり，本体内部のプログラムに従って演算処理を行うので，配線は入力機器や出力機器をつなぐだけである。したがって，入出力機器の構成に変更がない場合は，たとえ制御内容が変わっても配線をしなおす必要はなく，プログラムを変更するだけでよい。

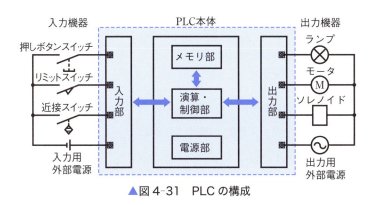

▲図 4-31　PLC の構成

　PLC の入力部・出力部には，外部に接続する装置が発生するノイズなどからマイクロコンピュータの動作を守るために，いくつかの対策が施されている。その代表的なものに，第 3 章で学んだホトカプラによる絶縁がある。

3 PLCの結線

PLCでは，必要に応じた情報を取り込むための入力ユニットと，必要に応じた出力ユニットを選択して使用できる。

ここでは，代表的な入力ユニットと出力ユニットの特徴をあげ，簡単な結線方法について考える。

1 入出力結線

図4-32のように，PLCの入力端子は，信号入力端子とCOM端子（共通端子）とで構成される。一般に，入力端子には，直流信号を入力して使用する。入力信号が加わり電流が流れると，内部のホトカプラのLEDが点灯し，入力があったと判断される。

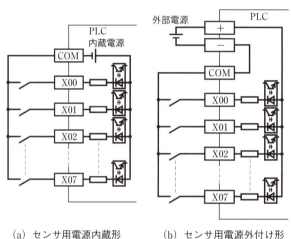

(a) センサ用電源内蔵形　　(b) センサ用電源外付け形
▲図4-32　PLCの入力端子

入力信号として流れる電流は，電源装置から供給するが，この電源が内蔵されたPLCと，外部から供給するPLCがある。図4-32(a)は，センサ用電源を内蔵しているものの配線例である。PLC本体の電源が商用電源❶の場合は，PLCの内部にセンサを動作させるための電源装置を持つものが多い。図(b)は，センサ用の電源をもたないPLCの配線図である。PLC本体の電源が直流の場合に，このような外付け配線を利用する。

PLCの出力端子は，図4-33のように，信号出力端子とCOM端子とで構成される。PLCの出力は，図のようにリレー出力，トランジスタ出力，トライアック出力がある。それぞれに特徴があるので，用途に応じて選択する。

❶ 電力会社から購入する電気。日本では交流100Vまたは200Vである。

●**リレー出力** 　小信号用リレーが内蔵されており，その接点を出力端子に接続してある。ほかの出力方式に比べて接点の電流容量が大きく，直流・交流の制限がないため，多くの場所で使われる。機械的要素があるため，ほかのものに比べると接点の開閉が遅く，寿命も短い。

●**トランジスタ出力** 　出力制御にトランジスタが使われている。無接点であり，機械的要素がないので，高速な動作で接点の開閉が行われる。また，寿命も長い。しかし，トランジスタの制御であることから，直流の装置を制御することに限定される。

●**トライアック出力** 　半導体接点であるトライアックを内蔵している。トランジスタは直流の制御に限定されているが，トライアックは交流の制御に限定される。半導体の特性上，接点の開閉が遅い。

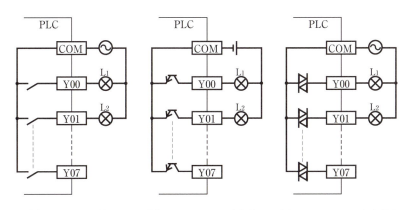

(a) リレー出力端子　　(b) トランジスタ出力端子　　(c) トライアック出力端子

▲図4-33　PLCの出力端子

2　PLCの結線例

図4-17(p.168)のインタロック回路を，PLCを使って結線すると，図4-34のようになる。

インタロック回路の中で使用する入力機器は，押しボタンスイッチ PB_1，PB_2，PB_3 であり，出力機器は，ランプ L_1，L_2 である。PLCには，入力端子と出力端子とが用意されているので，押しボタンスイッチを入力端子に接続し，ランプを出力端子に接続する。

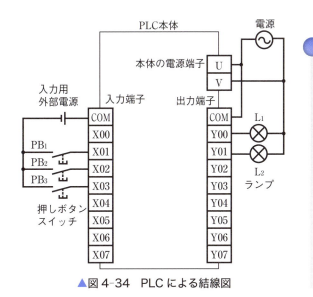

▲図4-34　PLCによる結線図

次に，入力機器と出力機器との関係を，PLCにプログラミングすることで回路は完成する。

押しボタンスイッチPB₃は，図4-17ではb接点となっているが，PLCを使用する場合には，プログラム上で0と1の信号を反転できるので，a接点の押しボタンスイッチを使用すればよい。

入出力端子には，配線の本数を減らすため共通端子COMがある。COM端子は，入力側と出力側に同じ名称で表示される場合があり，入力回路か出力回路かを区別して配線する必要がある。

4　PLCの制御言語

PLCに入力される情報をもとに，出力機器をどのように制御するかは，PLCにプログラミングすることにより行う。

1　制御言語の種類

プログラムの記述方法は複数ある。図4-35は，プログラムの記述例である。図(a)は**SFC言語**による記述方法で，制御内容を流れ図でかき表現する。図(b)は，**ST言語**によるプログラムである。図記号を使わず，すべて文字を使って制御内容を記述する。

これらのほかに，論理素子の動作内容として記述する**IL言語**や，電気回路をかくように表現する**LD言語**（以下**ラダー言語**という）など，それぞれ表現に特徴をもつプログラム方式が開発されており，国際標準規格に登録されている。

❶ sequential function chart
❷ structured text
❸ instruction list
❹ ladder diagram
❺ IEC61131-3

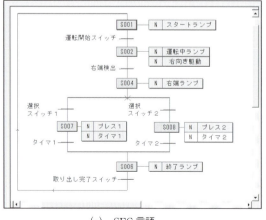

(a)　SFC言語　　　　(b)　ST言語
▲図4-35　プログラムの記述例

2 ラダー言語

　PLCの制御言語におけるプログラム記述方法で，とくにラダー言語は，リレーシーケンスのシーケンス図と対応させてプログラムを考えることができ，最もよく使用されている。

　ラダーとは梯子の意味で，横書きシーケンス図のように左右に母線をかき，梯子のような形にリレー，リレー接点，タイマなどの接続図を記述する。これを**ラダー図**といい，これをもとにPLCのプログラムを作成することを，**ラダー方式**という。

　図4-36に，ラダー図とそのプログラムの作成例を示す。図(a)のように，ラダー図は左側に母線をかき，右側の母線は省略する場合がある。a接点は ┤├，b接点は ┤/├ で表し，その他の機器は円で表す。

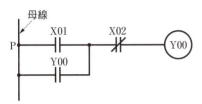

アドレス	命令	データ
0000	LD	X01
0001	OR	Y00
0002	AND NOT	X02
0003	OUT	Y00
0004	END	

(a) ラダー図　　　　　　　(b) コーディング表

▲図4-36　ラダー図とプログラムの作成例

　また，それぞれの機器には番号を記入する。スイッチと連動する接点やリレーとその接点などのように，連動して動作する接点には同じ番号を記入する。図では，出力機器(Y00)にa接点(Y00)が連動している。プログラムはラダー図の左から右へ，上から下への順に書いていく。図(b)のように，プログラムを書き込んだ表を**コーディング表**といい，アドレスはプログラムのステップ番号を，命令はラダー言語による命令語を，またデータは入出力機器の番号を示している。

　図(a)のラダー図をコーディング表にする場合は，点Pを起点とし右側に進む方向にプログラムを進めていく。まず，命令語LD(ロード)でa接点信号(X01)を取り込む。次に，a接点(Y00)が並列に接続されているので，命令語はOR(オア)とする。そして，直列にb接点(X02)が接続されているので，命令語AND NOT(アンドノット)と書き，最後に出力機器(Y00)があるので命令語OUT(アウト)とする。プログラムの終わりはENDとし，データの欄は空白とする。

　初期のPLCの基本命令は，AND・OR・NOT・タイマ・カウンタ・OUTなどであったが，最近のPLCの基本命令には，ジャンプ・

微分・インタロックなどが追加され，データシフト・データ転送・データ比較・データ変換などの応用命令も加わっている。また，10進演算・2進演算・論理演算などや，**割込み**❶命令・故障表示・工程表示などの特殊命令も加わり，PLCの高機能化が進んでいる。

❶ interrupt：コンピュータの逐次処理動作を中断し，あとで再開できるようにしておき，別の処理動作をすることをいう。

5 プログラム管理

1 プログラムの入力と修正

PLCへプログラムを入力する場合には，パーソナルコンピュータを用いる方法と，図4-37に示すプログラミングコンソールを用いる方法とがある。小規模のプログラムを作成する場合には，プログラミングコンソールを使って入力することが多い。装置の規模が大きくなるほど制御プログラムは大きくなり，それを開発するためにパーソナルコンピュータ上でプログラムを作成する。作成後は，転送用ケーブルを使ってPLCへプログラムを移す。また，稼働している装置のプログラムを修正する場合には，プログラミングコンソールを用いることが多い。

▲図4-37 プログラミングコンソール

2 プログラムの保存

PLCでは，プログラムの保存ができることも長所の一つである。PLCで作成したプログラムをEP-ROM❷というICメモリやPLCカードに保存することができる。また，パーソナルコンピュータと接続して，その記憶装置や外部記憶装置にプログラムを保存することもできる。

❷ Erasable Programmable Read Only Memory；消去・プログラム可能な読み出し専用メモリ

3 並列リンク・コンピュータリンク

従来は，それぞれの制御装置を個別のPLCで制御していたが，自動化の進展につれ，それらのPLCを連動して動かしたり，集中的に管理したりすることが必要となってきた。

その結果，PLCの**並列リンク**（並列運転）や，いくつかのPLCを親PLCでリンクする**上位リンク**，パーソナルコンピュータとPLCをリンクさせる**コンピュータリンク**などが行われるようになった。図4-38に，PLCのリンクの方法を示す。

また，リンクユニット❸を用いると，ほかのリンクユニットと情報を相互に共有でき，これによってほかのPLCの状況を反映し，管理している自機の制御に役立てることができる。

❸ ほかのPLCとデータの受け渡しをするユニット。

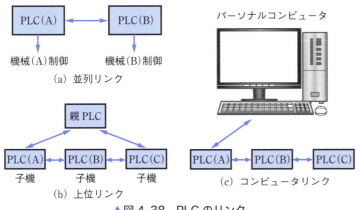

▲図 4-38　PLC のリンク

6　PLC の利用手順

図 4-39 に，PLC を利用して機器を制御する場合の作業の流れを示す。

① 制御する機器のシーケンス図を作成する。
② PLC に接続する入出力機器ならびにリレーの割りつけを行う。
③ ラダー図を作成する。
④ ラダー図に従ってプログラミングし，コーディング表を完成させる。
⑤ コーディング表をもとにして PLC にプログラムを入力し，試運転を行う。
⑥ 異常があればプログラムを修正して，再度 PLC を試運転する。
⑦ 正常であればプログラムを保存し，実際に運転を開始する。

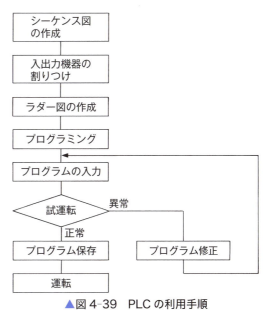

▲図 4-39　PLC の利用手順

7　PLC を使った制御回路

図 4-40 は，押しボタンスイッチ PB_1 を押すとランプが点灯し，PB_2 を押すとランプが消灯するリレーシーケンス回路である。この回路を，PLC を使って設計する場合の例を次に示す。

図 4-41 は，PLC と入出力機器の接続図である。図に示すように，

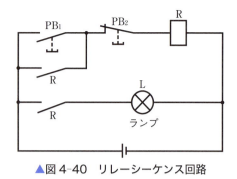
▲図4-40　リレーシーケンス回路

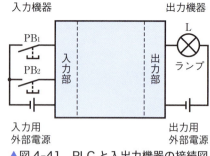
▲図4-41　PLCと入出力機器の接続図

PLCの入力部には押しボタンスイッチPB₁およびPB₂を，出力部にはランプLをそれぞれ接続する。図4-40のリレーRならびにリレー接点Rは，PLC内部の補助リレーを利用するため，接続する必要はない。また，PLCの入力は「押されたか」という動作を知ることができればよいので，a接点の押しボタンスイッチを接続する。しかし，PLC内部の補助リレー回路でb接点として利用するので，スイッチをb接点として使用するPB₂は，ラダー図の中でb接点を記述する。

プログラミングにあたっては，まず図4-40および表4-2に示す入出力機器の割りつけ表を参考にして，図4-42に示すようなラダー図を作成する。

❶ 入力機器はX，出力機器はY，PLC内部の補助リレーはMで表現する。

これをもとにしてプログラミングすると，表4-3に示したコーディング表のようになる。

プログラムができあがったら試運転を行い，異常がなければプログラムを保存する。異常があれば，プログラムを修正する。

▼表4-2　入出力機器割りつけ表

PB₁	X00
PB₂	X01
R	M00
L	Y00

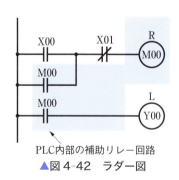
▲図4-42　ラダー図

▼表4-3　コーディング表

アドレス	命令	データ
0000	LD	X00
0001	OR	M00
0002	AND NOT	X01
0003	OUT	M00
0004	LD	M00
0005	OUT	Y00
0006	END	

問12　PLCの特徴をあげよ。

4節 シーケンス制御の実際

ここでは，有接点リレーおよびPLCを用いたシーケンス制御の実例をあげ，それらの動作について考える。

1 リレーによるプレス装置の制御例

有接点リレーによるシーケンス制御は，ノイズの多い場所や電源電圧が変動しやすい場所などで多く使用されている。生産加工の現場では，材料を金型とよばれる型ではさみ，圧力を加えて成形するプレス装置が使われている。ここでは，その制御例を取り上げ，リレーシーケンス回路と，その基本動作について学習する。

1 自動プレス装置の動作

図4-43は，左側上方からパレットにのって送られてくる粘土を，三つの空気圧シリンダによって，自動的にプレスを行い成形する装置である。三つのシリンダは，パレット停止用・パレット位置決め用・粘土プレス用であり，それらを作動させるための圧縮空気は，電気信号でそれぞれの電磁弁を作動させることによって制御される。表4-4に，三つの電磁弁SV_1，SV_2，SV_3が通電したときのシリンダの動作を示す。❶

このほかに，物体検出センサとしてリミットスイッチLS，回路の自己保持用としてリレーR，シリンダの動作時間を考慮し，タイミングを調整するために限時動作を行うタイマTLR_1，TLR_2，TLR_3を用いることとする。

▲図4-43 自動プレス装置

❶ 電磁弁によるシリンダの制御については，p.134，p.135参照。ここでは，表4-4のように動作することとして，シーケンス回路を考える。

▼表4-4 電磁弁とシリンダの動作

電磁弁	電磁弁が通電したときのシリンダの動作
SV_1	パレット停止用シリンダが作動し，パレット停止用金具がおりる。
SV_2	パレット位置決め用シリンダが作動し，パレットを奥に押し当てる。
SV_3	粘土プレス用シリンダが作動し，粘土を成形する。

2 装置の制御

プレス装置の動作順序は次のとおりであり，そのタイムチャートを図 4-44 に示す。

① ベルトコンベヤで粘土がのったパレットが送られてくると，リミットスイッチ LS が閉じ，電磁弁 SV_1，タイマ TLR_1 が通電する。

② SV_1 によってパレット停止用シリンダが作動し，パレットが流れていかないように停止用金具がおりる。

③ タイマ TLR_1 の遅延時間 t_1 は，リミットスイッチが作動してからパレットが停止金具に当たるまでの時間に設定されており，t_1 後にタイマ接点 TLR_1 が閉じて，電磁弁 SV_2 とタイマ TLR_2 が通電する。

④ SV_2 によってパレット位置決め用シリンダが作動し，粘土がプレス用シリンダの真下になるように，パレットを奥に押し当てる。

⑤ タイマ TLR_2 の遅延時間 t_2 は，SV_2 が作動してからパレットが奥に押し当てられるまでの時間に設定されており，t_2 後にタイマ接点 TLR_2 が閉じて，電磁弁 SV_3，タイマ TLR_3 が通電する。また，このときベルトコンベヤ停止信号が出力され，コンベヤが停止する。❶

❶ ここでは，ベルトコンベヤの制御回路は，別の回路として考える。

⑥ SV_3 によって粘土プレス用シリンダが作動し，金型が粘土を押して成形する。

⑦ タイマ TLR_3 の遅延時間 t_3 は，SV_3 が作動してから金型が粘土を押し終わるまでの時間に設定されている。t_3 後にタイマ接点 TLR_3(b 接点)が開いて，すべての電磁弁・タイマへの電流がしゃ断され，三つのシリンダはもとの状態に戻る。同時に，ベルトコンベヤ停止信号が解除され，コンベヤが運転を再開する。

以上の①～⑦の項目とタイムチャートに基づいて制御回路を考えると，図 4-45 に示すようなシーケンス図となる。

リミットスイッチ LS は，パレットが通過すると開いてしまうので，リレー R を

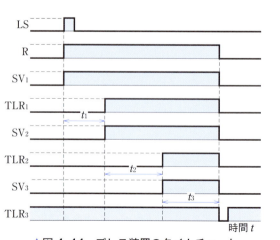

▲図 4-44　プレス装置のタイムチャート

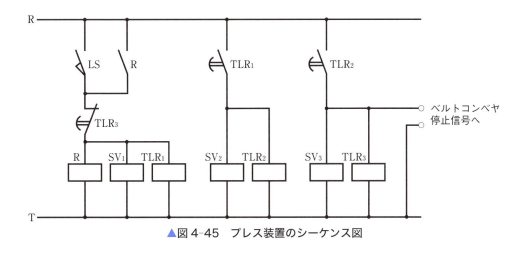

▲図 4-45　プレス装置のシーケンス図

用いて自己保持されるようにしてある。

　このように，シーケンス制御回路は，一つの制御目的を達成するために，複数のリレーシーケンス回路を組み合わせてつくる。

2　PLC によるプレス装置の制御例

　ここでは，前項のプレス装置を，PLC を用いて制御する方法を学ぶ。

　表 4-5 に，プレス装置に接続される入出力機器の割りつけ表を示す。入力機器であるリミットスイッチの番号を X00，出力機器である電磁弁の番号をそれぞれ Y00，Y01，Y02 と割りつける。

▼表 4-5　プレス装置の入出力機器割りつけ表

入出力機器名	記号	番号
リミットスイッチ	LS	X00
パレット停止用電磁弁	SV_1	Y00
パレット位置決め用電磁弁	SV_2	Y01
プレス用電磁弁	SV_3	Y02

▲図 4-46　PLC の結線

図4-45のシーケンス図中のリレーRと三つのタイマTLR$_1$，TLR$_2$，TLR$_3$については，PLC内部のものを使用するので配線する必要はない。表4-5の入出力機器割りつけ表に基づき，PLCは図4-46のような結線となる。

　リレーの番号をM00，タイマの番号をそれぞれT00，T01，T02としたとき，図4-45のシーケンス図は，図4-47に示すようなラダー図となる。

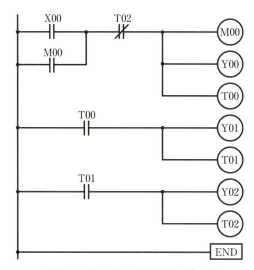

▲図4-47　プレス装置用ラダー図

　作成されたラダー図をもとにしてプログラミングすると，表4-6に示すようなコーディング表となる。コーディング表には，アドレス・命令・データの順に記述し，一つのアドレスに1ステップずつ命令とデータを書いていく。接点および出力機器の要素ごとに1ステップの記述をするが，タイマについては，内部のタイマを示すTIM命令と遅延時間を設定するためのK命令を入力する。

　最後に，コーディング表を見ながらPLCにプログラムを入力する。

▼表4-6　プレス装置用コーディング表

アドレス	命令	データ	アドレス	命令	データ
0000	LD	X00	0008	OUT	Y01
0001	OR	M00	0009	TIM	T01
0002	AND NOT	T02	0010	K	003
0003	OUT	M00	0011	LD	T01
0004	OUT	Y00	0012	OUT	Y02
0005	TIM	T00	0013	TIM	T02
0006	K	005	0014	K	005
0007	LD	T00	0015	END	

3 リレーによるエレベータの制御例

図 4-48 は，1 階から 2 階へ荷物を運ぶエレベータである。扉を開閉するモータを M_1，M_2，荷物を入れる箱を上下に動かすモータを M_3，押しボタンスイッチを PB，表示灯を L，リミットスイッチを LS とする。

次に，このエレベータの動作順序について，図 4-49 を参照しながら解説する。

① はじめ，エレベータは 1 階にあり，LS_1 はオンとなっている。扉は開いており LS_{12} はオン，1 階の表示灯 L_1 は点灯している。

② 荷物をのせ，押しボタンスイッチ PB_1 を押すと，MC_1 が働いて扉が閉まり，LS_{11} がオンとなり，MC_6 が働きエレベータは上昇する。すると，LS_1 がオフとなり，1 階の表示灯 L_1 は消灯する。

③ エレベータが 2 階へ着くと LS_2 がオンとなり，MC_6 が解除されてモータ M_3 は停止し，2 階の表示灯 L_2 は点灯する。同時に MC_4 がオンとなり，2 階の扉が開く。LS_{22} が押されると R_1 がオフとなり，モータ M_2 は停止する。

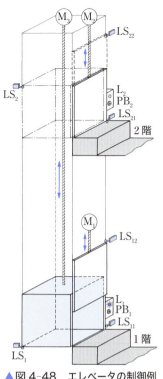

▲図 4-48 エレベータの制御例

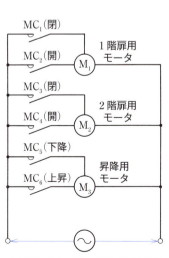

▲図 4-49 モータの駆動回路

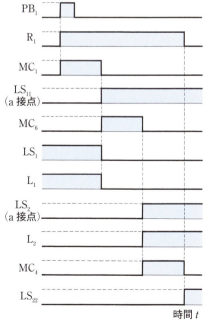

▲図 4-50 タイムチャート

ここまでのエレベータの動作をタイムチャートで表すと，図4-50のようになる。

④　荷物を受け取り，2階の押しボタンスイッチPB_2を押すとMC_3が働き扉は閉まる。同時にLS_{21}がオンとなり，MC_5が働いて，エレベータは下降する。したがって，2階の表示灯L_2は消灯する。

⑤　エレベータが1階に着くとLS_1がオンとなり，MC_5が解除されてエレベータは停止し，同時に1階の表示灯L_1が点灯し，MC_2がオンとなって1階の扉が開く。

このエレベータの制御回路をシーケンス図で表すと，図4-51のようになる。この回路では，PB_1，PB_2と並列である接点R_1，R_2は自己保持用接点であり，MC_1とMC_2，MC_3とMC_4，MC_5とMC_6の各接点は，それぞれのモータの正転と逆転を同時に作動できないように制御するインタロック接点である。

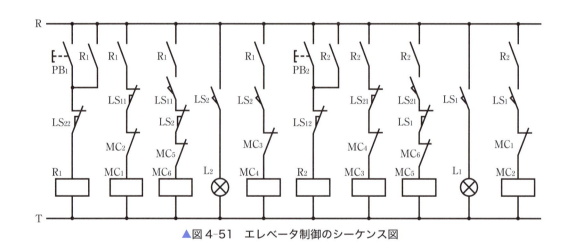

▲図4-51　エレベータ制御のシーケンス図

4　PLCによるエレベータの制御例

前項の荷物運搬用エレベータを，PLCを使用して制御する方法を考えてみよう。

このエレベータを制御するための入力機器の割りつけ表を表4-7に，出力機器の割りつけ表を表4-8に示す。入力機器，出力機器の区別をつけるために，ここでは入力機器はX00番から順に，出力機器はY00番から順に番号を割りつけることとする。

▼表 4-7　エレベータ制御の入力機器の割りつけ表

入力機器名	記号	番号
1階押しボタンスイッチ	PB$_1$	X00
2階押しボタンスイッチ	PB$_2$	X01
1階下限リミットスイッチ	LS$_1$	X02
2階上限リミットスイッチ	LS$_2$	X03
1階扉閉じ用リミットスイッチ	LS$_{11}$	X04
1階扉開き用リミットスイッチ	LS$_{12}$	X05
2階扉閉じ用リミットスイッチ	LS$_{21}$	X06
2階扉開き用リミットスイッチ	LS$_{22}$	X07

▼表 4-8　エレベータ制御の出力機器の割りつけ表

出力機器名	記号	番号
1階表示灯	L$_1$	Y00
2階表示灯	L$_2$	Y01
1階扉閉じ用電磁接触器	MC$_1$	Y02
1階扉開き用電磁接触器	MC$_2$	Y03
2階扉閉じ用電磁接触器	MC$_3$	Y04
2階扉開き用電磁接触器	MC$_4$	Y05
エレベータ下降用電磁接触器	MC$_5$	Y06
エレベータ上昇用電磁接触器	MC$_6$	Y07

　次に，シーケンス図と入力機器・出力機器の割りつけ表に従ってラダー図を作成すると，図4-52のようになる。図4-51における自己保持接点 R$_1$ と R$_2$ には PLC の内部補助リレーを用いることとし，M00 番と M01 番を割りつける。

　ラダー図をもとに，プログラミングを行う。

　以上の流れからわかるように，PLCを使ったプログラムはリレーシーケンス回路をもとに組み立てられる。

　実際のエレベータでは，モータの運転・停止といった2値制御ではなく，加速や減速も含めた速度制御が行われている。目的の階に到着するまえに減速しはじめ，目的の位置に達したときに，急激な速度変化が起きないように停止させている。このような動作を実現するために，多くの位置検出センサを取り付け，制御対象へは，1速・2速・3速といった速度信号が制御装置から出力されている。

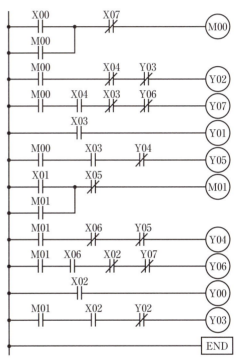

▲図 4-52　エレベータ制御のラダー図

問 13　図 4-52 のラダー図をもとに，コーディング表を作成せよ。

問 14　エレベータを，1速・2速・停止の3種類の出力信号で制御したい。1速から2速に加速する場合と，2速から1速に減速するためのセンサは，図 4-48 の中のどの位置に取り付ければよいか。

5節 フィードバックの利用

制御を行う分野によっては，これまでに学習した信号の有無などの2値の判断以外にも，材料の厚みや溶液の濃度などアナログを扱う場面は多く，これらアナログ量を扱う制御ではフィードバック制御の技術が用いられている。
ここでは，その利用例について考える。

1 プロセス制御

原料を調合し，目的通りの濃度で混合させることで化学製品を生産する生産設備のことを**プラント**という。プラントには化学製品を作る化学プラント，石油製品を生産する石油プラント，医薬品や食品製造に関するプラントなども存在する。これらのプラントを制御するしくみを**プロセス**❶という。

❶ process control

1 プロセスの制御

ここでは，第1章の工場汚水設備の活用例図1-11 (p.16) を例に考える。汚水処理タンクに貯まった汚水は，中和することで無害化し，排水しなければならない。この図では，汚水が酸性である前提であり，中和剤はアルカリ性を準備している。しかし，汚水がアルカリ性の場合も想定するならば，酸性の中和剤をさらに用意する必要がある。

汚水処理タンク内にpHセンサを準備し，中和状態との差を求め，差が大きければ中和剤を多く加えるといった制御を行うものである。

2 PID制御

出力側の情報をセンサで検出し，その値と目標値との差によってどのように操作量を決定するかは，次の3種類の内容の組み合わせによる。

① P制御　偏差情報にある一定の係数をかけて，**比例**❷関係の信号を用いる方法。

❷ Proportional

② I制御　偏差情報の時間的変化をとらえ，その**積分**❸情報の信号を用いる方法。

❸ Integral

③ D制御　偏差情報の時間的変化をとらえ，その**微分**❹情報の信号を用いる方法。

❹ Differential

これら3種類の制御を組み合わせ，プロセス制御ではPI制御や

194　第4章　電子機械の制御

PD制御あるいはPID制御が用いられている。PID制御のブロック線図は，図4-53のようになる。3種類の組み合わせによって，目標値に達する所要時間が変化する。

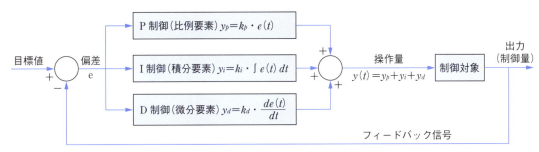

▲図4-53　PID制御のブロック線図

3 プロセス制御の活用例

① **植物工場**　第1章の図1-12(p.17)で学んだ植物工場では，栄養素を含んだ溶液を，植物に供給できるように循環させている。工場内の温度が高い気温の環境で循環させた場合，水分が蒸発して溶液濃度が高くなる。また，植物が大きく育つ状況下では，栄養素が吸収されて溶液濃度が低下することも考えられる。一定の濃度を保つために，水と栄養素を補充するしくみでプロセス制御が使われる。

② **薬品工場**　例えば，目薬を生産する場合を想定すると，基本となる純水にさまざまな成分の薬液を混ぜていく。このとき，最初の薬液を混ぜた後，目的の濃度になっているかを確認しつつ，次の薬液を混ぜるタンクへ移動させていく。これらの過程でも，プロセス制御が用いられている。

2 サーボ制御

物体の位置や方向，姿勢などを制御量としてとらえ，与えられた目標値に追従させる自動制御の機構を**サーボ機構**❶という。また，この制御のしくみを**サーボ制御**❷といい，サーボ制御を目的として作られたモータを**サーボモータ**❸という。

❶ servomechanism
❷ servo control
❸ servomotor

1 位置決め制御

物体を目標の場所に静止させる制御は，さまざまな場面で取り入れられている。決められた場所に静止させる制御を，**位置決め制御**とよぶ。例えば，作られた菓子を容器に入れる菓子工場では，菓子を入れる最適な場所に容器を待機させる必要がある。ほかにも，まんじゅう

の上部中央に焼き印を押す場合なども同様である。

　第1章で学習したCNC旋盤（p.20）では，刃物を前後左右に自動で動かすことにより，切削加工が自動で行われるようになっている。この刃物を現在位置から目標の位置へ移動させる場合にも，サーボモータを用いて位置決め制御が行われている。

　サーボモータを用いて位置決めを行う場合，負荷の状態に合わせて動力エネルギーを加減し力強さを瞬時に調整するので，回転のムラを減らすことができる。

　エレベータの巻き上げにサーボモータを導入した場合，静止中のエレベータに大勢の人が乗り荷重が多くなったとき，エレベータが下がりはじめた瞬間にセンサ信号がサーボモータから出力される。エレベータの位置を補正する動力信号が伝えられ，つねに一定の高さに保つことができる，といったきめ細かな制御が可能となる。

● 2　工業用サーボモータ

　第3章で直流モータや交流モータを学習した。これらは電源を供給すると回転し続けるモータである。このモータに回転角などを検出できるセンサを内蔵させ，一体化したものを**サーボモータ**という。

　図4-54に，**直流サーボモータ**[1]および**交流サーボモータ**[2]の構造例を示す。モータ部に直流モータまたは交流モータが納められており，主軸の端にロータリエンコーダなどのセンサが入っている。

[1] DCサーボモータともいう。
[2] ACサーボモータともいう。

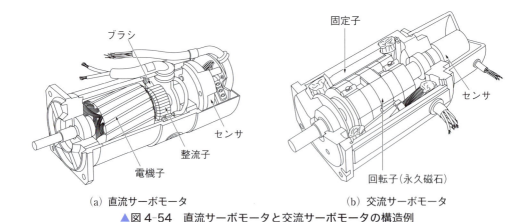

(a) 直流サーボモータ　　　(b) 交流サーボモータ

▲図4-54　直流サーボモータと交流サーボモータの構造例

　モータ部からは，動力用の電源線が数本出ている。センサ部からは，モータの回転角および回転速度などを出力する信号線が複数本出ている。これらの線をサーボアンプに接続し，あわせて利用する。サーボ

[3] servo amplifier

アンプには，モータの現在値情報を記憶する機能があるほか，外部から指示された目標値情報との差を求め，モータを目的の状態に導くようにモータ電源を制御する働きをもつ。外部からの指示は，回転量や速度指令など複数の情報を受け入れることができ，例えば40 min^{-1}の回転速度で200回転半だけ回転させ停止させるなどの制御が可能である。図4-55に，サーボモータとサーボアンプの接続図を示す。

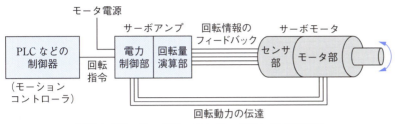

▲図4-55　サーボモータとサーボアンプの接続図

多くのモータは，歯車やベルトなどで異なる軸に伝達し，回転速度を下げて利用することが多いが，サーボシステムでは直接回転速度を制御でき，駆動したいものを減速機構などを用いずに直接モータの軸で回すことができる。このようなモータを，ダイレクトドライブモータ❶という。

❶ Direct drive motor；DDモータともいう。

3　ホビー用サーボモータ

ラジコンなど模型の分野で使われる図4-56に示すようなサーボモータは，前述の工業用サーボモータと同様，モータ部とセンサ部が組み込まれている。しかし，遠隔操作できる回路を小型化し模型に組み込めるように，サーボアンプの機能を小型化し内蔵している。

メーカによって指令用信号の仕様が異なるが，およそ周期20 msでのパルス信号で制御を行う。パルスの幅が1.5 msのときに回転軸のセンター位置とし，パルス幅を±1 ms増減させることにより回転軸の静止位置が左右にずれるしくみとなっている。パルス幅がおよそ0.5 msから2.5 msの範囲のパルス信号を与えることで，軸に取り付けられた出力レバーを中央から左右に90°の範囲の位置で静止させることができる。

ホビー用サーボモータからは電源のプラス線・マイナス線と，PWMの制御信号線の合計3本の電線が出ており，簡単な制御回路で扱えるが，回転角が180°あるいは360°までの範囲と限られているため，何回転もさせる回転出力を得ることはできない。

▲図4-56　ホビー用サーボモータの例

章末問題

1 シーケンス制御で，前の動作から次の動作に移る方法を三つあげよ。

2 次の文は，ある制御用機器について説明したものである。解答群の中から，それぞれあてはまるものを選べ。

(1) 入力信号で電磁コイルを励磁し，可動鉄片を吸引することによって接点の開閉を行う。

(2) 動く対象物の位置を検出する。大きい機械力が加わるので，金属ケースを利用するなど丈夫な構造にしてある。

(3) 鉄などの金属を近づけると，検出ヘッドが感知して接点を開閉する。対象物に直接触れないで検出する。

(4) 負荷開閉用無接点リレーとして広く利用され，開閉頻度の高い場合や保守の困難なところに適している。

(5) 信号を受けて一定時間経過してから接点の開閉を行うもので，制御機器としてたいせつなものである。

(6) 信号を受けた回数が設定した値に達したときに接点の開閉を行うもので，動作回数による制御などに用いられる。

解答群 a) リミットスイッチ　b) リレー　c) 近接スイッチ
　　　　　d) カウンタ　　　　　e) SSR　f) タイマ

3 三つのリレー R_1，R_2，R_3 が，「R_1 の次に R_2，R_2 の次に R_3」としか動作しない電源優先回路をかけ。

4 図 4-26 (p.175) のタイムチャートにおいて，カウンタの設定値を 3 とした場合，a 接点の出力はどのようになるか。

5 図 4-57 のシーケンス図を，縦書きシーケンス図にかきなおせ。

6 図 4-57 に示す回路を，PLC を用いて実現しようとした。結線は，図 4-34 (p.181) のようである。ラダー図を作成するとともに，PLC のプログラムをつくれ。

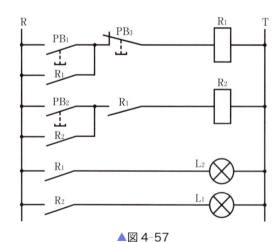

▲図 4-57

第5章

コンピュータ制御

▲コンピュータで制御されるマシニングセンタ

節
1 制御用コンピュータの概要と構成
2 制御用コンピュータのハードウェア
3 制御用コンピュータのソフトウェア
4 制御のネットワーク化

　生産工場における自動倉庫，自動搬送車，各種の加工機や検査装置，さらに身のまわりの自動販売機や自動券売機，自動車，洗濯機，カメラなどにいたるまで，制御を必要とするところには，コンピュータによる制御がなくてはならないものとなっている。
　この章では，コンピュータによる制御技術の概要を学び，その制御技術の基礎について学ぶ。

1節 制御用コンピュータの概要と構成

　制御用コンピュータは，高温にさらされたり塵(ちり)などが浮遊していたりなど，環境のきびしいところで利用されることが多い。
　ここでは，コンピュータの制御の概要と構成について考える。

1 制御用コンピュータ

　制御用コンピュータは，センサや計測機器から送られてきたデータを取り込む機能，そのデータを処理して各種機器を制御する機能，取り込んだデータを離れた場所に伝送する機能などを備えている。また，製造工場などで使用されるので，温度変化や粉塵(ふんじん)，ノイズなどの対策が採られている。

1 制御用コンピュータの基本構成

　制御用コンピュータには，工場で製造・管理などに使われるパーソナルコンピュータ，小型・安価で，ロボットや産業機械・家庭用電気機器・自動車などに組み込まれ使われている，**ボードコンピュータ**❶や**マイクロコンピュータ**❷などがある。コンピュータの基本構成とデータ・制御信号の流れを，図5-1に示す。

❶ board computer；組込みシステム用マイコンボード
❷ microcomputer

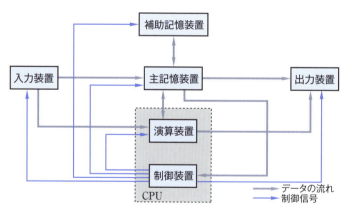

▲図5-1　制御用コンピュータの基本構成とデータ・制御信号の流れ

問1　コンピュータによって制御されている家庭用電気製品をあげよ。

2 制御用コンピュータの種類

　制御用コンピュータには，ワークステーションやパーソナルコンピ

ュータとよばれる汎用形コンピュータ，および各機器に組み込んで利用されるマイクロコンピュータなどがある。

●**ワークステーション**[1]　専用に開発されたマザーボードに処理速度の高い CPU が搭載され，大容量のハードディスクやメモリを備えている。周辺装置やプログラムを組み替えることで，さまざまな制御機器の監視や総合的な管理システムなどに利用される。

●**パーソナルコンピュータ**[2]　MPU[3] など規格化された部品を使って製造されたコンピュータで，豊富なソフトウェアが用意されている。性能も年々向上し，事務処理・科学技術計算・計測制御などさまざまな分野で利用されている。

●**ワンチップマイクロコンピュータ**[4]　MPU に入出力デバイスやメモリ，タイマや AD 変換器といったアナログ機能モジュールなどを追加し，システム全体を 1 個の集積回路に収めた小型のコンピュータで，家庭用電気製品や産業機器に組み込まれ利用されている。

●**組込みシステムマイコンボード**　MPU や**ワンチップマイコン**を中心に，ハードウェアとソフトウェアが一体化した構成をもち，特定の用途に専用化されたシステムを**組込みシステム**[5]という。携帯電話や家庭用電気製品から自動車や航空機まで，さまざまな機器の制御や情報処理に利用されている。

図 5-2 に，制御用コンピュータの種類を示す。

[1] workstation
[2] personal computer；以下，パソコンという。
[3] micro processing unit；CPU を 1 つの集積回路としたもの。
[4] one chip microcomputer；以下，ワンチップマイコンという。
[5] embedded system

(a) ワークステーション

(b) パーソナルコンピュータ

(c) ワンチップマイクロコンピュータ

(d) 組込みシステム用マイコンボード

▲図 5-2　制御用コンピュータの種類

3 制御用コンピュータの条件

機械の制御や工場の自動化(FA)に用いられるコンピュータは，使用環境が悪い場合が多く，非常時の対策も考慮したものでなければならないため，次のような条件が必要となる。

① **温度環境に対する動作保証**　工場内に設置されているので，安定して動作する温度範囲が広くなければならない。

② **電圧変動・ノイズに対する対策**　工場などでは電源の電圧が変動したり，パルス性のノイズが発生するので，対策が必要である。

③ **防塵対策**　浮遊しているちりや微粉末がはいらないように，防塵フィルタやキーボードカバーなどを使い対策する。

④ **信頼性が高く，保守が容易(RAS)**❶　工場内でたいせつなのは，故障しない，稼働し続ける，すぐに修理ができる，といったことが重要である。

⑤ **いろいろな外部機器との接続が可能(拡張性)**　制御用コンピュータは多くの入出力信号を扱う場合が多く，図5-3のように，さまざまなインタフェースが接続される。また，他社の製品とも接続できる必要もある。

❶ Reliability(信頼性)：システムが故障しないで長期間安定して稼働する能力。
Availability(可用性)：故障の発生率が低く，故障が発生しても速やかに復旧できる能力。
Serviceability(保守性)：障害復旧やメンテナンスのしやすさ。

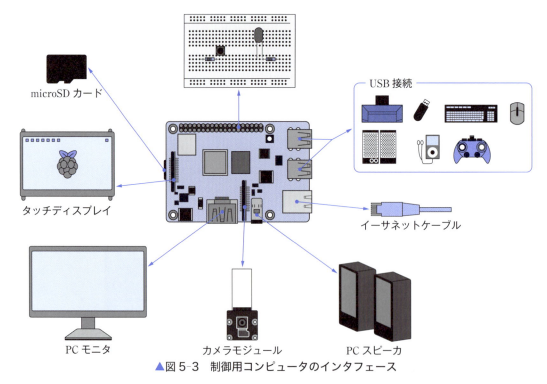

▲図5-3　制御用コンピュータのインタフェース

問2　制御用コンピュータに求められる条件を5つあげよ。

2節 制御用コンピュータのハードウェア

ここでは，よく利用されているインタフェースの動作，およびコンピュータと各種装置との間で行うデータ転送の代表的な規格について考える。

1 インタフェース

制御用コンピュータと外部装置とは，信号レベル（電圧）や動作速度が違うため，このままでは接続することができない。ここでは，インタフェースを利用し制御用コンピュータと外部装置を接続する方法を学ぶ。

図 5-4 は，インタフェースの概念図である。

▲図 5-4　インタフェースの概念図

1 並列入出力インタフェース

並列入出力インタフェース❶は，図 5-5(a)に示すような n ビットのデータを，並列に伝送するインタフェースをいう。マイクロコンピュータを使った制御でよく用いられている並列入出力インタフェースに，プログラムによって入出力データの制御が可能な汎用のインタフェース LSI がある。図(b)は，この汎用の並列入出力インタフェース LSI を用いた回路構成と，各部の働きを示したものである。❷

図のインタフェース LSI の選択と I/O ポートからのデータの入出力は，コンピュータで入出力プログラムを実行させることによって行われる。プログラムの実行によって，**アドレスバス**❸**・データバス**❹**・コントロールバス**❺の三つの信号をもとにして，各デコーダはインタフェース LSI を選択したり，入出力ポートを選択したりして，データの入出力が行われる。アドレスバスは中央処理装置から記憶場所を特定するアドレス信号を伝送し，データバスはデータ信号を伝送する。コントロールバスは，各装置を操作するための制御信号を伝送する。

❶ parallel input-output interface

❷ 論理素子の図記号は JIS で規定されているが，ここでは一般的によく利用されている図記号を用いた。

❸ address bus
❹ data bus
❺ control bus

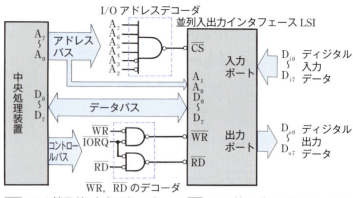

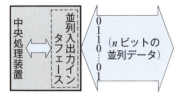

(a) 並列入出力インタフェースの原理

(b) 並列入出力インタフェース LSI の機能

▲図 5-5　並列入出力インタフェース

問3　並列入出力インタフェースの用途を考えよ。

2　直列入出力インタフェース

直列入出力インタフェース[❶]とは，n ビットの並列データを直列信号（時系列のパルス信号）に置き換えて伝送したり，直列信号から n ビットの並列データに変換するためのインタフェースをいう。身近な例として，電話回線を利用したコンピュータ通信，CNC 工作機械のデータ伝送などがあげられる。

代表的な直列伝送用インタフェースとして，**RS-232C 規格**[❷]とよばれる**米国電子工業会**[❸]の規格がある。

3　ハードウェアタイマ

第 4 章で学んだように，シーケンス制御では，一定時間を設定するためにタイマを利用することが多いが，コンピュータを制御に利用するときも，一定時間遅れた信号を必要とする場合がある。プログラムでタイマを作成して利用することもできるが，回路に組み込んで正確な時間を設定できる IC もある。これを**ハードウェアタイマ**という。図 5-6(a)にハードウェアタイマの利用例を，図(b)にその動作を示す。

チャネル 0 からチャネル 3 までの 4 チャネルの信号の遅延時間を，コンピュータからハードウェアタイマの内部制御回路に送ったコントロールワードによって制御することができる。

❶ serial input-output interface

❷ 正式には，EIA-232-E 規格という。
❸ Electronic Industries Alliance；略して EIA とよぶ。

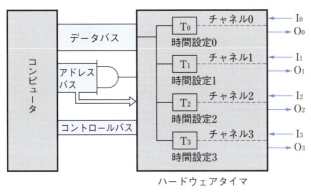

(a) 利用例　　　　　　　　　(b) 動　作

▲図 5-6　ハードウェアタイマ

4　DA 変換回路

　ディジタル信号をアナログ信号に変換する回路を，**DA 変換回路**❶という。アクチュエータとしてよく使われるモータは，アナログ信号で動作する場合が多いため，コンピュータからのディジタル信号を，
5　DA 変換回路でアナログ信号に変換する必要がある。この DA 変換回路には，ラダー形や電流加算形などがあるが，ここではラダー形 DA 変換回路を例に，その動作原理を学ぶ。

　図 5-7 に，ラダー形 DA 変換回路を示す。R と $2R$ の抵抗を梯子形に組み，電圧を 1 区間で $\frac{1}{2}$ ずつ落とす回路で構成されている。
10　各ビット $2^0 \sim 2^{n-1}$ の入力 1，0 に対応した電流が $2R$ と R を通して流れ，出力用抵抗 $2R$ まで通過する区間で電流を減衰させている。

　出力電圧は，各ビットの電流値が加算されるので，n ビットの入力回路をもつ DA 変換回路では，2^n 通りのディジタル信号に応じたアナログ電圧 v_0 が出力される。
15　いま，8 ビットの DA 変換を考えるとき，**ディジタル入力**❷は 00H〜FFH，すなわち 0〜255 の 256 通りの入力信号となる。最大ディジタル入力 FFH$(1111\ 1111)_2$ が入力されたときのアナログ出力電圧を 5 V とすると，入出力特性は，図 5-8 のように表される。

　DA 変換回路は，現在 IC 化され市販されている。これを用いれば，
20　コンピュータによる制御回路を簡単にすることができる。

❶ Digital Analog converter

❷ H は 16 進数(hexadecimal number)を表す。また，10 進法-2 進法-16 進法の対照表を下表に示す。

10 進法	2 進法	16 進法
0	0	0
1	1	1
2	10	2
3	11	3
4	100	4
5	101	5
6	110	6
7	111	7
8	1000	8
9	1001	9
10	1010	A
11	1011	B
12	1100	C
13	1101	D
14	1110	E
15	1111	F
16	1 0000	10
17	1 0001	11
⋮	⋮	⋮
31	1 1111	1F
32	10 0000	20
⋮	⋮	⋮
255	1111 1111	FF

2 節　制御用コンピュータのハードウェア

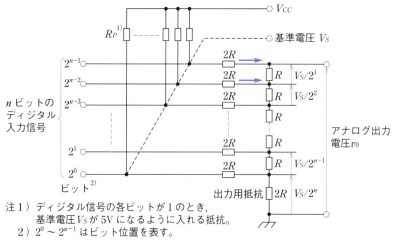

注1）ディジタル信号の各ビットが1のとき，基準電圧V_Sが5Vになるように入れる抵抗。
2）2^0〜2^{n-1}はビット位置を表す。

▲図5-7　ラダー形DA変換回路

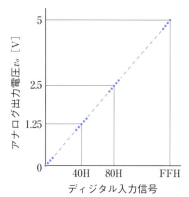

▲図5-8　DA変換回路の入出力特性

5　AD変換回路

アナログ信号をディジタル信号に変換する回路を，**AD変換回路**❶という。制御対象の諸量を検出するセンサ出力がアナログ信号である場合，この信号をAD変換回路でディジタル信号に変換してコンピュータの信号形態と一致させる。

❶ Analog Digital converter

図5-9に，AD変換回路の基本構成例を示す。

この回路は，比較用レジスタの最上位ビット(2^{n-1})に1を格納し，これに相当するアナログ電圧v_sをDA変換回路によって得て，さらにこのv_sとアナログ入力電圧v_iとを比較回路で比較し，$v_i \geq v_s$であれば比較用レジスタの最上位ビットを1として記憶する。もし$v_i < v_s$であれば0として記憶し，最上位ビットの比較を終える。

最上位ビットの比較が終わると，一つ下位の比較用レジスタ(2^{n-2})のビットを1とし，以降同様の作業を行って最下位ビット(2^0)まで比

較・判定・記憶を繰り返す。このように逐次比較を繰り返し，アナログ入力電圧 v_i に対応したディジタル出力信号を得ることから，図の回路は**逐次比較形 AD 変換回路**とよばれる。この回路の動作は遅いが，構造が簡単で製作しやすいため，よく利用される。AD 変換回路も IC 化され，市販されている。

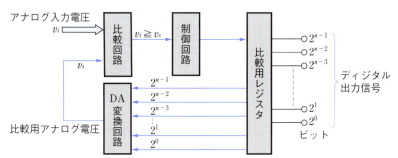

▲図 5-9 AD 変換回路の基本構成例（逐次比較形）

問 4 8ビットの DA 変換回路の入力が 00H～FFH の変化をしたとき，アナログ出力電圧に 0～5 V の変位があった。このとき，3 V のアナログ出力電圧を得るためのディジタル入力は，どのような値となるか，8 ビットの 2 進数で答えよ。

問 5 4 ビットの逐次比較形 AD 変換回路において，アナログ入力電圧が 0～5 V の範囲で変化するとき，ディジタル出力 1 ビットあたりのアナログ電圧はいくらか。また，そのさいアナログ入力電圧が 2 V のとき，ディジタル出力はどのような値となるか，4 ビットの 2 進数で答えよ。ただし，小数点以下は省略する。

問 6 身近にあるアナログ表示機器およびディジタル表示機器を調べよ。

6 レベル変換器

コンピュータでは，一般に，2 進数の 0 と 1 を電圧の 0 V と ＋5 V の電圧レベル❶で扱う。そこで，コンピュータをいろいろな制御装置に接続するときには，電圧の異なる信号に変換する必要が生じる。このような場合に利用するものを，**レベル変換器**❷という。

一般に，低い電圧を高い電圧に変換するには増幅器を，高い電圧を低い電圧に変換するには分圧器を利用する。

図 5-10(a)に，TTL レベルから 12 V に変換するレベル変換器の例を示す。この場合，入力が 0 V から 5 V になると NOT 回路出力が 0 V になり，トランジスタがオフになってコレクタ電流 I_C が流れず，＋12 V の出力が得られる。

図(b)に，分圧器で高い電圧を低い電圧に変換する例を示す。

❶ TTL レベルという。TTL（transistor transistor logic）は，トランジスタをおもな構成要素とするディジタル集積回路である。なお，電圧レベルは，ほかにも種類がある。

❷ lebel converter

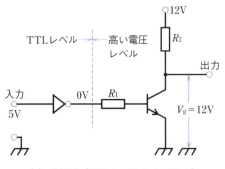
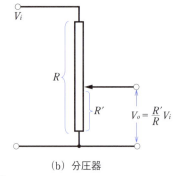

(a) 増幅器（TTLレベルから12Vへ）　　　　　(b) 分圧器

▲図5-10　レベル変換器

2　データ伝送規格

　コンピュータと各機器の間でディジタルデータを伝送するには，送受信におけるいろいろな条件を一致させる必要がある。現在，利用されているおもなデータ伝送規格を，表5-1に示す。

▼表5-1　おもなデータ伝送規格

並列伝送	IEEE-488❶(GPIB)，IEEE-1284(セントロニクス)
直列伝送	RS-232C，USB❷，イーサネット，CAN❸

❶ Institute of Electrical and Electronics Engineers；米国電気・電子技術者協会
❷ universal serial bus
❸ CAN(Controller Area Network)は，ドイツのボッシュ社により開発された。現在は，ISO 11898で規格化されている。
❹ P-S変換器　並列信号を直列信号に変換する装置

　並列伝送は，コンピュータの並列信号をそのまま伝送するものである。一方，直列伝送は，コンピュータの並列信号を**P-S変換器**❹で直列信号に変換して送信し，受信側でふたたび並列信号に戻して利用するものである。並列伝送は伝送用線数が多く，周辺装置などとの接続に利用されており，直列伝送は伝送用線数が少なくてすむので通信線などに利用されている。どちらにも，それぞれのインタフェースを接続して利用する。図5-11に，データ伝送規格の利用例を示す。

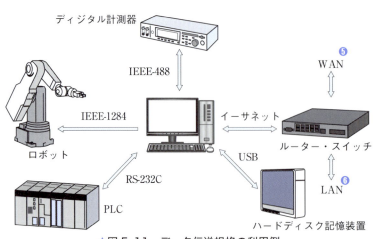

❺ wide area network
❻ local area network

▲図5-11　データ伝送規格の利用例

1 並列伝送規格（パラレル伝送）❶

　並列伝送とは，複数本の信号線を使って一度に多くのデータを転送することができる通信方式である。通信の規格には，おもにプリンタに接続するセントロニクス❷やハードディスクに接続するSCSI❸，測定器に接続するGPIB❹などがある。接続図を，図5-12に示す。

❶ parallel communication

❷ セントロニクス社が自社で使用するために開発したインタフェースであった。

❸ Small Computer System Interface

❹ General Purpose Interface Bus

▲図5-12　並列伝送の接続図

2 直列伝送規格（シリアル伝送）❺

　直列伝送とは，一本の通信線を使って1ビットずつデータを伝送する通信方式である。並列伝送と比べて通信線の数が少なく，配線が簡単である。さらに，長距離の伝送が可能であり，現在，最も普及している伝送規格である。接続図を，図5-13に示す。

❺ serial communication

▼表5-2　USBの転送速度一覧

規格名	転送速度
USB1.1	12 Mbit/s
USB2.0	480 Mbit/s
USB3.0	5 Gbit/s
USB3.1	10 Gbit/s
USB3.2	20 Gbit/s
USB4	40 Gbit/s

USB2.0規格のUSB type-Cも存在する。

▲図5-13　直列伝送の接続図

● **USB**　USBは，コンピュータと周辺機器を接続するための規格であり，現在，最も普及しているインタフェースである。規格にはUSB1.1，2.0，3.0，3.1，3.2，4があり，後方互換性を保っている。各規格の転送速度の一覧を，表5-2に示す。**ハブ**❻を用いることにより，一つのバスからキーボードやマウス，スキャナなどの多くの周辺機器を接続することができる。また，電源を切らずにケーブルの抜き差しができる**ホットスワップ**❼や，接続した機器との接続設定を自動的に行う**プラグアンドプレイ**❽に対応している。さらに大きな特徴として，接続される機器の駆動用電源をケーブルから供給する**バスパワー**❾にも対応している。また，USB type-C（USB3.1規格）においては，表裏逆差し可能となっており，ディスプレイなど接続できる機器が増えた。

　図5-14に，USB type-Cコネクタの端子を示す。

❻ hub

❼ hot swap

❽ plug and play

❾ bus powered

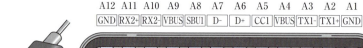

▲図5-14　USB type-Cのコネクタの端子

●イーサネット　イーサネット❶は，LAN構築のための通信方式である。現在，家庭やオフィスでも，ネットワーク環境では必要不可欠な存在となっているが，工場などの生産現場でも，その存在は欠かせない。図5-15のように，生産指示や保全管理を行う監視室から，各部署のコンピュータやパネル表示器などへは，イーサネットを利用してつながっている。製造ラインでは，PLCやNC装置などがイーサネットで結ばれ，溶接・塗装・検査・組立などを行う機械装置や機器が制御・管理されている。このように，一つのセンサやアクチュエータの制御から，工場全体を制御・監視するFAシステムやLAN，そして工場間や会社間にもイーサネットが利用されている。

❶ ethernet
❷ controller area network

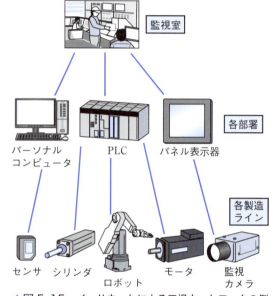

▲図5-15　イーサネットによる工場ネットワークの例

●CAN　CAN❷とは，もともとは自動車用の伝送規格として発展した。現在の自動車は多くの電子制御ユニットから構成されており，それぞれが通信することで安全性や信頼性を実現している。また，耐ノイズ性が高いため，最近ではその安全性・信頼性から工場や医療，航空分野などにも使用されている。

CANはシリアル伝送なので，1本ないしは2本の信号線で周辺機器を接続できる。そのため配線がしやすく，各機器に接続でき低コストが実現できる。CANを導入することにより，複数のデータ線が1本にまとめられている例を，図5-16に示す。

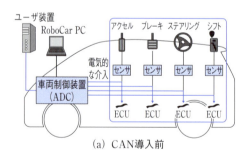

(a) CAN導入前

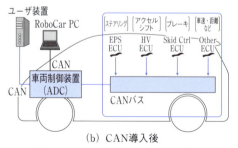

(b) CAN導入後

▲図5-16　CANによる伝送配線の例

3 コンピュータと制御装置

コンピュータを機械の制御に用いる場合，それぞれの入出力装置に番号を割り当て，この番号をもとにコンピュータと各装置とでデータの伝送を行う。

ここでは，センサからコンピュータ，コンピュータからアクチュエータへの接続と信号の伝送の方法について学ぶ。

コンピュータといろいろな装置を接続して情報をやり取りする場合には，それぞれの装置に番号を割り当てて指示する。番号を割り当てる方法には，記憶番地を割り当てる**メモリマップドI/O法**❶と，入出力用番地を割り当てる**I/OマップドI/O法**❷の二つの方法がある。

どちらも，番地を指定してコンピュータとそれぞれの装置間とデータ転送を行う。プログラムで入出力番地を指定したときだけ，コンピュータと接続した装置とでデータ伝送ができるように，図5-17に示す**アドレスデコーダ**❸が必要となる。

❶ memory mapped input-output method
❷ I/O mapped input-output method

❸ address decoder；p.212 参照。

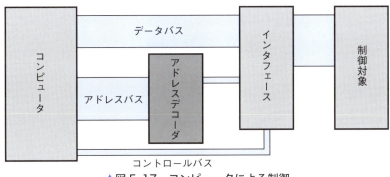

▲図5-17 コンピュータによる制御

1 メモリマップドI/O法

記憶番地の利用区分を表にしたものを**メモリマップ**❹とよぶ。メモリマップドI/O法は，コンピュータに接続するプリンタやキーボードなどの周辺装置も含めて，いろいろな装置を記憶装置の一つの番地に割り当てて利用する方法である。

❹ memory map

2 I/OマップドI/O法

コンピュータの周辺装置用として，記憶番地とは別に16進数2けたまたは4けたの入出力用番地を割り当てたものを**I/OマップドI/O法**という。

入出力用番地としては，00H～FFH または 0000H～FFFFH 番地の利用が可能であり，プリンタやキーボードなどのコンピュータ周辺装置もこの中に含まれている。電子機械の制御に使用する場合は，ユーザー用に開放されている番地を調べて割り当てる。

　この方法は，入出力装置へアクセスする命令が，メモリへアクセスする命令と異なるので，プログラムを組むとき把握しやすい。

　表 5-3 に，いろいろな周辺装置を割り当てた I/O マップド I/O 法の利用番地例を示す。

▼表 5-3　I/O マップド I/O 法の利用番地例

周辺装置名	利用番地(16 進数)
キーボード	41，43
プリンタ	40，42，44，46
ハードディスク装置	80，82

3　アドレスデコーダ

　コンピュータに接続された周辺装置は，プログラムで入出力用番地または記憶番地を指定することによって選択される。アドレスデコーダは，論理回路を組み合わせてつくる。また，その出力信号は，接続するインタフェースのチップセレクト端子に接続する。

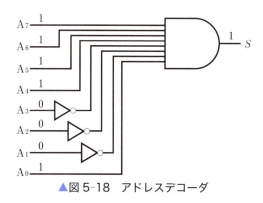

▲図 5-18　アドレスデコーダ

　入出力用番地の(F1)のアドレスデコーダ回路例を，図 5-18 に示す。この回路では，16 進数(F1)すなわち 2 進数(11110001)のときに，出力 S が 1 となる回路である。

4 センサ信号と割込み信号❶

連続して変化しているアナログ量を，一定の時間間隔で取り出すことを**サンプリング**❷といい，取り出した信号を**サンプル**❸という。図5-19に，サンプリング回路の動作を示す。

❶ interrupt signal

❷ sampling；標本化ともいう。

❸ sample；標本ともいう。

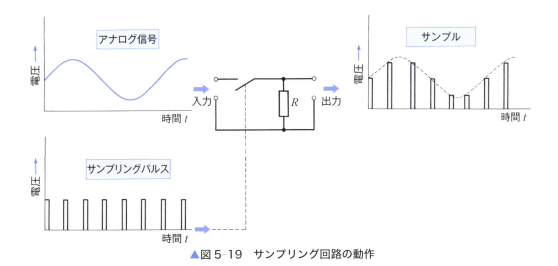

▲図 5-19　サンプリング回路の動作

変動するアナログ量を定期的に測定する場合，図のように，スイッチ回路を利用し，一定周期の**サンプリングパルス**❹を加えてサンプルを取り出すことができる。この場合，サンプリングパルスの周波数 f_s は，アナログ信号の最大周波数 f の 2 倍以上にする。❺

また，AD 変換で，変換中にそのサンプルが変化すると正しく変換されないので，サンプルを一定時間保持する回路を利用する。このような回路を**ホールド回路**❻といい，サンプル回路と組み合わせて**サンプルホールド回路**❼という。図 5-20 に，サンプルホールド回路の原理図を示す。この場合，サンプル電圧がコンデンサ C にたくわえられて，一定時間保持される。

❹ sampling pulse；標本化パルスともいう。

❺ アナログ信号に含まれている最大周波数成分の 2 倍以上の周波数に相当する頻度で等時間間隔に信号のサンプルをとれば，これらのサンプルだけでもとの信号が完全に再現できる(**サンプリング定理**)。

❻ hold circuit

❼ sample hold circuit

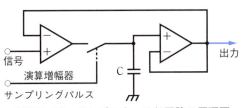

▲図 5-20　サンプルホールド回路の原理図

また，サンプルをディジタル量に変換することを**量子化**という。量子化を行うと，アナログ量に最も近いディジタル量に近似して変換されるため，切り捨てられるアナログ量がある。この差を**量子化誤差**とよぶ。量子化誤差は，ディジタル信号のビット数を増やせば小さくなる。

❶ quantization

❷ quantization error

図 5-21 は，温度をコンピュータで測定する場合の回路構成である。図のように，温度センサで温度を電圧に変換し，サンプルホールド回路でセンサ出力を一定の時間間隔で取り出して AD 変換器でアナログ量をディジタル量に変換し，そのディジタル量をコンピュータで読み取る。

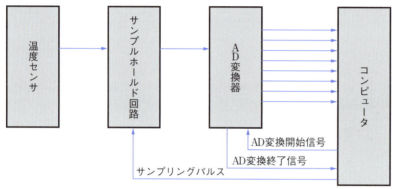

▲図 5-21　温度の測定例

1　割込み信号とコンピュータ

コンピュータでの制御の処理を途中で中断して別の処理を行うことを**割込み**という。割込みには，**内部割込み**と**ハードウェア割込み**とがある。

❸ internal interrupt
❹ hardware interrupt

内部割込みには，除算エラーなど CPU によって使用方法が決まっている割込みと，ソフトウェアによって行う割込みとがあり，その割り当てかたはコンピュータによって異なる。

ハードウェア割込みは，マイクロプロセッサの割込み端子に割込み信号を送って行う。割込み端子に割込み制御用 IC を接続することによって，多数の割込みを受け付けることができる。

図 5-22 に，ハードウェア割込みの概要を示す。

図(a)のように，必要に応じて，割込み処理を開始するためのスイッチからの信号を，割込み制御用 IC を通してマイクロプロセッサの割込み端子に接続しておく。

214　第 5 章　コンピュータ制御

割込み処理と通常の制御処理は，ともに一つのプログラムの中に組み込んでおく。割込みが発生すると，マイクロプロセッサは割込み制御用 IC のレジスタを調べてどの割込みかを確かめ，優先順位を判断したうえで，割込みを生じている装置に対応した割込み処理を行う。

　図(b)は，処理の流れを表している。通常の制御処理中に割込みが発生すると，通常の制御処理は中断して，新たな割込みを禁止したうえで割込み処理を行い，その後の割込みを許可したうえで割込み処理を終了して通常の制御処理に復帰する。このとき，マイクロプロセッサから割込み制御用 IC に割込み終了信号（EOI 信号❶）を送り，以降の割込み受付が可能であることを伝える。

❶ end of interrupt

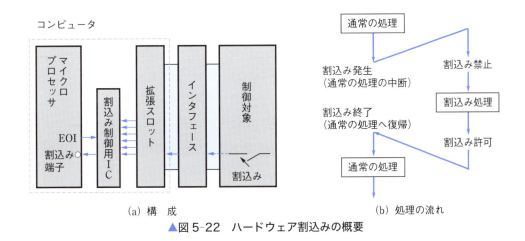

▲図 5-22　ハードウェア割込みの概要

5　コンピュータ信号とアクチュエータ

　アクチュエータをコンピュータで制御する場合，アクチュエータにアドレスを設定し，駆動信号を送る。

1　ディジタル信号での制御

　オンオフ制御は，コンピュータからの信号で簡単に行うことができる。図 5-23 に，コンピュータでアクチュエータをオンオフ制御する場合の回路構成例を示す。

　図(a)はリレーを利用したオンオフ制御であり，図(b)は SSR を利用した例である。

　コンピュータからの信号は TTL レベルで出力されるので，TTL レベルで動作する SSR を利用すれば回路が簡単になる。

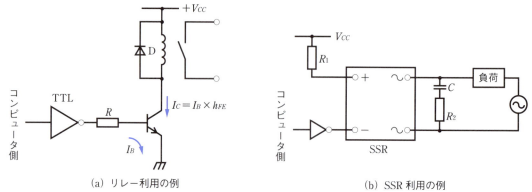

(a) リレー利用の例　　　　　(b) SSR 利用の例

▲図 5-23　ディジタル信号での制御

2　アナログ信号での制御

　制御対象をアナログ信号で制御する場合には，DA 変換器を利用して行う。すなわち，コンピュータからのディジタル信号を，DA 変換器でアナログ信号に変換して，制御対象に加える。

　DA 変換器にディジタル信号を加えてから，アナログ信号が出力されるまでの時間を**整定時間**❶といい，数十 ns～数 μs 程度である。アナログ信号による制御を行う場合は，整定時間を考慮する必要がある。

❶ settling time

　図 5-24 は，DA 変換用 IC の利用例である。コンピュータからの 8 ビット信号によって，その信号に対応したアナログ電圧を取り出すことができる。演算増幅器の帰還可変抵抗 R_f を変えて，最大出力電圧

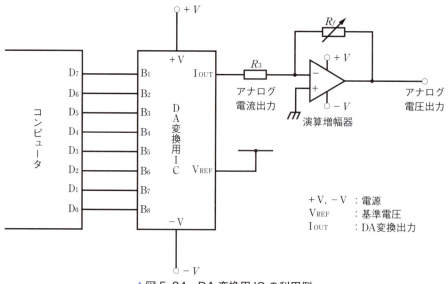

▲図 5-24　DA 変換用 IC の利用例

を調整する。8ビット信号の場合，出力最大電圧の $\frac{1}{256}$ の細かさで出力電圧を変化させることができる。

6 コンピュータ信号とノイズ

コンピュータ制御では，外部で発生するノイズによる影響を受け，誤動作をまねく場合がある。コンピュータにおける信号は，わずかな電圧・電流の変化で0と1とを区別している。この信号レベルをうわまわるノイズが，外部の機器から信号線にはいってきた場合，本来の信号であるかどうかを判断できないまま処理されてしまう。そこで，制御機器が誤動作を起こさないように，ノイズ対策を考えなければならない。

ノイズ対策には，次のような方法がある。

● **ノイズの発生源に処置を行い低減させる** 　リレーのコイルや接点に**サージ吸収器**❶をつけ，接点の開閉時に発生するノイズを減らすなどの対策をする。

● **ノイズをしゃ断する** 　ホトカプラなどを用いて制御する側と制御対象側とを絶縁し，電源変動などの影響を受けなくするなどの対策をする。

● **ノイズに対しての保護回路を入れる** 　押しボタンスイッチを1度だけ押しても，複数のパルスが送られることがある。これを**チャタリング**❷という。そこで，フリップフロップ回路やシュミット回路などを追加して，1度スイッチを押したときにパルスが一つだけしか発生しないように対処する。

このほかにも，**シールド線**を使って信号線にノイズが入らないようにしたり，**フェライトビーズ**❸や図5-25に示す**ノイズフィルタ**❹を使ってノイズを伝わりにくくする対策なども行う。

7 コンピュータによる入出力制御系の構成

コンピュータを利用した機械の制御には，ワンチップマイクロコンピュータ❺やボードマイクロコンピュータから，大形のコンピュータまでいろいろ考えられる。

ここでは，コンピュータによる機械の入出力制御によく用いられている，マイクロコンピュータを用いた制御の概要を学ぶ。

❶ surge absorber：コンデンサと抵抗を組み合わせて用いる。
❷ chattering：下図のような波形が入力されてしまう。

▲図5-25　ノイズフィルタ

❸ ferrite beads：おもに信号線の高周波ノイズを減衰させる場合に用いられる。
❹ noise filter：おもにケーブルやコードの高周波ノイズを吸収させる場合に用いられる。
❺ one chip microcomputer：CPU，メモリ，インタフェースが一体化されたマイクロコンピュータ。

1 マイクロコンピュータによる入出力制御系の構成

コンピュータによる機械の入出力制御は，センサからの検出信号をコンピュータに取り込んだり，コンピュータからアクチュエータへ制御信号を出力したりするなどして行われる。

図5-26は，マイクロコンピュータの外部バスラインに，コンピュータと，センサやアクチュエータとの信号受け渡しのためのインタフェースを設けた入出力制御系の構成である。

インタフェースと外部機器の間には，コンピュータと外部機器の信号レベルを合わせるレベル変換回路や，信号形態を合わせる各種の変換回路が設けられる。

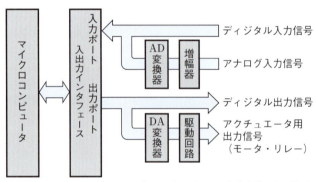

▲図5-26 マイクロコンピュータによる入出力制御系の構成

2 センサからコンピュータへの入力構成

図5-27は，各種センサによって得られた電気信号による情報を，コンピュータの入出力インタフェースに取り込むための構成を示したものである。

センサによって得られた微弱なアナログ信号からディジタル信号への変換は，信号変換回路の入口にあるレベルシフト回路で0Vからはじまる信号に変換され，次のスケーリング回路でAD変換に必要となる電圧レベルまで増幅される。そして，AD変換回路から出力されるディジタル信号が，入出力インタフェースを介してコンピュータに取り込まれる。

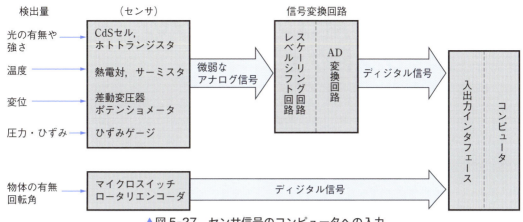

▲図5-27　センサ信号のコンピュータへの入力

3　コンピュータからアクチュエータへの出力構成

図5-28は，コンピュータのディジタル信号を，入出力インタフェースを介して，アクチュエータへ出力するための構成を示したものである。

図のように，TTLレベルで駆動することのできるリレーやソレノイドの場合は，コンピュータからのディジタル信号で直接制御する。しかし，大電力のアナログ信号で制御されるモータなどの場合は，コンピュータからのディジタル信号を，DA変換回路や電力増幅を行う駆動回路を通してから制御を行う。

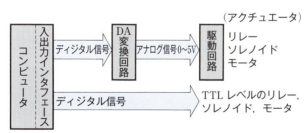

▲図5-28　コンピュータによるアクチュエータ制御の構成

問7　身のまわりで，センサ入力を設けてコンピュータ制御を行っている例をあげ，その構成を調べよ。

3節 制御用コンピュータのソフトウェア

　コンピュータを制御に利用するには，プログラムが必要である。事務処理用にいろいろなソフトウェアが市販されているが，機械の制御やFAに用いられるコンピュータの場合は，工場設備や製造される製品などによってプログラムを変えなければならないので，そのつどプログラムを作成することが多い。また，ロボット制御用言語もいろいろと開発され利用されている。
　ここでは，制御用プログラムの作成について考える。

1 プログラム言語

　コンピュータのプログラム言語にはさまざまな種類があるが，入出力機能の命令をもっているプログラム言語は，FA用のコンピュータのプログラム言語として利用できる。入出力機能がある言語としては，**機械語**❶・**アセンブラ言語**❷・BASIC❸・**C言語**❹などがある。

　機械語は，マイクロプロセッサが直接理解できる数字の列で構成された言語であり，マイクロプロセッサ独自の**命令コード**❺でプログラムを作成しなければならない。しかし，数値のみでプログラムを開発することは，入力や修正が困難であるため，アセンブラ言語を用いて記述する。アセンブラ言語では，機械語の命令に1対1で対応した英字の命令コード(**ニーモニックコード**❻)を使いプログラムを作成する。

　図5-29に，アセンブラ言語と機械語のプログラムの例を示す。

　また，パーソナルコンピュータ用としてよく利用されている言語の一つに，C言語がある。C言語は，FA用コンピュータにかぎらず，

❶ machine language
❷ assembly language
❸ beginner's all purpose symbolic instruction code
❹ C language
❺ instruction code

❻ mnemonic code；簡略記号の意味。

	アセンブラ言語		機械語	
ラベル	命令コード	オペランド	アドレス	命令
	LD	C, 0FDH	8090	0EFD
	LD	B, 01H	8092	0601
LEFT :	OUT	(C), B	8094	ED41
	CALL	8200H	8096	CD0082
	LD	A, B	8099	78
	RLCA		809A	07
	LD	B, A	809B	47
	JR	LEFT	809C	18F6

▲図5-29　アセンブラ言語と機械語のプログラムの例

事務処理または汎用ソフトウェアの作成にも幅広く利用されている。C言語を使ってできたプログラムは，ほかの高級言語（BASIC，Fortranなど）に比べてハードウェアを制御するなど，機械に密着したプログラムを開発できることも特徴の一つである。

2 C言語による入出力制御プログラミング

C言語にはいろいろな種類があり，細かな部分に違いはあるが，基本的な命令は同じである。

ここでは，図5-30のように，マイクロコンピュータにスイッチとLEDを接続した回路をもとに，C言語による制御プログラムの基本について学ぶ。

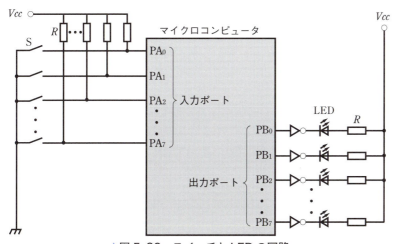

▲図5-30 スイッチとLEDの回路

1 入力命令

入力ポートからの8ビットデータを読み取るには，その命令や関数が定義されているヘッダファイルを#include指令によってあらかじめ取り込まなければならない。このことは，出力命令でも同様である。ヘッダファイルio.hに入出力命令が定義されているとすれば，C言語による図5-30の入力ポートAのためのプログラムの基本形は，次のようになる。

❶ C言語のコンパイラによって異なる。

```
#include <io.h>
    ⋮
    PADDR = 0x00;    //ポートAを入力に設定
    変数 = PADR;     //ポートAのデータを変数に代入
```

ポートAの入力と出力を決めるためのデータ方向レジスタの全ビットに0を代入し，すべて入力とするという設定をしたのち，ポートAのデータを保持するデータレジスタの値を変数に代入することを表す。なお，命令中の0xは，16進数を表している。

また，コンピュータの機種やC言語コンパイラによっては，次のように，ポート入力関数inp()❶を用いて記述することもある。

❶ inportb()という関数のものもある。

```
#include <io.h>
    :
    変数 = inp(ポート番号);    //ポート番号で示すポート
                              のデータを変数に代入
```

（例）　a = inp(0x80)；変数aにポート0x80のデータを読み込む。

2　出力命令

アクチュエータなどを動作させるには，コンピュータから制御信号を出力して行う。C言語による図5-30の出力ポートBのためのプログラムの基本形は，次のようになる。

```
#include <io.h>
    :
    PBDDR = 0xff;    //ポートBを出力に設定
    PBDR = 変数;     //ポートBに変数のデータを代入
```

ポートBのデータ方向レジスタの全ビットに1を代入し，すべて出力とするという設定をしたのちに，ポートBのデータレジスタに変数の値を代入することによってポートに出力される。また，コンピュータの機種やC言語コンパイラによっては，次のようにポート出力関数outp()❷を用いて記述することもある。

❷ outportb()という関数のものもある。

```
#include <io.h>
    :
    outp(ポート番号, データ);    //ポート番号で示すポー
                                トにデータを出力
```

（例）　outp(0x81, b)；変数bの値をポート0x81に出力する。

3　タイマ

ステッピングモータをコンピュータの信号で回転させるような場合，コンピュータからのパルス信号の周波数が高すぎて応答できないことがある。このようなときは，コンピュータの出力パルスを一定時間保

持するタイマを利用する。機械語でのプログラムでは，命令によって**クロック❶数**が決まっており，正確にタイマ時間を設定することができる。BASICやC言語では，繰り返し回数を適当に変えて希望のタイマ時間を設定する。

次に，C言語によるタイマの例を示す。

❶ 命令を実行するのに必要なクロックパルスの数。

```c
void timer1()
{
int t;
    t = 10000;
    for ( ; t>0; t--)
        ;
}
```

● 4　LEDへの出力

図5-30において，出力ポートに設定したポートBのビット0からビット7のどれかに"1"を出力すると，接続されているNOT回路の出力が"0"になりLEDが点灯する。また，"0"を出力すると，NOT回路の出力が"1"になりLEDが消灯する。

図5-31に，ポートBのビット0からビット3を点灯，ビット4からビット7を消灯するプログラムと流れ図を示す。

このプログラムでは，I/Oポートへの命令などが，ヘッダファイルio.hに定義されているものとする。

```c
0: #include <io.h>      //ヘッダファイルのインクルード
1: int main(void)
2: {
3:     PBDDR = 0xff;    //ポートBの全ビットを出力に設定
4:     while(1){        // {} の中を無限に繰り返す
5:         PBDR = 0x0f; //ポートBのビット0～3に"1"を出力
6:     }                //           ビット4～7に"0"を出力
7: }
```

はじめ → ポートB：出力 → 無限ループ → 点灯データ出力 → ループ → おわり

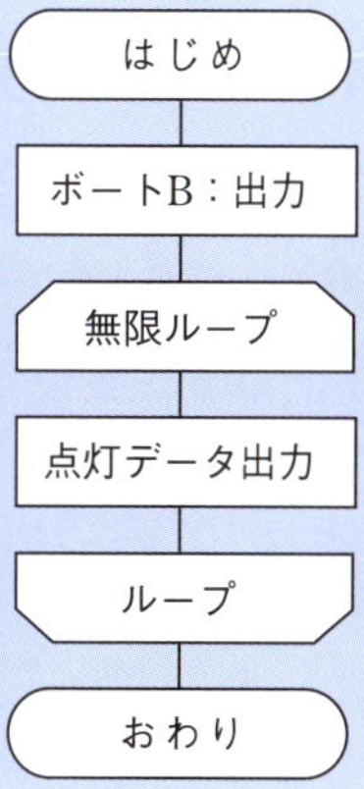

▲図5-31　LED点灯プログラムと流れ図

例題 1 図5-31のプログラムにおいて，点灯しているLEDが消灯し，消灯しているLEDが点灯するようにプログラムを変更せよ。ただし，その点滅は繰り返すものとする。

[解答]

```
 0: #include <io.h>
 1: void wait(void)        //タイマ関数
 2: {
 3:     long t=100000;     //tの値を設定
 4:     while(t--);        //tの値を-1して0になるまで
 5: }                      //繰り返す
 6: int main(void)
 7: {
 8:     PBDDR = 0xff;      //ポートBの全ビットを出力に設定
 9:     while(1) {         // {} の中を無限に繰り返す
10:         PBDR = 0x0f;   //ポートBに0FHを出力
11:         wait();        //一定時間経過
12:         PBDR = 0xf0;   //ポートBにF0Hを出力
13:         wait();        //一定時間経過
14:     }
15: }
```

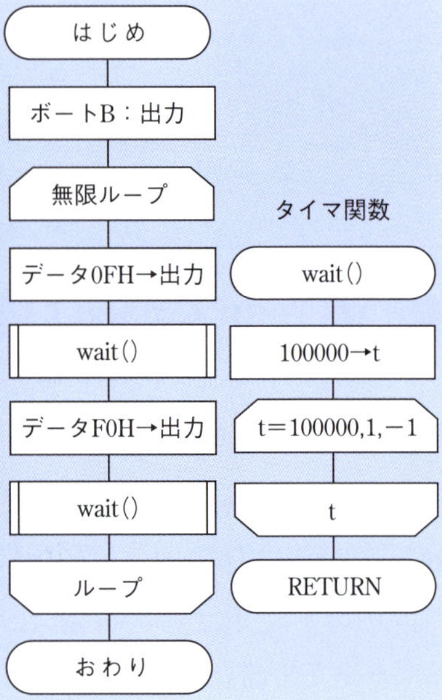

▲図5-32　LED点滅プログラムと流れ図

データ出力の時間の制御を行わないと，コンピュータからのパルス信号の周波数が高すぎて点滅が確認できない。したがって，図5-32のようにタイマを設定し，点滅の速度を制御する。

問 8 例題1を参考に，一つおきに点灯している状態［10101010］が，点灯と消灯が反転して［01010101］となるようなプログラムをつくれ。ただし，その点滅は繰り返すものとする。

5　スイッチからの入力

図5-30において，入力ポートに設定したポートAのスイッチをONすると，"0"がコンピュータに入力される。入力ポートはスイッチがOFFの状態で"1"，ONの状態で"0"が入力され，なおかつ電源が短絡しないように，プルアップ抵抗❶を介して電源に接続する。

❶ pull-up resistor

図5-33に，ポートAから入力したデータを，そのままポートBのLEDへ出力するプログラム例を示す。

```
0: #include <io.h>
1: int main(void)
2: {
3:     PADDR = 0x00;      //ポートAを入力に設定
4:     PBDDR = 0xff;      //ポートBを出力に設定
5:     while(1){          // {} の中を無限に繰り返す
6:         PBDR = PADR;   //ポートAから入力したデータを
7:     }                  //そのままポートBに出力
8: }
```

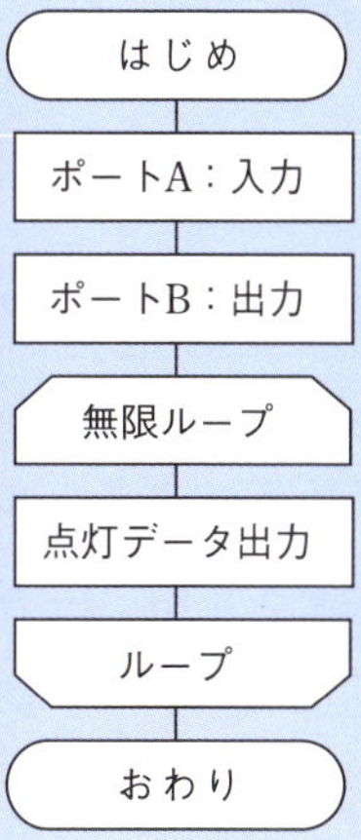

▲図5-33 スイッチ入力プログラムと流れ図

例題 2

図5-30の回路において，ポートAのビット0につながったスイッチがONの間，ポートBのビット7のLEDが点灯するプログラムをつくれ。

[解答]

```
0: #include <io.h>
1: int main(void)
2: {
3:     unsigned char sd;  //スイッチデータ用変数
4:     PADDR = 0x00;      //ポートAの全ビットを入力に設定
5:     PBDDR = 0xff;      //ポートBの全ビットを出力に設定
6:     while(1){          // {} の中を無限に繰り返す
7:       sd=~PADR;        //入力データを反転する
8:       if(sd & 0x01){   //スイッチが押されたか判定
9:         PBDR=0x80;     //ポートBのビット7のLEDを点灯
10:      }
11:      else{
12:        PBDR=0x00;     //ポートBのLEDを消灯
13:      }
14:    }
15: }
```

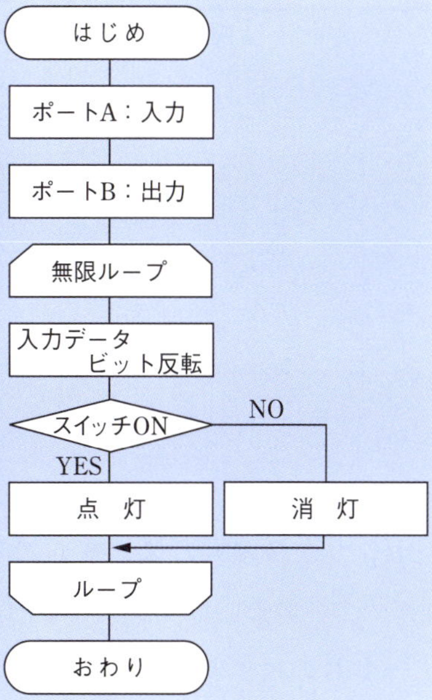

▲図5-34 スイッチ入力判定プログラムと流れ図

0ビットのスイッチが押されているかについてのみ判断するため，入力データを反転したのちに，0x01との論理積演算を行っている。

問 9 図5-34において，例題1，2を参考にして，入力ポートAのビット3につながったスイッチがONの間，出力ポートBのビット0のLEDが点滅するようにプログラムを変更せよ。

6 直流モータの制御

図5-35は，光センサからの入力により，直流モータの回転制御を行う回路である。マイクロコンピュータからのデータ出力は，ポートBのビット0，1を利用する。**モータドライバ**❶の入力端子IN1とIN2からの入力データにより，表5-4のように動作するものとする。

❶ マイクロコンピュータからの信号によりモータを制御するためのICのこと。

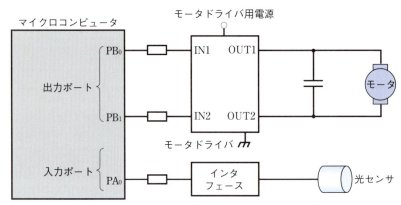

▲図5-35　センサ入力による直流モータの制御

▼表5-4　モータドライバの動作

入力		出力		動作
IN1	IN2	OUT1	OUT2	
0	0	∞*	∞	停　止
0	1	L	H	正　転
1	0	H	L	逆　転
1	1	L	L	ブレーキ

＊：ハイインピーダンスを表す。

センサからの入力は，マイクロコンピュータのポートAのビット0に入力される。マイクロコンピュータからのモータ駆動命令信号は，ポートBのビット0，1から出力される。

図5-36に，この回路のための制御プログラムと流れ図を示す。

ここでは自動ドアを想定し，次の①から④の状態を繰り返すものとする。

① センサが反応したら数秒間モータを正転させ，開いた状態にする。
② モータを停止させ，数秒間待つ。

③ センサの反応を確認し，反応がなければ数秒間モータを逆転させ，閉まった状態にする。

④ モータを停止させる。

```
 0: #include <io.h>
 1: void wait(void)          //タイマ関数
 2: {
 3:     long t=500000;       //tの値を設定
 4:     while(t--);          //tの値を-1して0になるまで
 5: }                        //繰り返す
 6: int main(void)
 7: {
 8:     PADDR = 0x00;        //ポートAの全ビットを入力に設定
 9:     PBDDR = 0xff;        //ポートBの全ビットを出力に設定
10:     while(1) {           // {}の中を無限に繰り返す
11:         while(PADR==0x00); //センサからの入力待ち
12:         PBDR=0x02;       //モータを正転させる
13:         wait();          //一定時間経過
14:         PBDR=0x03;       //モータを停止させる
15:         wait();          //一定時間経過
16:         while(PADR==0x01); //センサからの信号確認
17:         PBDR=0x01;       //モータを逆転させる
18:         wait();          //一定時間経過
19:         PBDR=0x03;       //モータを停止させる
20:     }
21: }
```

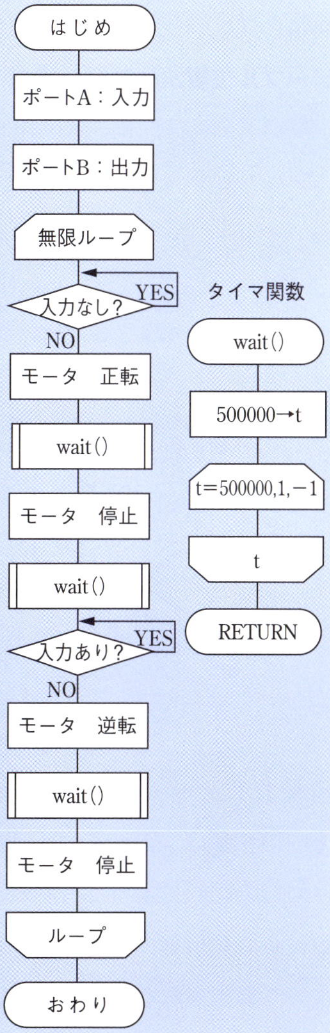

▲図5-36 センサ入力による直流モータ制御プログラムと流れ図

問10 図3-35において，入力ポートAのビット1に開き停止リミットスイッチ，ビット2に閉じ停止リミットスイッチを追加する。図5-36のプログラムを，各リミットスイッチからの入力により，回転が停止するプログラムに変更せよ。

3 制御の実際

1 テーブル位置決め制御

ここでは，工作機械で用いられている位置決め制御を例に，その構成回路とプログラミングの方法について学ぶ。

●テーブル位置決め制御の構成

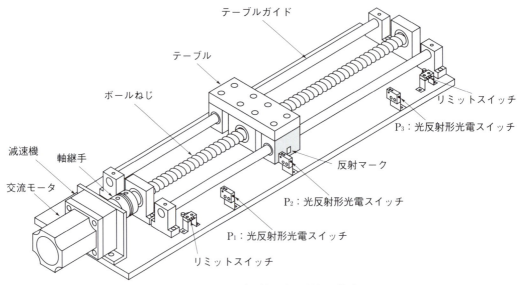

▲図 5-37 テーブル位置決め制御の構成図

図 5-37 に，テーブル位置決め制御の構成図を示す。テーブルの水平方向の移動は，正転・逆転回路を備えた交流モータに連結されたボールねじの回転によって行われる。テーブルの位置は，テーブルにはりつけられた反射マークが光反射形光電スイッチの前を通過することによって検出される。

また，ボールねじの左右端に取り付けられたリミットスイッチから信号が検出されると，交流モータの電源を強制的にしゃ断し，誤動作などによるテーブルの暴走を阻止する。

図 5-38 に，リミットスイッチによるしゃ断回路を示す。

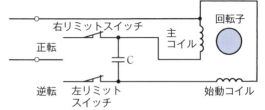

▲図 5-38 リミットスイッチによるしゃ断回路

●**インタフェースと位置決め装置の接続**　前項で学んだ並列入出力インタフェースLSIの各ポートと，テーブル位置決め装置のセンサ回路や，モータ駆動回路との接続のようすを，図5-39に示す。

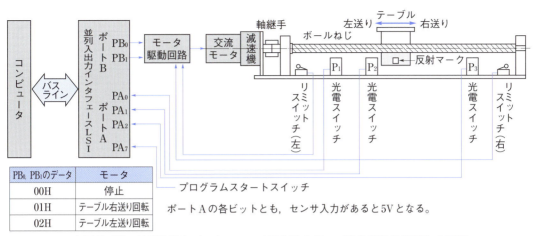

PB₀, PB₁のデータ	モータ
00H	停止
01H	テーブル右送り回転
02H	テーブル左送り回転

ポートAの各ビットとも，センサ入力があると5Vとなる。

▲図5-39　並列入出力インタフェース用LSIとテーブル位置決め装置との接続

　モータを駆動しテーブルを右へ移動させるには，コンピュータの出力命令によってポートBに01Hを出力すればよい。02HをポートBから出力すると，テーブルは左へ移動する。また，テーブルの移動を止めるには，00HをポートBから出力すればよい。なお，テーブルの位置を検出するための光反射形光電スイッチの信号は，インタフェースLSIのポートAに接続され，取り込まれた信号をプログラム上で判断し，次の出力制御に使われる。

　ここで，センサからの入力信号，モータ駆動回路への制御信号は，いずれもTTLレベル信号で扱うものとする。

●**テーブル位置決め制御プログラム**　図5-39に示した接続において，テーブルを図5-40のように動作させるためのC言語を用いたプログラム例とフローチャートを，図5-41に示す。テーブルを一時停止するためのタイマは，サブルーチンをよび出して使用した。

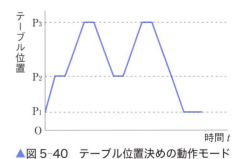

▲図5-40　テーブル位置決めの動作モード

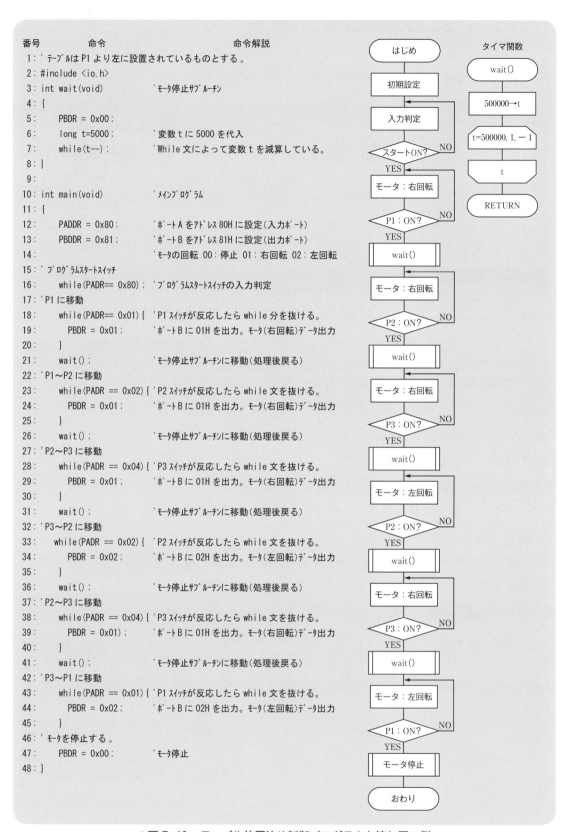

▲図 5-41　テーブル位置決め制御プログラムと流れ図の例

4 NC 加工プログラムによる制御

多くの工作機械では，コンピュータを利用した数値制御による加工が一般的である。加工方法や作業工程などを表す数値情報のプログラムを NC 加工プログラムという。また，コンピュータと制御回路，大容量の記憶装置を備えた NC 工作機械のことを CNC 工作機械という。

ここでは，NC 加工プログラムの基礎を学ぶ。

❶ NC：Numerical Control
❷ CNC：Computerized NC

1 CNC 工作機械の特徴

プログラムを利用した工作機械であるため，同じ品質の製品を大量に生産することができ，手作業ではできないような複雑な加工ができる。また，工作機械には扉が付いており，安全性が高い。

また，中ぐり，フライス削り，穴あけ，ねじ立て，リーマ仕上げなど，多種類の加工を連続して行える CNC 工作機械のことをマシニングセンタとよぶ。

ただし，製品を作るまでに，プログラム入力やテスト加工などの準備が必要なため，事前の作業時間が長くなる。

2 NC 加工プログラムの基本命令

NC 加工プログラムにおいて，G や M ではじまるコマンドのことを G コード，M コードとよぶ。表 5-5 に，NC 加工プログラムの基本命令の一例を示す。

▼表 5-5　NC 加工プログラム基本命令の一例

アドレス	機能・名称	用途
O	プログラム番号	プログラムを区別するために番号を付ける。
N	シーケンス番号	プログラミングの行番号に似ている。動作には影響しない。
G	準備機能	工具の位置決めや，主軸移動などの動作命令
M	補助機能	加工を行うための補助機能。回転開始や切削剤の ON，OFF
X，Y，Z	座標	X 軸，Y 軸，Z 軸の設定
R	円弧半径指定	円弧の長さ，半径を設定
S	主軸機能	主軸の回転数設定(min^{-1})
F	送り速度	直線補間や円弧補間の送り速度の設定
T	工具機能	工具の取り付けの設定
P	ドウェル	停止時間の設定

3 NC 加工プログラムの例

図 5-42 の輪郭形状を加工する工具経路のプログラムを，図 5-43 で示す。

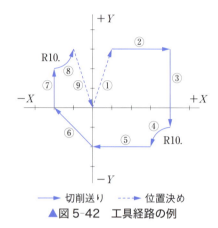

切削送り　　位置決め
▲図 5-42　工具経路の例

❶ ③行の X40. は②行の X40. と同じ座標である。そのため，③行の X40. は省略可能である。

```
NC 加工プログラムの例
   N010   O3000             : プログラム番号 (3000)
   N020   G90 G54 G00 X0 Y0 : 絶対座標系。G54 で加工原点を設定。X，Y の座標に位置決め。
①N030   G00 X10. Y30.      : 位置決め。
②N040   G01 X40. Y30. F100 : 直線で切削送り。F で指定した速度で直線切削する。
③N050   X40.❶ Y-10.        : 直線切削。
④N060   G03 X30. Y-20. R10. : 反時計回りに，半径 10 で切削する。
⑤N070   G01 X0. Y-20.      : 直線で切削送り。
⑥N080   X-20. Y0           : 直線で切削送り。
⑦N090   X-20. Y20.         : 直線で切削送り。
⑧N100   G03 X-10. Y30. R10. : 反時計回りに，半径 10 で切削する。
⑨N110   G00 X0 Y0          : 位置決め。
⑩N120   M02                : プログラム終了
```

▲図 5-43　NC 加工プログラムの例

4節 制御のネットワーク化

ここでは，コンピュータどうしのネットワーク化やFA機器とどのような方法で接続されているのか，接続形態について考える。

1 コンピュータネットワークの種類

1 LANとWAN

ネットワークには，大きく分けてLAN❶とWAN❷がある。LANは，構内情報通信網とよばれ，工場内やオフィス内または事務所内など，比較的狭い範囲を結ぶネットワークである。WANは，広域情報通信網とよばれ，地区内や国内など遠隔地のコンピュータやLANどうしを結ぶネットワークである。接続には公衆回線や専用回線を利用する。

❶ Local Area Network
❷ Wide Area Network

2 LANの接続形態

LANの代表的な接続形態には，次の図5-44に示すように三つの形態がある。

▲図5-44 LANの接続形態

(a) 1本の伝送路にコンピュータを接続するバス形
(b) リング状の閉じられた伝送路にコンピュータを接続するリング形
(c) 中央の集線装置にコンピュータを接続するスター形

LANの代表的なアクセス方式には，CSMA/CD❸方式とトークンパッシング方式がある。CSMA/CD方式は，伝送路が空いているかどうかを確認し，空いている場合に送信する方式である。バス形またはスター形のLANで利用されている。トークンパッシング方式は，ト

❸ Carrier Sense Multiple Access / Collision Detection

4節 制御のネットワーク化 233

ークンとよばれる信号をリング形ネットワーク内で巡回させ，トークンを受け取ったコンピュータだけがデータを送信する方式で，リング形またはバス形で利用されている。

　LANの伝送路には，図5-45に示すように，同軸ケーブル・ツイストペアケーブル・光ファイバケーブル・無線方式などがある。

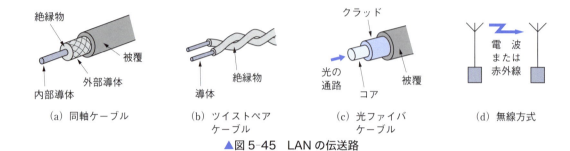

▲図5-45　LANの伝送路

3　LANに接続されたコンピュータ間の関係

クライアントサーバ方式とピアツーピア方式がある。

① **クライアントサーバ方式**　サービスを提供するサーバと，そのサービスを利用するクライアントで構成するシステムである。

　処理能力の高いコンピュータがサーバに使用され，提供するサービスの種類によって，ファイルサーバ・プリンタサーバ・データベースサーバ・通信サーバなどがある。また，クライアントとは，サービスを要求する端末装置側のコンピュータのことである。

② **ピアツーピア方式**　コンピュータどうしを1台1台対等に接続する方式で，接続されたコンピュータ間の役割分担や上下関係はない。機能はプリンタやファイルの共有など基本的なものに限定されているので，小規模LANで利用される。

4　製造工場におけるLAN

製造工場において，いろいろなコンピュータやPLCなどが，LANに組み込まれて利用されている。

　工場のLANには，次のことがらが求められている。

①　いろいろなメーカーの機種を接続することができる。
②　バスラインの移動・変更などが容易にできる。
③　伝送速度が高い。
④　即時に応答できる。
⑤　高温やちりなどの環境にも耐えられる。

2 製造工場におけるコンピュータの利用例

ものづくり産業では，労働人口の減少によって人材不足が課題になっている。また，多品種少量生産に対応した製造システムの開発が進んでいる。その対応として，工作機械とコンピュータを接続した IoT 化が進んでいる。多くの企業では生産性を向上させるために，工場の設備にセンサを取り付け，図5-46で示すように，コンピュータで稼働状況を監視し，機械の故障を事前に防ぐために，稼働データから収集したビッグデータを分析・解析して工作機械の故障の予測・予知を行っている。それにより，稼働率を低下させない取り組みがなされている。ここでは，**インダストリー 4.0** を具現化した**スマートファクトリー**(Smart Factory)について学ぶ。

▲図 5-46 製造工場における稼働状況の監視

❶ Internet of Things；モノのインターネット

❷ 第4の産業革命といわれ，工業のデジタル化の名称である。スマートファクトリー：あらゆる FA 機器をネットワークに接続し，管理する工場のこと。

1 生産活動の可視化・分析による稼働率の向上

稼働率とは，ある一定期間のシステム全体の運転時間に対して，その工作機械が稼働している時間の割合のことである。そのため生産者としては，**リードタイム**❸の削減や**アイドルタイム**❹をなくす必要がある。

そこで，すべての工作機械をネットワーク化し，工作機械の稼働状況を管理することによって，アイドルタイムをなくしている。また，工作機械の故障データを蓄積し，それらのビッグデータを AI で分析し故障の予測をすることで，故障が起こる前にメンテナンスを行うことができる。その結果，工作機械の故障によって作業工程全体を止めてしまうようなダウンタイムを減らしている。

さらに，工具の摩耗などのデータを収集することにより適切な交換時期の指示を出し，図5-47のように，工具・治具などの管理をすることにより，工作機械の故障や製品の不良を減らしている。また，労働人口の減少や熟練技能者の不足に対応するために，熟練技能者の技術のノウハウを AI で分析し，より品質の高い製品づくりに生かしている。

❸ 生産・流通・開発などの現場で，工程に着手してから全ての工程が完了するまでの所要時間。
❹ 無作業時間
❺ Artificial Intelligence；人工知能

▲図 5-47 工具・治具などの管理

4節 制御のネットワーク化　235

2 製造業のネットワークシステム

図5-48に，実際の製造工場におけるネットワークシステムの例を示す。工作機械に接続する現場ネットワークとシステム上位になるオフィスネットワークの2つのネットワークに分けて，その間に2つのネットワークを接続するためのボックスがある。このボックスが工場内にある古い工作機械から最新の工作機械，他社の工作機械をつなげている。ほかにも，このボックスにはさまざまな役割がある。

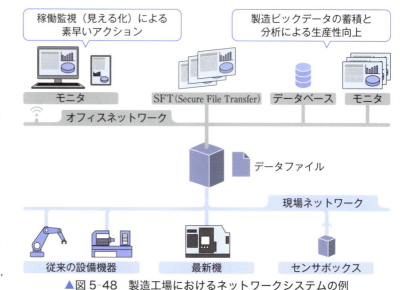

▲図5-48 製造工場におけるネットワークシステムの例

① 大容量のビッグデータの中間・分散処理
② サイバー攻撃など，内外からの不正アクセスの遮断
③ 各工作機械のモニタリング
④ リモート診断・予防保全等

また，オフィスネットワークではビッグデータを活用し，生産性の向上(稼働監視サービス)，工作機械の効果的な活用，クラウドサービスなどを行う。

3 これからの製造工場

工作機械の受注から組立，出荷，検収❶までのすべての生産活動をディジタルデータ化し，システムの連携によって部品の納品から製造工程，在庫管理，製造時のリードタイムの短縮などを最適化し，最短で高効率・高品質の生産を目指している。また，無人製造システムやAIを活用した熟練技能者の技術のノウハウの蓄積などがさらに進化し，人材不足や人材育成の問題は解消されていくだろう。

▲図5-49 進化し続ける工場の例

❶ 検査して収めること。

章末問題

1 次の文に最も関係の深いものを下の解答群から選べ。
 (1) コンピュータ制御に用いられるAD変換器やDA変換器などの総称
 (2) 直列伝送用のインタフェース規格
 (3) 絶縁形インタフェースとしての利用
 (4) コンピュータ制御処理を途中で中断し，別の処理を行うこと

 解答群 ① インタフェース ② 割込み ③ ホトカプラ
     ④ USB ⑤ 主記憶装置

2 次の用語について説明せよ。
 (1) パラレル伝送 (2) シリアル伝送 (3) AD変換
 (4) CAN (5) スマートファクトリー

3 制御に用いるコンピュータは，どのような対策が必要か答えよ。

4 現在，最も普及しているインタフェースとしてUSBがある。そのUSBの特徴を3つあげよ。また，USB Type-Cはそれまでのそれまでの USB と何が異なるか説明せよ。

5 データ転送速度が300 kbpsの場合，1分間で伝送できる8ビットのデータ数はいくらか。ただし，スタートビット，ストップビットともに1ビットとする。

6 コンピュータ制御において，外部で発生するノイズの対策について調べよ。

7 次のインタフェース装置名をあげよ。
 (1) アナログ量をディジタル量に変換する。
 (2) ディジタル量をアナログ量に変換する。
 (3) バスラインの並列記号を，2本の線路で送れるような直列信号に変換する。
 (4) コンピュータと制御対象を電気的に切り離す。
 (5) 信号を一定時間遅らせる。
 (6) コンピュータからのTTL信号を12 Vの信号に変える。

8 次のデータ伝送規格で，データを並列に伝送するものはどれか。
 (1) RS-232C規格 (2) イーサネット (3) IEEE-488規格 (4) USB

9 8ビットのデータを2400 bpsで伝送するとき，5分間に伝送できるデータ数はいくらか。ただし，スタートビットを1ビット，ストップビットを1ビットとする。

10 入出力用番地80(16進)を選択するアドレスデコーダ回路を示せ。

11 0.02秒の周期で変動するアナログ量をサンプリングするとき，サンプリングパルスの最低周波数はいくらか。

12 次の(1)〜(7)の語に関係あるものを，(ア)〜(キ)の中から選べ。
(1) AGV   (　) (ア) 光反射形光電スイッチ
(2) FA   (　) (イ) 直流モータ
(3) アクチュエータ(　) (ウ) 無人搬送車
(4) CRT   (　) (エ) 工場の自動化
(5) センサ   (　) (オ) データの転送速度
(6) アセンブラ言語(　) (カ) ニーモニックコード
(7) bps   (　) (キ) 表示装置

13 現在，製造工場におけるネットワーク化が進んでいる。製造工場内でネットワークを構築するときに気を付けなければならないことは何か。5つ答えよ。

第6章 社会とロボット技術

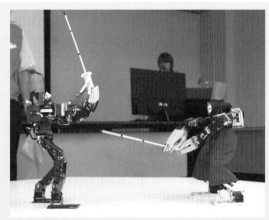

▲剣道の試合をする小型の二足歩行ロボット

人工知能（AI）という言葉が登場した1950年代からおよそ70年の歳月を経て，その実用化が急激に進み，これまでは限られた生産現場のみでしか見ることができなかったロボットが，社会生活の身近なところで活躍する存在となってきた。

高度な人工知能で制御されたロボットは，労働力不足を補うだけでなく，危険な作業や人間には不可能な高度な作業を行ったり，人に寄り添うパートナーの役割を果たしたりすることも可能である。上の写真は小型の二足歩行ロボットによる剣道の大会で，制御技術やエンターテインメント性を競う競技会のようすである。左のロボットは高校生が3D-CADや3Dプリンタ，NC工作機械などを使用して製作したものである。

この章では，産業用ロボットの基礎的な技術について学び，今後ロボットがどのように進化し，わたしたちの生活にかかわってくるかを考えてみる。

節
1 社会生活とロボット技術
2 産業用ロボットの基礎
3 産業用ロボットの制御システム
4 産業用ロボットの操作と安全管理
5 さまざまな分野で活躍するロボット

1節 社会生活とロボット技術

産業用だけでなくさまざまな分野でロボットが利用され，私たちの生活にはロボットが欠かせない社会になりつつある。
ここでは，その分類やロボットを構成する要素技術などについて考える。

1 ロボットとは

ロボット[1]とは何かという定義をするまえに，語源をさぐってみよう。

ロボットということばが世の中にはじめて登場したのは，1920年にカレル＝チャペック[2]によって書かれた「ロッサム・ユニバーサル・ロボット会社（R・U・R）」という戯曲においてである。彼は，人間とそっくりのからだをもっているが感情をもたない人造人間を戯曲の中に登場させ，それをロボットと命名した。では，ロボットとは何であるか。ロボットとは，**「人や動物のような複雑な動作を自動的または半自動的に行う機械」**を指して使われることが多い。

これまではロボットといえば，産業用ロボットを指すことが多かったが，2010年代にはいり，ロボット自らが学習して行動する自律化や，さまざまなデータを蓄積して活用する情報端末化，インターネットへの接続やロボットどうしが通信をして連携するIoT化など，急激な進化を続けている。また，これらの機能をもつペットロボットや掃除ロボットが市販され，ロボットはすでに特殊な用途に限ったものではなく，私たちの生活の中で身近な存在となっている。

今後は，**人工知能**[3]の高度化やセンサやアクチュエータの進化により，人間とともに働く協働ロボットが労働力不足の問題を解消するなど，社会生活に欠かせない存在になると考えられている。

[1] robot：強制されて働くという意味の語を古代スラブ語でrobotaといい，その語から奴隷機械という意味をもたせ，robotを造語したといわれている。
[2] チェコの作家
[3] AI：artificial intelligence

2 ロボットの用途による分類

1 ロボットの定義

ロボットにはさまざまな定義や解釈がある。また近年，急速に多種多様なロボットが登場し，その分類はひじょうにむずかしいが，一般的には，以下のように定義している。

「センサ系」,「知能・制御系」,「駆動系」の3つの要素技術を有する,知能化された機械システム❶

なお,NEDO ロボット白書では「科学技術だけでなく,産業構造や社会制度,文化なども変化するためロボットの定義は流動的であり,多種多様である」と述べられている。❷

2 ロボットの分類

現在,ロボットには表6-1のように,多種多様なものがあるが,大きく分けて,産業用ロボットと,それ以外のサービスロボットの二種類に区分することができる。

産業用ロボットとサービスロボットを,JIS 規格では,表6-2のように定義している。❸

❶ 経済産業省のロボット政策研究会ロボット政策研究会報告書[2006年5月]
❷ NEDO；国立研究開発法人 新エネルギー・産業技術総合開発機構ロボット白書 2014 より。
❸ JIS B 0134:2015 では,ロボットを「二つ以上の軸についてプログラムにより動作し,ある程度の自律性をもち,環境内で動作して所期の作業を実行する運動機構」と定めている。

▼表6-1 ロボットの分類の例

分野	具体例
製造	溶接ロボット・塗装ロボット・組み立てロボット
非製造	農業ロボット・畜産ロボット・林業ロボット 産業用ドローン(空撮・測量・点検・物流・農薬散布など)
公共	レスキューロボット・探査ロボット・宇宙開発ロボット・海洋調査ロボット
医療・福祉	医療ロボット・看護ロボット・福祉ロボット・介護ロボット
生活	警備ロボット・案内ロボット・掃除ロボット・調理ロボット・教育用ロボット・研究用ロボット ペットロボット・コミュニケーションロボット・ホビーロボット

▼表6-2 産業用ロボットとサービスロボット

産業用ロボット	自動制御され,再プログラム可能で,多目的なマニピュレータであり,3軸以上でプログラム可能で,1か所に固定して又は移動機能をもって,産業自動化の用途に用いられるロボット。
サービスロボット	人または設備にとって有益な作業を実行するロボット。産業自動化の用途に用いるものを除く。

(JIS B0134 より作成)

3 ロボットを構成する要素

ロボットは「感じて」「考え」「動く」機械であるが,それぞれおもに**センサ系**,**知能・制御系**,**駆動系**の3つの要素技術に分類することができる。それぞれを人間にたとえると,図6-1のように,センサ系は視覚や聴覚,触覚など,知能・制御系は頭脳,駆動系は手足や筋肉などに相当する。ここでは,それぞれの要素について学ぶ。

1 センサ系

人間の外界の情報を感じるための代表的な知覚は,五感と言われる,視覚・聴覚・嗅覚・味覚・触覚であるが,ロボットにも用途に応じてロボット内外の情報を得るためにさまざまなセンサが搭載されている。

また，人間にはなくロボットだけがもてる特殊な知覚も少なくない。

2　知能・制御系

　ロボットの頭脳として処理・制御を行うためのコンピュータは，ロボットの機能や動作する環境によって異なる。近年，家電製品のIoT化が進んでいるが，ロボットもネットワークにつながることによって，ロボット本体に頭脳を搭載しなくても，外部で処理を行うことで，処理装置を物理的に搭載するためのさまざまな制限から解放される。スーパーコンピュータの頭脳をもった等身大の人型ロボットも，理論的には可能になる。また，ロボットどうしが情報を共有し，複数のロボットが連携して動作したり，ソフトウェアのアップデートをはじめ通信を使ったさまざまな機能も実現できる。

3　駆動系

●**アクチュエータ**　人間の筋肉に相当するのがアクチュエータである。ロボットのアクチュエータには，速度やトルク，制御のしやすさ，メンテナンス性や寿命，静音性，省エネルギー，体積や質量など，さまざまな性能が求められる。

4　その他

●**筐体**（きょうたい）　ロボットの筐体は，大形の組み立てロボットなどは鋼材が使われるが，それ以外のロボットでは，軽量化のためにアルミニウム合金を使うことが多い。ロボットは軽量化によって制御性や応答性が高まり，消費電力や摩耗による寿命にも高い効果が得られるため，近年は強度が高く，金属より軽量な工業用プラスチックや炭素繊維強化プラスチックが使われることが増えてきた。

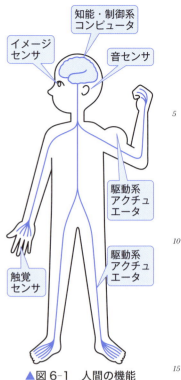

▲図6-1　人間の機能

問1　ロボットに搭載されるセンサについて，ロボットの用途に応じてどのようなものがあるか調べよ。

問2　ロボットがインターネットにつながることによって得られる機能にはどのようなものがあるか調べよ。また，将来，実現できそうな機能を考えよ。

問3　ロボットがインターネットにつながることによって，危惧されることや配慮しなければならないことを考えよ。

問4　ロボットと一緒に仕事や生活をする場合，機械的な性能や処理能力のほかに，ロボットに求められることは何か，グループで議論せよ。

2節 産業用ロボットの基礎

産業用ロボットは，いままで人間が行っていた繰り返しの単純作業や危険をともなう作業などから，人間を解放した。それと同時に，生産現場を自動化・省力化して生産性を向上させてくれる。

ここでは，産業用ロボットを構成する基礎技術について考える。

1 産業用ロボットの機構と運動

ここでは，人間に類似した動作を実現するための，ロボットの基本的な機構について学ぶ。

1 基本動作

ロボットの手・手首・腕・足など駆動端の動作は，表6-3に示すような直動・回転で構成される。この動作を**単位動作**とよび，これらを組み合わせることによって，作業に必要なロボットの動作を実現している。また，動作がいくつの単位動作の組み合わせであるかを，**自由度**❶または**軸数**という。たとえば，3自由度は三つの独立した動作が可能であることを示す。

❶ 動作自由度ともいう。直動，回転部分の数で表すことが多い。
❷ translation
❸ revolution
❹ joint：二つのリンクがたがいに接触して相対運動をするときの結合部分。

▼表6-3 ロボットの基本動作と機構を表す図記号

動作	意味	機構の名称	図記号と運動方向
直動❷	同一の軸上で，二つの部材相互位置が変化すること。	直進ジョイント❹ (1)	
		直進ジョイント (2)	
回転❸	軸の方向は変化せず，軸方向を中心とする回転運動。	回転ジョイント (1)	
	軸方向を変化させようとする回転運動。	回転ジョイント (2)	（平面）（立体）
名称	エンドエフェクタ	図記号		名称	設置基準面	図記号	

2次元の平面上に障害物がある空間で，2自由度をもつ腕と3自由度をもつ腕の動きを比較する。図6-2(a)のような2自由度の腕の場合，障害物がある空間では衝突が起こり，目的の場所への移動ができ

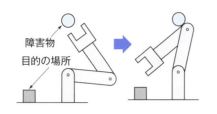
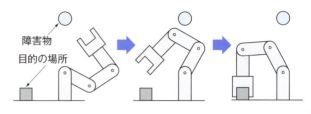

(a) 2自由度の腕の場合　　　　　　　(b) 3自由度の腕の場合

▲図6-2　自由度による違い

ないことがある。それに対し，図(b)のような3自由度の腕の場合，自由度が1増加することによって目的の場所への移動経路が複数になり，2自由度の腕では衝突してしまう障害物も回避できるようになる。

2　産業用ロボットの動作機構

産業用ロボットの動作機構は，「直動」，「回転」という基本動作をどのように組み合わせるかによって定まる。以下，産業用ロボットの種類を，機構から分類して示す。

●座標軸型

① **直角座標ロボット**　図6-3(a)に示すように，位置決めの動作機構がすべて「直動」で構成される直角座標形式のものを**直角座標ロボット**❶という。構造例を図(b)に示す。直線運動を基本としているため，簡単な制御で縦方向や横方向からの組立作業などが行えるが，設置空間に対して作業領域が小さいという欠点がある。

動作機構による産業用ロボットの分類

産業用ロボット
├─シリアルリンク型
│　├─座標軸型
│　│　├─直角座標ロボット
│　│　├─円筒座標ロボット
│　│　└─極座標ロボット
│　└─多関節型
│　　　├─垂直多関節ロボット
│　　　└─水平多関節ロボット
└─パラレルリンク型

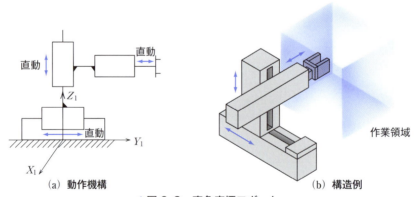

(a) 動作機構　　　　　　　　　　　(b) 構造例

▲図6-3　直角座標ロボット

② **円筒座標ロボット**　図6-4(a)に示すように，位置決めの動作機構が，「回転」―「直動（鉛直方向）」―「直動（水平方向）」の組み合わせで構成される円筒座標形式のものを**円筒座標ロボット**❷という。構造例を図6-4(b)に示す。作業領域は直角座標ロボットより広いが，片持ばり構造であるため，腕の位置によって腕のたわみ量が変化する。

❶ rectangular robot または，Cartesian coordinate robot
❷ cylindrical robot

回転による腕の長距離移動を有効に利用して，ワーク[1]の搬送，工作機械へのワークの供給などに使われている。

[1] 作業対象となっている部品や材料。

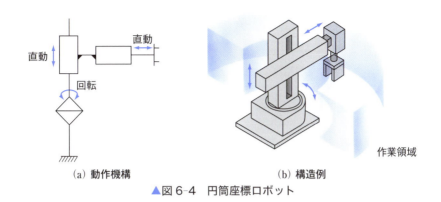

(a) 動作機構 　　　(b) 構造例

▲図6-4　円筒座標ロボット

③　**極座標ロボット**　図6-5(a)に示すように，位置決めの動作機構が，「回転」―「回転」―「直動」の組み合わせで構成される極座標形のものを**極座標ロボット**[2]という。構造例を図(b)に示す。腕の向きがつねに1点からの放射状であり，設置スペースも小さいという利点から，塗装や自動車のスポット溶接などに用いられる。腕先端の位置決め精度は，円筒座標ロボットと同様に腕の長さに比例して低下する。

[2] polar robot または spherical robot

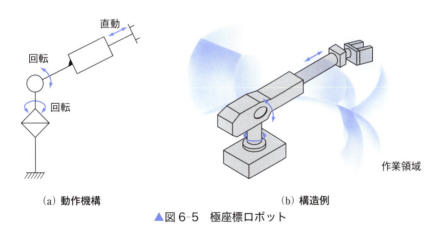

(a) 動作機構 　　　(b) 構造例

▲図6-5　極座標ロボット

●**関節ロボット**　図6-6(a)，(b)に示すように，位置決めの動作機構が三つ以上の回転で構成される形式のものを**関節ロボット**[3]という。代表的な関節ロボットの例を，図(c)，(d)に示す。

[3] articulated robot

①　**垂直多関節ロボット**　図(c)の垂直多関節ロボットは，動作が人間の腕の動きに最も近く，障害物を避けて回り込むなど柔軟な動作ができるので，溶接・塗装・組立などの複雑な作業に使われている。最先端の位置決め精度は腕の姿勢によって変化し，回転動作の誤差が

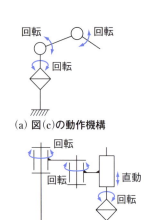
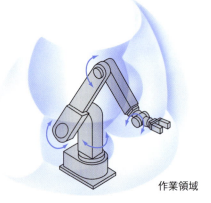

(a) 図(c)の動作機構
(b) 図(d)の動作機構
(c) 垂直多関節ロボット
(d) 水平多関節ロボット

▲図6-6 関節ロボット

腕先端にいくに従って累積されるという欠点がある。また，回転要素だけで構成されるため，腕先端に直線運動をさせるためには高度な制御技術が必要になる。

② **水平多関節ロボット**　図(d)は水平多関節型ロボットで**スカラロボット**❶ともよばれ，腕が水平面内で移動し，さらに腕先端に鉛直方向の直線運動が加えられた形式の例である。垂直多関節ロボットと比べて，関節駆動へ加わる重力の影響が少なく，モータの負担が軽くなり，腕全体の剛性も高くできる。そのため，**ピックアンドプレイス**❷，**パレタイジング**❸，**デパレタイジング**❹などの作業や，垂直方向の剛性の高さを生かして部品挿入・圧入・ねじ締めなどの組立作業に使われている。

●**パラレルリンク型ロボット**　パラレルリンク型ロボットは並列のリンク構造で，モータの数より多い自由度を得ることができ，座標軸型ロボットや関節ロボットに比べて，高速で精密な動作が可能である。生産ラインでは，おもにワークの選別や整列などを高速に行う用途で使用されている。図6-7に，一般的なパラレルリンク型ロボットの例を示す。

❶ SCARA：selective compliance assembly robot arm の略。
❷ pick and place；対象物を持ち上げて別の場所へ移動させて置く作業。
❸ palletizing；パレットなどの上に物を一定の規則に従って並べること。
❹ depalletizing；パレットなどの上に並べられている物を順に取り出すこと。デパレタイズともいう。

問5 次の語の意味を説明せよ。
(1) ピックアンドプレイス　(2) パレタイジング
(3) デパレタイジング

問6 次の単位動作の図記号をかけ。
(1) 直動　(2) 回転

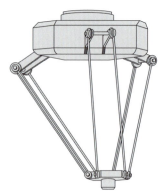

▲図6-7 パラレルリンク型ロボットの例

2 産業用ロボットの基本機構

産業用のロボットアームは対象物をつかみ，目的の位置まで移動させるなどの作業を行う。ここでは，その動作を実現するための腕・手首・手などの基本的な機構について学ぶ。

1 腕

人間の腕に類似した機能をもつ機械の部分を**腕**という。腕を用いた関節ロボットの位置・姿勢を空間内で自在に動かすには，6自由度が必要である。

❶ 腕の上下（回転・移動），前後，左右，（回転・移動）の動作。

●**腕の自由度** 人間の腕は，肩関節3自由度，手首2自由度，肘関節2自由度の合計7自由度をもつ。6自由度をもつ関節ロボットに，肘の1自由度が加わることで運動に大きな効果をもたらす。たとえば，人間の腕で，手を伏せてテーブルに固定したまま，肘関節を動かすことによって，脇の開閉が可能になる。7自由度をもつ関節ロボットの登場は，障害物の回避やアクチュエータの小形軽量化にもつながっている。図6-8に，7自由度をもつ関節ロボットを示す。

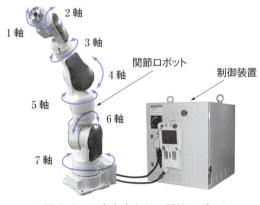

▲図6-8 7自由度をもつ関節ロボット

2 手首

腕の端部にあって，手を取り付ける機能をもつ部分を**手首**という。手があらゆる作業姿勢をとるためには，手首部で最低3軸が必要であるが，必要とされる機構に応じて1軸から3軸で構成され，その構造は回転が主体となる。

図6-9に示すものは3自由度の腕と手首の機構であるが，それぞれの動作軸がずれているので，姿勢の変化とともに位置も変化し，制御がより複雑なものになる。

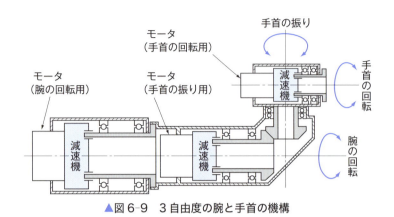

▲図6-9 3自由度の腕と手首の機構

3 手

腕の先端に取り付けられ，作業対象に直接働きかける部分を**エンドエフェクタ**❶という。人間の手に対応するので，ハンドまたは**メカニカルハンド**❷ともよび，物体を**保持**❸または**把握**❹する機能をもつ。保持はロボットが指によらずに物体を拘束すること，把握は指により物体をつかむことで，その両方を総称して**把持**❺という。保持には無指ハンド，把握には有指ハンドが用いられる。

●**無指ハンド**　指のないハンドで，一般に，エジェクタ❻や真空ポンプで発生させた真空を利用して，吸着パッドでワークを吸いつけるものが多い。また，エジェクタの真空度を調節することによって，薄い板や変形しやすいワークを吸着することができる。エジェクタは，小形のワークの搬送には適しているが，大形のワークの搬送や連続して真空を発生させたい場合には，真空ポンプが適している。吸着したワークを放す場合は，自重があるワークはエジェクタの真空を解除するだけでよい。しかし，ワークが質量の小さな薄い板などの場合は，吸着ハンドに強制的に圧縮空気を送らなければならない。また，電磁石の吸着ハンドを用いて，磁性体のワークを保持することもある。

図6-10に，真空吸着ハンドを用いた自動車用窓ガラスの搬送例を示す。

❶ end effector
❷ mechanical hand
❸ hold without fingers
❹ grip
❺ hold

❻ ejector
　p.140 参照。

▲図 6-10　真空吸着ハンドを用いた自動車用窓ガラスの搬送例

●**有指ハンド**　人間の手のように指をもつハンドである。一般に，産業用に用いられるものは関節のない 2 指構造のもので，基本的な動作は把握である。把握を行うハンドは，レバーやつめの開閉の方法によって回転開閉形と平行開閉形に分けられる。有指ハンドは小形軽量で，ワークを落下させたり，握りつぶしたり，傷をつけたりすることがないように，適正な拘束力を発揮できる必要がある。

図 6-11 に，回転開閉形と平行開閉形のハンドの構成を示す。

●**専用ハンド**　ロボットの手先における作業としては，把持だけでなく，各種工具による特定の作業も要求される。この特定の作業のために用意したハンドを専用ハンドとよぶ。各種のハンドを用意し，そ

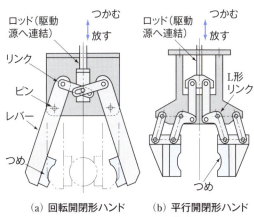

▲図 6-11　ハンドの構成

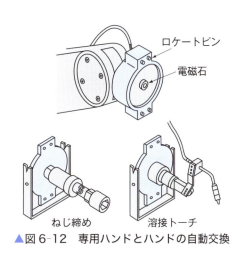

▲図 6-12　専用ハンドとハンドの自動交換

2 節　産業用ロボットの基礎　249

れらを付け替えることで，産業用ロボットを汎用性の高い機械とすることができる。

　図6-12は，溶接トーチやねじ締めなど専用ハンドを自動的に交換できるAHCとよぶ機構を備えた例である。この装置では，ハンドの脱着機構に電磁石を用いる。また，停電時のハンドの脱落を防ぐために，ロケートピンが設けられている。

❶ automatic hand changer

問7　図6-9の3自由度の手首を，単位動作記号を使ってかけ。

問8　人間の手を再現するには何自由度が必要か。また，なるべく少ないアクチュエータで，人間の手に近い動きを再現する機構を調べよ。

3　産業用ロボットの例

　ロボットは，さまざまな産業分野で導入されているが，ここでは，自動車製造の現場で稼働しているロボットの例を示し，その機能や構成などについて学ぶ。

1　アーク溶接ロボット

　アーク溶接は，作業環境もきびしく，高度な熟練技能を必要とする作業である。溶接トーチの姿勢や位置決め，複雑な溶接線などは，専用機による自動化がむずかしく，熟練技能者の勘と経験による技術にたよって作業がなされていることが多い。そこで，作業を教え込みさえすれば，複雑な作業でも熟練技能者をうわまわる性能をもつ**アーク溶接ロボット**が使用されている。

❷ arc welding robot

　アーク溶接ロボットには，被溶接物が立体構造であり，溶接姿勢がおもに下向きであること，溶接トーチを人間の作業と同じように微妙に変化させられることなどの理由から，多関節ロボットが用いられることが多い。制御軸数は，回転軸・第1腕・第2腕の基本3軸で位置決めをして，手首2軸または3軸でトーチ姿勢を決定するため，計5軸または6軸である。

●**溶接システム**　溶接システムは，ロボット本体・制御装置・ペンダント・溶接電源装置・ワイヤ供給装置などで構成される。また，炭酸ガスアーク溶接では，液化二酸化炭素ボンベ・ガスホースが必要となる。図6-13に示すように，溶接電源と制御装置が一体になり，ワイヤ供給装置とケーブル類がロボット本体に内蔵された溶接システムも登場している。

❸ 溶接ロボットとしては，溶接トーチを目的の速度・姿勢で移動させる作業機械にすぎず，一般的には，付帯装置を含めたシステムとして取り扱われる。
❹ robot controller
❺ p.268参照。

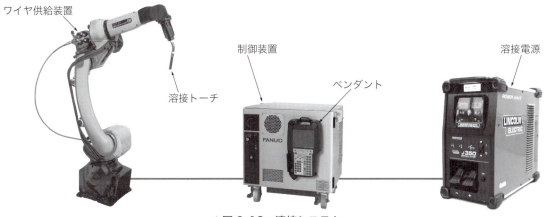

▲図6-13 溶接システム

●**アーク溶接ロボットの機能** アーク溶接は，ワークの溶接線にそって溶接トーチを移動させ，同時に指定された溶接条件を溶接機に出力して目的の溶接を行うことが要求される。そのため，これに用いられるロボットは，**動作の正確性・高速性，教示機能，ウィービング機能❶，溶接トラブル自動復旧機能，多層盛り溶接機能**が必要である。

●**アーク溶接ロボットのセンサ** アーク溶接ロボットのセンサのおもな用途は，溶接開始点の探索と溶接線の追従である。これには，溶接ワイヤに電圧をかけワークとの接触時の短絡を検出して位置を検出する方法や❷，アークセンサなどが用いられるが，使用にあたっては，熱・スパッタ・アーク光などの環境に注意しなければならない。

❶ ウィービング(溶接線を横切る方向にトーチを揺動させる)させながら溶接を行う場合，溶接の開始点と終了点，ウィービングの左右の頂点を教示すればウィービングできる機能。

❷ 一般的に，ワイヤタッチセンサとよばれることが多い。

問 9 溶接ロボットに多関節ロボットが多く用いられている理由を調べよ。

問 10 溶接ロボットを導入した場合の利点を調べよ。

2 組立ロボット

組立ロボットは，ロボット単体では位置決め機械であり，ハンド・部品供給装置・センサ・搬送装置などの周辺装置と一体となって組立作業を行っている。

●**組立ロボットの作業工程** 図6-14に，自動車のコクピットモジュールを装着しているロボットの例を示す。組立ロボットの作業工程は，部品の供給，部品のつかみ・搬送・

▲図6-14 組立ロボット

2節 産業用ロボットの基礎 251

ワーク保持・ねじ締め・組み合わせ・パレタイジング・検査など広範囲であり，目的に応じて周辺装置と組み合わせ，直角座標ロボットや関節ロボットなどが用いられる。作業工程の変更にともなって，周囲の環境が変化したときには，センサからの情報取得が重要になってくる。

●**組立ロボットのセンサ**　視覚センサ・近接スイッチ・力センサなど，作業に応じてさまざまなセンサが組立ロボットに用いられている。

3　塗装ロボット

塗装ロボットは，自動車の車体・家庭用電気製品・自動販売機・各種プラスチック製品など，比較的大きな物の塗装に多く利用されている。これらの塗装には，大きな作業領域を必要とするため，6軸多関節形のロボットが多く用いられている。塗装溶剤は引火性が高く，その雰囲気中での作業は，爆発の危険性をともなうため，以前は油圧式の塗装ロボットが多かった。しかし，防爆システムの技術進歩により，高速移動ができる電動式の塗装ロボットも使われるようになった。また，塗装ロボットには，自己診断機能を備えているものもあり，故障や操作ミスを防ぐ安全性や保守性も向上している。

図6-15に，自動車の車体に用いられる塗装ロボットの例を示す。

問11　ここで紹介したロボットのほかに，自動車の製造工場でどのようなロボットが稼働しているか調べよ。

▲図6-15　塗装ロボットの例

3節 産業用ロボットの制御システム

産業用ロボットは，さまざまな技術に支えられている。とくにセンサの果たす役割は大きく，自律ロボットの発展に大きく貢献している。

ここでは，産業用ロボットに必要な技術として，センサの技術，アクチュエータの技術，制御に必要な技術，ロボット言語，および制御系について考える。

1 産業用ロボットを支える技術

ロボットを支える技術を学ぶには，それに必要な要素を知ることが大切である。たとえば，ロボット自身の状態や対象物の位置を検出するためのセンサや，ロボットの各部分を動かすためのアクチュエータなどの技術を理解しなければならない。

1 センサの技術

●**内界センサ**　ロボットが自分自身の状態，たとえば，腕の位置や速度・加速度などを検出するためのセンサを**内界センサ**という。内界センサは，ロボットのサーボ動作の制御にかかわるので，信頼性が高く，精度がよく，応答が速く，検出範囲が広いことなどが要求される。表6-4に，代表的な内界センサの例を示す。

▼表6-4　内界センサの例

検出の種類	機　能	センサ・変換器
位置・角度	可動部の位置[1]や角度を検出する。	ホトインタラプタ
	可動部の位置・角度の検出や，駆動部の運動を停止させる。	マイクロスイッチ
変　位	可動部分の変位を，アナログ量またはディジタル量として計測する。	ロータリエンコーダ リゾルバ 差動トランス
速度・角速度	速度制御信号を検出する。	速度計用発電機 ロータリエンコーダ
加　速　度	物体に働く慣性力[2]を計測することで加速度を検出する。	加速度センサ
力・トルク	力制御用の信号を検出する。	ロードセル ひずみゲージ
姿　勢	姿勢を検出する。	ジャイロスコープ[3]
温　度	温度を検出する。	サーミスタ

（日本機械学会編「機械工学便覧」より作成）

[1] ロボットの関節や腕の位置など。

[2] ロボットの腕の上下の動きや，回転した場合など。

[3] 角速度を検出するために用いるセンサ。

●**外界センサ**　ロボットと，外部の対象物までの位置や距離などのような外部の状態を検出するためのセンサを**外界センサ**という。そのおもなものには，視覚センサ，触覚センサおよびその中間的な役割を果たしている近接覚センサがある。ロボットの知能度を高めるには，これらのセンサを備えることが必要である。

表6-5に，代表的な外界センサの例を示す。

▼表6-5　外界センサの例

センサの種類		機　　能	センサ・変換器
非接触形センサ	視覚センサ	非接触で，光を媒体として物体の位置の計測，形状・姿勢・色彩などの認識に用いるセンサ。	固体撮像撮素子（CCD，CMOS） ホトダイオード ホトトランジスタ
非接触形センサ	近接覚センサ	センサと対象物体が十数cmから数mm程度まで接近した状態で，対象物体との間隔や傾き角度を検出するためのセンサ。ロボットと対象が接近した状態で作業が行われる場合の衝突防止や運動部の動きを制御する。	静電容量形センサ 高周波発振形センサ 磁気センサ 超音波センサ
接触形センサ	触覚センサ	接触覚センサ：対象物体に接触したかどうかを2値信号として検出するセンサ。	マイクロスイッチ 感圧導電性ゴム❶ ひずみゲージ
接触形センサ	触覚センサ	すべり覚センサ：ロボットと物体との間の接触面内での相対的な動きを知る感覚センサ。	すべり覚センサ
接触形センサ	触覚センサ	力覚センサ：ロボットが対象に与えている力とモーメントを検出するセンサ。	力覚センサ

（日本機械学会編「機械工学便覧」より作成）

問12　ロボットの内界センサと外界センサの違いを述べよ。

2　アクチュエータの技術

ロボットに目的の作業を行わせるためには，その作業形態に最適で，できるだけ保守点検が容易なアクチュエータを選択しなければならない。ここでは，アクチュエータに用いられている技術的な要素や特徴について学ぶ。

ロボットを動かすには，動力源からアクチュエータにエネルギーを供給しなければならない。ロボットに用いられるアクチュエータの駆動方式を比較すると，電力源・油圧源・空気圧源に大別される。

ロボットに使われるアクチュエータの要素には，小形，軽量で高出力が得られ，さらに作業条件に適していることが求められる。しかし，ロボットの自由度に比例してアクチュエータの数も増え，ロボット全質量に占めるアクチュエータの質量が大きくなるため，ロボットが搬送できる対象物の質量は小さくなる。このようなことから，アクチュエータには，**出力／質量**の値の大きいものが必要になる。

❶ シリコンゴムを主成分とするもので，圧力が加えられると電気抵抗が変化する。ロボットの接触覚センサなどに用いられる。

電気式アクチュエータは，動力源が手軽に確保でき，電子技術によって容易に制御できるなど，ロボットに適した性質をもっているため最も普及している。なかでもサーボモータの使用頻度が高く，サーボモータや付属する減速機に中空のものが登場している。さらに，図6-16に示すようなモータ・減速機・センサ・ブレーキを一体化した中空のアクチュエータが，多関節ロボットの関節部分に使用されている。このアクチュエータの登場によって，配線・配管類をすべて腕の中に収納できるようになったため，腕先端部で配線が引き回されることもなくなり，周辺の機器との干渉が低減され，作業効率の向上につながった。とくに溶接ロボットのように，エンドエフェクタ部分の配線が多いロボットには適している。

　油圧・空気圧式アクチュエータは，モータにより油圧ポンプや空気圧縮機を駆動させて流体の圧力を高め，制御弁により圧力や方向の調整を行っており，配管施設やフィルタなどの付属品が必要となる。しかし，油圧アクチュエータは位置制御が容易で大きな出力が得られ，空気圧アクチュエータは危険性が少なく保存も容易である。

(a) 外　観　　　　　　　　　　(b) 構　造
▲図6-16　モータ・減速機・センサ・ブレーキを一体化したアクチュエータ

● 3　制御装置と動作方式

●ロボット制御装置の概要　　制御装置は，ロボットに目的の作業を行わせるために，自分自身の可動部の状況を計測する内界センサや，作業対象の状態を計測し認識する外界センサなどの検出部からの情報を得て，その情報が目的値と一致するよう，アクチュエータに操作命令を送る装置である。

　制御装置の構成例を，図6-17に示す。その機能は，一般的に，次の三つの部分に分かれる。

　① **駆動制御部**　　ロボットの駆動端で位置・速度・加速度などの制

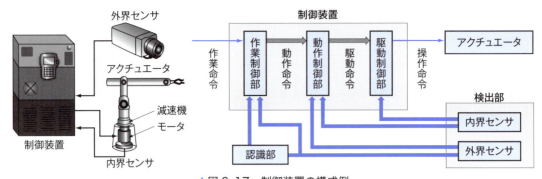

▲図 6-17 制御装置の構成例

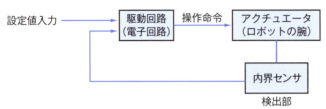

▲図 6-18 駆動制御部のみで構成された制御装置の例

御量を，所定の値になるように制御するものである。図 6-18 に，駆動制御部のみで構成された制御装置の例を示す。駆動制御部は，図のようにコンピュータを用いないで，電子回路だけで制御を行う場合もある。

② **動作制御部** 動作制御部は駆動制御部に動作命令を与え，ロボットの手指などを目的の点まで移動させるための制御を行うもので，位置や速度を計算し，空間中の移動経路（軌道）の制御を行う。

③ **作業制御部** 作業制御部は動作制御部に一連の命令を与え，この部分で知能制御が行われる。図 6-17 に示すように，作業命令は後述する教示操作やロボット言語を用いて記述されたプログラムによってつくられ，作業制御部へ命令が送られる。図 6-19 に示すような多関節ロボットでは，腕の関節ごとにそれぞれ一組のモータとセンサが接続され，作業制御部からの信号によってそれぞれのモータが回転し，腕が目的の動作を行う。

● **ロボット動作の制御方式** ロボットの作業では，作業するいくつかの点だけを必要とし，手先がそれらの点へ移動する途中の経路は問題にしない場合と，溶接・塗装のように途中の移動経路が指定されている場合とがある。このことから，ロボットの移動経路の制御方式には，次に示す二つがある。

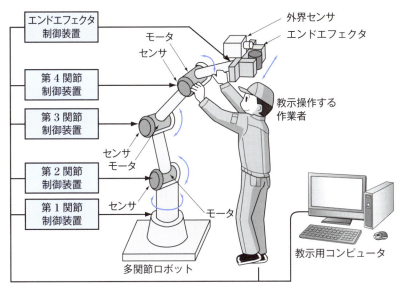

▲図6-19　作業制御部の構成

① **PTP制御方式**　位置決め点と姿勢のみを問題とし，その点に向かう途中の経路についてはとくに問題としない制御方式を**PTP制御方式**という。PTP制御方式では，図6-20(a)に示すように，物体をある場所Aから別の場所Bに移動させる場合，途中経路については指定できない。そのため，部品の搬送作業，スポット溶接作業のような作業する位置とその姿勢だけが重要となるロボットの動作の制御に用いられる。

❶ point-to-point control

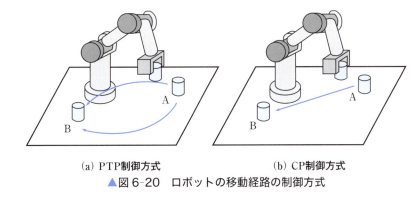

(a) PTP制御方式　　(b) CP制御方式
▲図6-20　ロボットの移動経路の制御方式

② **CP制御方式**　図(b)に示すように，位置決め点だけでなく，連続した動作経路が指定されている制御方式を**CP制御方式**という。溶接作業や塗装作業など，指定された経路を指定された速度で動作しながら作業を行うようなロボットの動作の制御に用いられる。

❷ continuous path control

CP 制御方式では，経路が曲線上で指定される。連続した動作経路上の点を微小なピッチで記憶させ，再生して移動させる場合のほかに，演算で求めた直線・円弧などを結んで移動させる場合がある。動作の主要点を定めて記憶させ，与えられた 2 点間を直線に沿った点群で近似する**直線補間**，および与えられた 2 点間を円弧に沿った点群で近似する**円弧補間**により，ロボットを移動させている。

●**知能制御**　ロボットに学習機能を付加することは，知能ロボットを実現するうえで重要な課題である。センサの開発は，知能ロボットの研究に大きく貢献した。センサからの情報をプロセッサなどを用いて解析し，それを動作に反映させることは知能化の一つである。また，センサ自身に関してもマイクロプロセッサを内蔵させ，高速で高度な情報処理機能を付加することにより，知能化させる取り組みも行われている。このセンサの知能化により判断機能が備わり，環境変化などへの判断も可能となってきた。

　知能制御を行う方法として，次の二つの方法が考えられている。

① 　モデルベースとよばれる方法で，ロボットの作業内容やおかれた環境などの情報をあらかじめ教えておくもの。

② 　学習・行動ベースとよばれる方法で，ロボットが学習経験を蓄積することによって新しい行動ができるもの。

　ロボットの制御をできるかぎり簡単に行うためには，高性能なセンサとそれを利用できるセンサ技術が必要となってくる。たとえば，手を使わずにロボットへの教示ができ，データの入力が簡素化されるうえ，ロボットとの対話も可能となる音声認識がある。音声認識は，あらかじめいくつかの単語の音声を標準パターンとして登録しておき，入力された音声のパターンと登録された音声とのパターンの照合によって認識を行うものである。

　一方，視覚センサとして CMOS や CCD カメラなど，イメージセンサの登場も知能化に大きく貢献した。イメージセンサからの画像信号を設定条件に照らし合わせて画像処理し，**視覚認識装置**で判断および認識することにより，高速で移動する物体を認識できるようになった。また，さらに人間の五感に近づけるための研究開発が行われている。

4　ロボット言語

　ロボット言語[1]は，人間がロボットの動作や作業を記述するために使

[1] robot languages

う専用の言語である。

　ロボットに，動作や作業を命令する場合の記述は，命令の知的レベルにより変わるので，図6-21に示すように分類されている。

　この分類に従うと，図6-22に示すような，ワークをつかんでパレット上に運ぶ作業を1回行わせる場合は，図6-23のように記述される。作業目標レベル・対象物状態レベルの言語は，ロボット言語としては理想的であるが，高度な問題解決機能を必要とするので，知能ロボットの研究とあわせて研究が進んでいる。

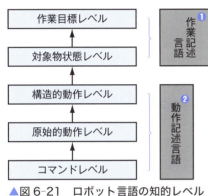

▲図6-21　ロボット言語の知的レベルによる分類

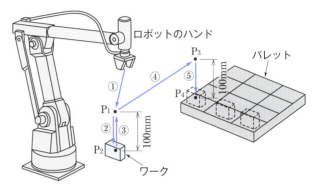

▲図6-22　ワークをつかんでパレットに運ぶ作業の例

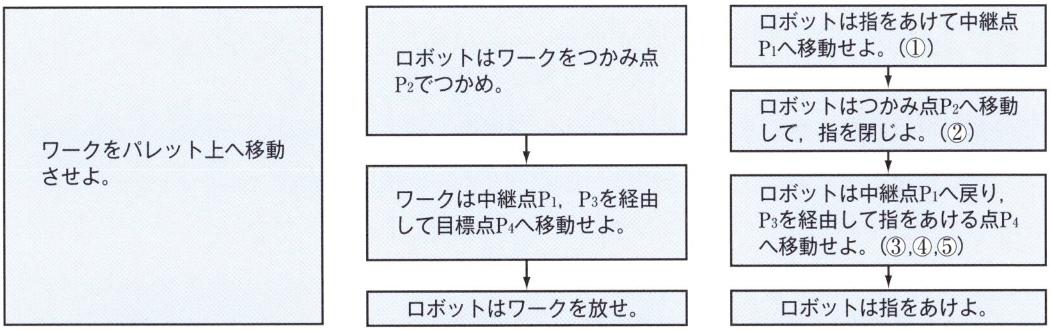

(1) **作業目標レベルの記述**
作業の目標を記述したものであり，この記述では，まだロボットの動作や，手順・経路は明示されていない。

(2) **対象物状態レベルの記述**
この記述は，ロボットの動きを直接的に表現したものでなく，対象物の動きを記述したものである。

(3) **動作レベル記述**
動作記述は，ロボットの単位動作で記述されたものである。

▲図6-23　ロボット言語のレベルによる比較

2　産業用ロボットの制御系

　ロボットを支える技術として，センサやアクチュエータはすでに学んだ。それらをもとに，ロボットを制御するための技術を知らなければならない。一般に，制御対象や制御装置などの系統的な組み合わせを**制御系**といい，制御が自動的に行われるものを**自動制御系**という。

❶ task description languages
❷ motion description languages

1 シーケンス制御

シーケンス制御は第4章で学習したが，あらかじめ定められた順序，または一定の順序に従って，制御の各段階を順次進めて行く方法のことであり，ロボットにも採用されている。

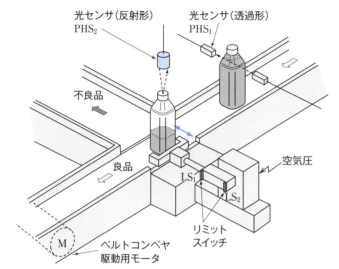

① ペットボトルがコンベヤ上を移動する。
② 光センサPHS$_1$でペットボトルを透過して内容量を検知する。
③ 光センサPHS$_2$でペットボトルの有無を検知する。
④ ペットボトルの内容量が不足の場合は，ロボットアームでペットボトルを不良品のコンベヤに押し出す。
⑤ ロボットアームがもとの位置に戻る。
⑥ ①から⑤の動作を繰り返す。

▲図6-24　ロボットのシーケンス制御の例

図6-24に，ロボットのシーケンス制御の例を示す。これは，センサでペットボトルの内容物を検知して，容量がたりないものを不良品としてロボットアームで押し出す制御である。

コンピュータから機械に命令を送り，センサなどの情報に基づいた動作の補正を行わない制御方式を**オープンループ制御**方式とよぶ。この方式は，動作は速いが，位置決め精度が悪く，ノイズや電源変動などの影響を受けやすい。シーケンス制御系は，基本的には，図6-25のように制御対象・命令処理部・操作部・検出部で構成されるが，実際には表示・警報部が加えられる場合もある。シーケンス制御系をアクチュエータによって分類すると，電気式・空気圧式・油圧式がある。

❶ open loop control：
開ループ制御ともいう。

これらの方式は単独でも用いられるが，電気-空気圧式，電気-油圧式などとして用いられることが多い。

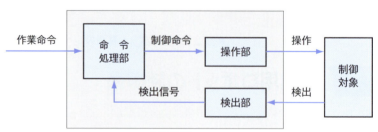

▲図6-25　シーケンス制御系の構成

2 フィードバック制御

制御対象の状態を検出し，その値と目標値が一致するように連続的に制御を行う方式である。フィードバック制御系には，サーボ機構やプロセス制御・自動調節などがある。

●**サーボ機構**　サーボ機構は，工作機械やロボットの腕などに用いられている。工作機械での最終目的は，主軸の回転速度やテーブルの位置の制御である。図 6-26 に示すように，センサからの回転速度や位置の信号を比較部にフィードバックする制御を，**クローズドループ制御**❶方式によるフィードバック制御という。

❶ closed loop control；閉ループ制御ともいう。

一方，図 6-27 に示すように，制御対象を駆動するモータの回転速度や回転角をフィードバックし，間接的に主軸の回転速度やテーブルの位置を制御する方式を**セミクローズドループ制御**❷方式という。この方式は，ループ内の要素が少なくなるため安定しているが，機械の歯車のバックラッシや送りねじのピッチ誤差など，機械的誤差が精度に影響を与えることもある。

❷ semi-closed-loop control

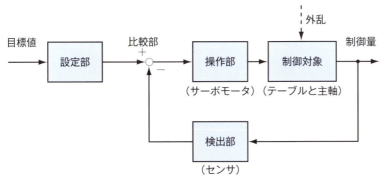

▲図 6-26　クローズドループ制御

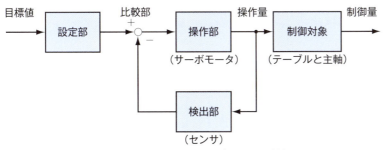

▲図 6-27　セミクローズドループ制御

●**直流サーボモータによる制御**　クローズドループ方式による制御には，アナログフィードバックとディジタルフィードバックがあるが，直流サーボモータによるサーボ機構は，ディジタルフィードバックで

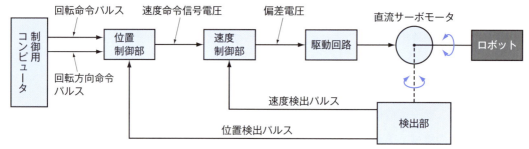
▲図6-28　直流サーボモータによるディジタルサーボ機構の構成

構成されることが多い。

図6-28は，PTP制御における**ディジタルサーボ**[1]機構の構成を示したものである。図に示すように，**位置制御部・速度制御部・駆動回路・検出部**から構成される。

[1] digital servo

次に，ディジタルサーボ機構を構成する各部について学ぶ。

① **位置制御部**　ロボットの腕を，できるだけ速くスムーズに動かし，目的の位置に停止させるような加減速運転を行うのが位置制御部であり，図6-29に示した**偏差カウンタ方式**が多く使われる。この方式の位置制御部は，**偏差カウンタ**[2]**・DA変換器・ロータリエンコーダ**[3]から構成される。

[2] deviation counter
[3] rotary encoder

ロボットの腕などのような重い負荷を，静止状態から駆動させる場合は，図6-30(a)に示すような台形の速度曲線を使った加減速運転を行う。これは停止状態から徐々に加速し，一定速度に達するとその状態を維持させたのち，目的位置に近づくと，ゆっくり減速し停止させる方法である。この加減速運転により，目的の位置までの移動量に相当する長さや角度などの位置の制御が行われる。

目的位置までの移動に必要な信号パルス数を L [パルス]，時間を t

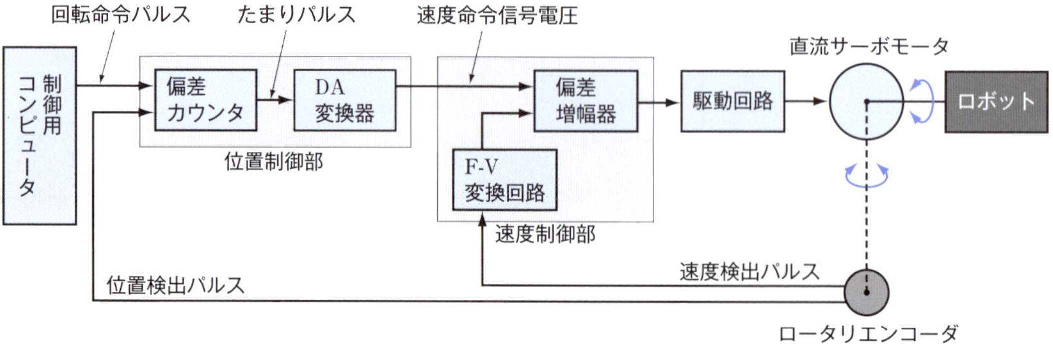

▲図6-29　偏差カウンタ方式

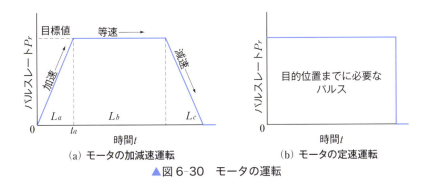

▲図6-30 モータの運転

[s] とすると，単位時間あたりのパルス数 P_r [パルス/s] は，次の式で表される。ここで，P_r は**パルスレート**❶ともよばれる。

❶ pulse rate

$$P_r = \frac{L}{t} \tag{1}$$

図6-30(b)のように定速運転を行う場合，目的位置までに必要なパルスは，パルスレートと時間の積で求めることができるため，四角形の面積が移動に必要なパルス数となる。

次に，図6-30(a)のように台形の加減速運転を行う場合，パルスレートを P_r [パルス/s]，加速時間を t_a [s] とすると，静止状態から等加速度で目標のパルスレートに達するためのパルス増加率 P_a [パルス/s^2] は，次の式で表される。

$$P_a = \frac{P_r}{t_a} \tag{2}$$

また，加速時に必要なパルス L_a は，図(a)の三角形の面積と等しいため，次の式で求めることができる。減速時も同様に求めることができる。

$$L_a = \frac{P_r \times t_a}{2} \tag{3}$$

図(a)において，加減速運転を行うために，制御用コンピュータは，回転命令パルスとしてモータの回転角に相当する量のパルスを，加速・等速・減速の3領域に応じた周波数で出力する。また，モータの回転方向を指示する回転方向命令パルスも同時に出力する。

これらの命令パルスによって直流サーボモータが加減速運転されるようすを，図6-29の偏差カウンタ方式に従って説明する。制御用コンピュータから出力された回転命令パルスは，偏差カウンタに入力さ

れる。偏差カウンタでは，回転命令パルスとロータリエンコーダからフィードバックされる位置検出パルスのパルス数の差をカウントする。この値は**たまりパルス**とよばれ，DA変換器に送られてアナログの速度命令信号電圧に変換される。この信号電圧はたまりパルスに比例し，速度制御部，さらに駆動回路を経て直流サーボモータに出力され，モータは回転する。

　モータの停止位置では，偏差カウンタのたまりパルスは0であり，モータに電圧は加わっていない。外部からモータに力を加えて回転させると，位置検出パルスが偏差カウンタに入力され，偏差カウンタのたまりパルス数は，このパルスをカウントした数となる。この値をDA変換器に入力することにより，動かした方向と逆方向に回転させる電圧がモータに加わるので，モータをもとの位置に戻すよう制御され，停止位置が保たれる。この動作を**サーボロック**❶という。位置の制御方式には，このほか，信号処理をソフトウェアで行う**ソフトウェアサーボ方式**❷なども用いられている。

❶ servo lock

❷ software servo system

問 13　図6-30(b)のような定速運転で，目的位置までの移動に必要な信号パルス $L = 12\,000$ パルス，移動時間を $3\,\mathrm{s}$ とすると，パルスレート P_r はいくらか。

問 14　図6-30(a)のように，静止状態から等加速度で加速し，$0.5\,\mathrm{s}$ 後にパルスレート $P_r = 6\,000\,[\mathrm{パルス/s}]$ になった。このとき，パルス増加率 $P_a\,[\mathrm{パルス/s^2}]$ はいくらか。

問 15　図6-30(a)で，静止状態から $0.5\,\mathrm{s}$ で等速運転にしたい。加速時に必要なパルス $L_a = 2\,000$ パルスとすると，パルス増加率 P_a はどれだけにすればよいか。

②　速度制御部　直流サーボモータの回転軸は，ロボットの腕などの重い負荷に接続されている。このため，直流サーボモータを加減速運転して目標の目的位置でロボットを停止させようとしても，モータに加わる負荷や慣性の影響で，この目的位置を行き過ぎてしまう。このため，行き過ぎを補正して，素早く目的の速度にしたり，目的の位置に停止させるのが速度制御部の役目である。速度制御部には，従来では速度計用発電機を使用する方式が多く用いられている。

　ここでは，ロータリエンコーダを使用する方式について学ぶ。図6-31に示す，サーボモータの回転軸に直結されたロータリエンコーダの出力パルスは，モータの回転速度が速くなると周波数が高くなり，回転速度が遅くなると周波数が低くなる。このロータリエンコーダの

出力パルスを，直流電圧に変換する **F-V 変換回路**❶ に与えることによって，速度検出電圧を取り出し，フィードバック電圧として偏差増幅器に加える。偏差増幅器では，この速度検出電圧と位置制御部からの速度命令信号電圧とを比較し，偏差電圧を駆動回路へ出力する。

等速で回転しているときに，速度命令信号の電圧を低下させると，動かしたい方向と逆の方向にトルクを発生させる偏差電圧が生じ，サーボモータの回転にブレーキがかかる。これにより，慣性による行き過ぎをなくして，目的位置に停止させることができる。

❶ frequency-voltage converter

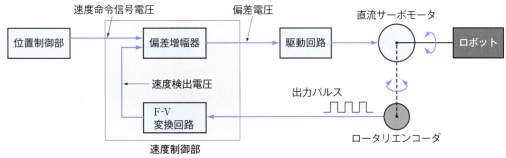

▲図6-31　ロータリエンコーダを使用する方式

③　**駆動回路**　　駆動回路では，PWM 信号を，速度制御部から出力される偏差電圧（パルス幅命令信号）に応じた高周波矩形波のパルス幅に置き換えて，サーボモータに出力する。PWM 出力におけるパルス幅の大きさを変化させることによって，モータへ供給される平均電流が変化することで，回転速度が変化する。なお，図6-32のPWM出力波形は，パルス幅が減少し，回転速度が減少している状態を示す。

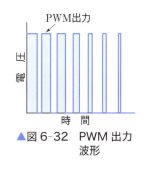

▲図6-32　PWM出力波形

④　**検出部**　　直流サーボモータの回転速度を検出し，パルスで出力したり，アナログ電圧として出力する。これに使用されるセンサには，ロータリエンコーダや速度計用発電機がある。

●**交流サーボモータによる制御**　　交流サーボモータは，モータ軸に直結したリゾルバによってモータの回転子磁極の位置を検出し，その位置にあった固定子巻線に正弦波電流を流すことによって回転する。このため，第4章（p.196）で学んだように，交流サーボモータの制御にはサーボアンプが用いられる。また，このほかにもロータリエンコーダが付属している交流サーボモータがある。

図6-33は，偏差カウンタを用いた交流サーボモータによるサーボ機構の構成例である。各部の働きは，次のとおりである。

3節　産業用ロボットの制御システム　**265**

① 偏差カウンタに位置命令パルスが入力されると，位置検出パルスとの差であるたまりパルスをDA変換器に出力する。
② DA変換器は，たまりパルスをアナログの速度命令信号電圧として偏差増幅器に出力する。
③ 偏差増幅器は，速度命令信号電圧とF-V変換回路からの速度検出電圧との偏差電圧を電流制御部に出力する。
④ 電流制御部は，偏差電圧を回転子の磁極位置に応じた信号値に変換し，この信号値と電流センサからの電流フィードバック値❶によってPWM制御信号をつくり，インバータに出力する。
⑤ このPWM制御信号によって，インバータは**コンバータ**❷からの直流電力を，必要とする周波数の交流電力に変換して，三相正弦波交流を供給し，交流サーボモータを駆動する。
⑥ リゾルバ制御部は，検出された回転検出信号を，回転子の磁極位置信号，速度制御のための速度検出電圧，位置制御のための位置検出パルスに変換する。このような働きによって，直流サーボモータによるサーボ機構と同様なフィードバック制御が行われる。

❶ モータの回転数が上昇しても電流が下がらないようにするための信号。
❷ converter：交流電源からインバータが使う直流電圧をつくるもの。

こんにちではPTP制御のみならず，CP制御とともに，時々刻々と変化する動作中のロボットの関節部に作用する外乱や，関節軸の慣性モーメントの変化にも対応させるため，柔軟性のあるサーボ増幅器が使用されている。これは，ソフトウェアサーボ系といわれ，位置制御や速度制御（図6-33の偏差カウンタ，偏差増幅器，電流制御部をCPUに置き換える）の働きをソフトウェアで行う方式である。

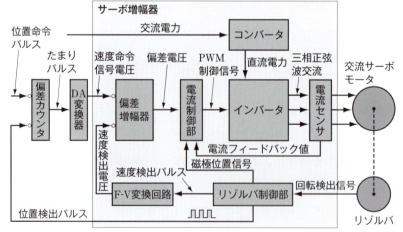

▲図6-33　偏差カウンタを用いた交流サーボモータによるサーボ機構の構成例

問16 位置制御部および速度制御部の役割を述べよ。
問17 偏差カウンタは，どのような働きをするのか。
問18 サーボロックとは，どのような動作をいうのか。
問19 PWM方式とは，どのような信号を利用する方式か。

4節 産業用ロボットの操作と安全管理

産業用ロボットに目的の作業を行わせるには，作業内容や手順をあらかじめ教えておかなければならない。また，ロボットの近くで作業内容を教えているときに，ロボットが誤動作を起こすことがある。

ここでは，産業用ロボットの作動中の危険から作業者を保護したり，誤動作をさせないための安全管理について考える。

1 産業用ロボットの操作

1 教示操作

ロボットに目的の作業を行わせるには，作業内容または動作量や手順をあらかじめロボットに教えておく必要がある。このことを**教示**あるいはプログラミングといい，教示内容を装置内に格納することを記憶という。ロボットは，この記憶した教示内容を**再生**することで，目的の作業を行うことができる。

❶ teaching：ティーチングともいう。

❷ playback：プレイバックともいう。

教示する内容は，動く位置と傾きなどの姿勢情報，順序情報，経路の制御方式，移動速度などの作業条件の情報であり，操作の方法は**直接教示・間接教示・遠隔教示**に分類される。

●**直接教示** 図6-34に示すように，マニピュレータの先端に取り付けられた教示用のティーチングハンドルを，作業者が実際の作業内容のとおりに直接動作させ，その履歴を記憶させて教示する方法である。作業者にとって，ロボットの動きがわかりやすく簡単であるが，複雑な作業をロボットに要求する場合には教示の手間が多くなり時間がかかる。また，教示中はロボットが稼働できないという欠点がある。

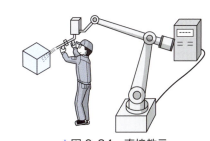

▲図6-34 直接教示

●**間接教示** 数値・言語などの情報を，キーボードや補助記憶装置などの媒体を用いて教示する方法である。あらかじめ教示作業ができるという長所はあるが，ロボット自身のもつ誤差やワークごとの個体差による誤差などで，正確な位置を教示できないという短所もある。

●**遠隔教示**　図6-35に示すように，**ペンダント**[1]とよばれる教示用の移動可能な操作盤を用いて，プレイバックロボットなどを動かしながら教示する方式である。ペンダントを用いてロボットを動作させると，ロボットの現在位置がペンダント上に表示され，記憶ボタンを押すことによって記憶装置にデータが記憶される。この作業を繰り返し，ロボットに作業内容などの情報を記憶させ，さらに作業条件や関連機器とのやり取りなどをつけ加えて教示する。ロボットは，これらの記憶された情報をもとに，関連機器からの作業要求によって目的の作業を行う。

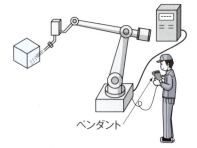

[1] pendant

▲図6-35　遠隔教示

2　教示操作の安全対策

　教示操作では，教示の方法や手順は規定を守って実施することが重要である。実際の教示操作は，ロボットの自動運転中にほかの作業者が可動範囲にはいらないように，設置された柵や囲いの中で教示作業を行う教示作業者と，それを柵や囲いの外から監視する監視者によって行われる。監視者は，教示作業者の安全を監視するとともに，教示作業者に危険な状況が発生したときには，ただちに非常停止スイッチを操作し，事故の回避または被害を最小限にとどめる。また，教示作業のまえには，ペンダントの操作の優先順位を決めておく必要がある。この優先順位を占有操作権という。ロボットの可動範囲にはいって教示作業を行う場合には，次の点に注意しなければならない。

① 事前にロボットの点検を行い，異常があれば，ただちに補修を行う。

② 安全に作業ができるように床の油などはふき取り，つねに清掃しておく。

③ マニピュレータの正面に立ち，誤動作などによって自分の方向に向かってきたとき，危険から回避できるような姿勢を保つ。

④ 決められた操作手順を守る。

　ロボット本体に取り付けられた電線やケーブル類は，ロボットが動くときに一緒に動くため，最も損傷を受けやすい。電線の点検を行う

ときには,ロボットの電源を切り,ほかの作業者が不用意にスイッチを入れられないような手段を講じたうえで実施する。非常停止装置の点検は,原点位置の状態で行うのが一般的であり,表示ランプの点滅状態や制御盤のアラーム表示の確認を行う。なお,教示作業中に非常停止装置を動作させると,それまでにロボットに教示したデータが消失することもあるので注意する。ロボットの電源投入時は危険であるため,図6-36に示すような多重施錠方式がとられている機種もある。この場合は,すべての錠を解除してから電源を入れる必要がある。また,このときロボットの可動範囲に人がいないことを確認し,それぞれのスイッチの位置が正常であるかを確認することがたいせつである。教示中に異常事態が起きたときには,自動的に停止するか,作業者や監視者が非常停止スイッチを操作して停止させる。ロボットが誤動作を起こしたり,急に停止した場合には,ノイズなどの原因が考えられる。その場合,ロボットの次の動作を予測することはたいへん困難であるため,ノイズが起きた原因を究明したり,ロボットの制御装置が故障していないかを確認するなどの対処が必要となる。

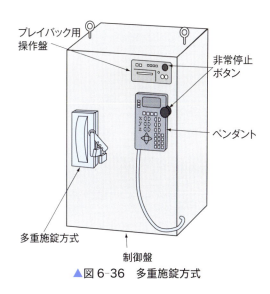

▲図6-36 多重施錠方式

問20 ロボットの教示方法を三つあげ,その内容を述べよ。
問21 人工知能の技術を教示に生かす方法を考えよ。また,実際の例をインターネットなどで調べよ。

2 産業用ロボットの安全管理

1 ロボットの保守・点検

点検の方法や手順は，ロボットの機種やメーカなどにより大きく異なるため，取り扱い説明書や操作説明書を参考に，じゅうぶん理解する。また，ロボットメーカの担当者から説明・指導を受けることが望ましい。点検の作業は，保守点検作業や保全作業とよばれる。表 6-6 に示すように，稼働中のロボットには高温になっている部分があるため，ロボットの連続運転後は不用意に触れない。そのほか，停止直後の空気圧シリンダの残圧やコンデンサの未放電などが考えられるので，保全作業に取りかかるまえに注意が必要である。

▼表 6-6　ロボットの各部の温度の例

対　象	温　度
モータ	約 150℃
油圧における油温	約 60～70℃
アーク溶接用トーチ	約 500℃

担当	職長	課長

年　月　日　　ロボット点検表

点検項目	点検方法	点検内容	点検結果
ロボットのパイロットランプ	目視	通電時は点灯していること 故障・警告表示の有無	
ペンダント	目視	ランプ切れ，動作異常の有無 外観の損傷	
原点マーク	目視	マークの一致（ただし，原点復帰時のみ）	
油圧	目視	作動油の汚れ・漏れ，配管の損傷，規定圧力	
モータ	計測	DCサーボモータのブラシ厚	
非常停止ボタン	作動	機能の確認	
制御盤のランプ・スイッチ類	目視	センサ・スイッチ類の動作 メモリバックアップ用電池の期限	
点検結果・記入方法		異常なし…✓　要修理…× 要注意…△　処理…○（赤丸）	

▲図 6-37　ロボットの点検表の例

点検作業には感覚にたよるものも多くある。図 6-37 に，ロボット点検表の例を示す。このほかに 1 か月，6 か月ごとの点検項目などもある。

2　ロボットの安全管理

1995 年に製造物責任法（PL 法）が施行されたことにともない，ロボットの説明書における警告表示や，ロボット本体またはロボットシステムにはる警告ラベルが使用されるようになってきた。

❶ Product Liability

図 6-38 に，警告ラベルの例を示す。

　（a）衝突防止の警告ラベルの例　　　（b）分解時における警告ラベルの例
▲図 6-38　警告ラベルの例

作業中のロボットの可動範囲に作業者がはいらないよう，柵や囲いを設置するとともに，さらにロボットの可動範囲の床面にその範囲を表示して，安全管理につとめることが必要である。

安全管理のための対策の例として，おもなものを，図 6-39 に示す。

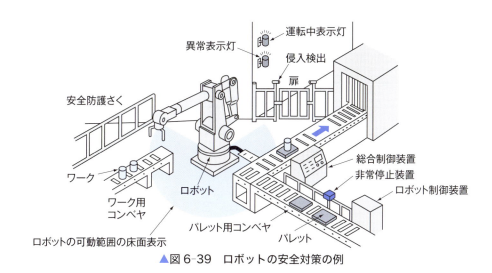

▲図 6-39　ロボットの安全対策の例

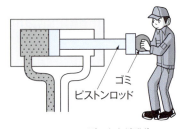

▲図6-40　産業用ロボットの災害例

●**産業用ロボットによる災害例とその対策**

●**災害例①**　図6-40に示すような空気圧アクチュエータを用いたロボットにおいて，ゴミがピストンロッドに引っかかり，作動を停止した。作業者があわててゴミを除去したら，ピストンロッドが猛烈な速度で前進し，作業者をおそった。

▷**対策例**　図6-41に示すような回路で，手動レバーを操作することによって主管路内の残圧除去と圧縮空気の供給停止を同時に行う方法を用いる。❶

●**災害例②**　作動途中に引っかかりが生じたピストンロッドが前進途中で停止したため，残圧を抜いてピストンロッドに付属している機器類を取りはずしたあと，ゴミを除去した。そのままの状態で起動スイッチを入れたら，シリンダが猛烈な速度で前進し，作業者をおそった。

▷**対策例**　作動停止時に残圧抜きを行うと，ピストンロッド側の空気室には抵抗となる圧縮空気がないため，起動スイッチを入れた瞬間にピストンロッドが勢いよくまえに飛び出してしまう。このような場合，図6-42に示すように，空気圧シリンダと方向制御弁の間に2ポート弁を設置する方法を用いる。

　起動スイッチを入れる直前に2ポート弁に通電し，空気圧源からの圧縮空気を2ポート弁を通して，ピストンロッド側にもはいるようにしておく。起動スイッチを入れると，ピストンロッド側の空気室にはいった圧縮空気が抵抗となり，ピストンロッドはゆっくり前進しはじめ

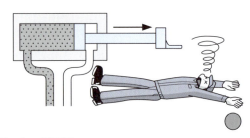

▲図6-41　手動操作による回路の例

❶ 図6-41の手動レバーを切り換えることにより，圧縮空気を外部へ排出できる。

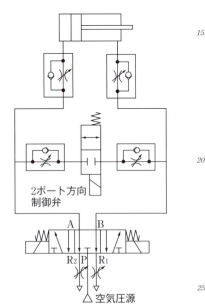

▲図6-42　飛び出し防止回路の例

る。前進しはじめたら2ポート弁への通電を解除する。これによって,ピストンロッドの前進速度は通常の状態になる。

3 産業用ロボットの安全管理に関する法規則

産業用ロボットおよび産業用ロボットシステムの安全な運用をはかるため,JIS B 8433「ロボット及びロボティックデバイス—産業用ロボットのための安全要求事項」❶のなかで規格が定められている。また,大形の産業用ロボットが人と接触した場合,重大な事故につながる可能性がある。このような産業用ロボットによる労働災害を防ぐための安全対策について,労働安全衛生規則には,ロボットに柵や囲いを設けることや,作業中であることを表示するなど,表6-7に示すような規定が定められている。

一方,これまでは比較的大規模な生産ラインや,大きな企業しか導入できなかった産業用ロボットであるが,技術の進化によって安全性が高く,省電力で導入費用が安価な協働型のロボットが開発されるようになった。そのため,平成25年に規則が一部改正され,出力80W以下の産業用ロボットを導入する場合は,ロボットの周りの安全柵を設置する義務がなくなった。これにより,ロボットと人が同じ空間で作業することが可能になり,中小企業でも導入が促進され,協働型ロボットの開発と普及が加速することになった。

❶ JIS B 8433-1:2015
ロボット及びロボティックデバイス—
産業用ロボットのための安全要求事項—
第1部:ロボット

JIS B 8433-2:2015
ロボット及びロボティックデバイス—
産業用ロボットのための安全要求事項—
第2部:ロボットシステム及びインテグレーション

▼表6-7 労働安全衛生規則 第2編 第1章 第9節より

条 文	内 容
第150条の3	教示等における安全要件
第150条の4	運転中の危険の防止要件
第150条の5	検査時の安全要件
第151条	点検の実施

問22 図6-43に示すような状況で,A君は修理が完了したので,確認のため運転をしようとペンダントを操作している。B君はロボットの状態をみている。この場合,どのような危険性があるか考えてみよう。

▲図6-43 問22のロボットの教示操作

5節 さまざまな分野で活躍するロボット

今後，本格的な少子・高齢化社会を迎える日本においては，労働力不足が深刻な課題となっている。一方で，人工知能や電子機械の技術革新は著しく，労働力不足を補うだけでなく，人間では不可能な作業をしたり，私たちの生活にゆとりや潤いをもたらしたりするロボットが広く活躍しはじめている。

ここでは，さまざまな分野で活躍するロボットの例を紹介する。

1 非製造系の産業用ロボット

ここでは，非製造系の産業用ロボットについて学ぶ。

1 農業用ロボット

日本の少子・高齢化による労働力不足は，どの分野でも大きな問題となっているが，農業においても担い手の減少や高齢化の進行が顕著で，農業用ロボットや人間の筋力をアシストする装置に期待が高まっている。

●**ロボット農機** ロボット技術を組み込んで自動走行を行う農業機械をロボット農機といい，代表的なものに無人で農地を自動走行し農地を耕したり収穫したりする自動走行トラクタがある。図6-44に，ロボットトラクタの例を示す。

農林水産省では，「農業機械の安全性確保の自動化レベル」を，表6-8のように定義している。

▲図6-44　ロボットトラクタの例

▼表6-8　農林水産省「ロボット農機に関する安全性確保ガイドライン」より

レベル0	手動操作	走行・作業，非常時の緊急操作など，操作の全てを使用者が手動で実施。
レベル1	使用者が搭乗した状態での自動化	使用者は農機に登場し，直線走行部分など一部を自動化。GPS等を利用して設定した経路を走行するよう自動でステアリング。
レベル2	使用者の監視下での無人状態での自律走行	ロボット農機は，無人で自律走行(ハンドル操作，発進・停止，作業機制御を自動化)。使用者は，ロボット農機を常時監視し，危険の判断，非常時の操作を実施。
レベル4	無人状態での完全自律走行	ロボット農機は，無人状態で，常時全ての操作を実施。基本的にロボット農機が周囲を監視して，非常時の停止操作を実施(使用者はモニタ等で遠隔監視)。

ロボット農機は農作業を自動化するだけでなく，IoT の機能を有し，ほかの IoT に対応した農機やコンピュータと連携して作農から販売，マーケティングなど，営農システムの一部となってデータ収集などの役割を果たすものも登場している。

　農林水産省では，このようなロボット技術や ICT を活用して，省力化や高品質生産を実現する新たな農業をスマート農業と名付け，ロボット，人工知能，IoT，ドローンなどの新技術を農業現場に実装することを推進している。

●**畜産ロボット**　畜産分野では，乳牛から牛乳をしぼる搾乳ロボットや，家畜に自動でエサを与える給餌ロボット，子牛に哺乳する哺乳ロボットなどがある。これらも IoT に対応し，作業を行うだけでなく家畜の健康管理など，酪農のシステムの一部として機能する。

2　林業ロボット

　日本の国土の約 70％ を占める森林を健全な状態に保つことは，治水や自然災害を防止するうえでも重要である。しかし，この分野においても，林業従事者の減少と高齢化が進んでおり，人工林の間伐や枝打ちなどが行われず，山林の荒廃が課題となっている。林業は急勾配の山林でチェーンソーを使うなど重労働が多く，危険な作業が多い。このため，ロボット化が急がれる分野であるが，開発があまり進んでいないのが現状である。数少ない林業ロボットの一つに枝打ちロボットがある。杉やヒノキは枝打ちをすることによって節目が少なくなり，商品価値が高まる。枝打ちロボットは遠隔操作によって車輪で昇降し，チェーンソーで枝を切り落とすことができる。

3　産業用ドローン

　ドローンは単純なラジコン飛行機やラジコンヘリコプターではなく，コンピュータ制御され，GPS や姿勢制御センサによって安定して飛行する無人航空機を指す。ドローンは，玩具から産業用のものまで幅広く，測量・空撮・運搬・農薬散布・点検作業などさまざまな分野で活用が進んでいる。

●**空撮**　ドローンの活用法で最も一般的なものが空撮である。これまでは，航空写真や空からの映像撮影にはヘリコプターを使うなど，費用もかかり，手軽に行うことはできなかった。しかし，4 K 撮影が可能な高画質カメラを搭載したドローンでも，数万円から購入できる

ようになり，テレビ番組でドローンを使った映像が多用されるだけでなく，動画投稿サイトには世界中の人々が撮影した空撮映像があふれるようになった。ドローンに搭載されるカメラは高画質なだけでなく，ジンバルとよばれるジャイロセンサやサーボモータを組み合わせた安定化装置に搭載され，風などの影響で機体が揺れてもブレの少ない安定した映像を得ることができる。

●**建設分野**　建設分野では，建設や土木作業を行う前の測量のほか，ダムや橋梁，高層ビルなど危険をともなう場所の点検などに活用されている。これらのドローンには，高画質なビデオカメラだけでなく，赤外線カメラなどを搭載し，表面だけではわからない内部の状態まで観測できるものもある。一方，ドローンから得られたデータをAIがビッグデータと照らし合わせ，人間には見つけることができないひび割れなどを発見する研究も進んでいる。

●**物流**　注文した商品を迅速に配達するだけでなく，離島や山間地など交通の便が悪い地域への物流手段として，ドローンの活躍が期待されている。一方で，ドローンの積載重量や航続距離のほか，天候の影響を受けやすく，安定性や安全性の確保など技術的な課題も多い。また，航空法など法律にかかわる問題も多いため，これらの解消に向けさまざまな研究や実証実験が活発に行われている。しかし，海外では血液サンプルを病院間で空輸するなど，限られた分野ではあるが，一部実用化が進んでおり，今後，その分野はさらに拡大することが予測されている。

▲図6-45　宅配用ドローン

●**農業**　日本では，以前からエンジンを搭載した大型のラジコンヘリコプターを使った農薬散布が行われてきたが，大規模な農業が中心であった。一方，農業用のドローンは価格も大型ラジコンヘリコプターの10分の1程度で，機体の大きさも中小規模の農業に適しているため，兼業農家や小規模な農家でも普及が進んでいる。また，農薬散布については効率化や省力化だけでなく，高度や速度，飛行ルートを自動化することで噴霧濃度を均一化できるなどの利点もある。

2　非産業系のロボット

　ロボットは産業用を中心に発展してきたが，その技術を産業分野以

外でも活用しようという試みがなされ、われわれの生活の中や身近なところで活躍している。この流れは、今後ますます強くなると予測される。ここでは、産業用以外のさまざまな分野で活躍するロボットを紹介する。

1 公共の分野

●**レスキューロボット**　災害現場で救助活動をしたり、人間がはいることがむずかしい危険な場所の探査をするロボットもレスキューロボットに分類される。とくに、2011年の福島第一原子力発電所の事故以来、企業や研究機関で開発が進むだけでなく、レスキューをテーマにした国際的なロボット競技会が開催されるなど、その重要性が改めて認識され活躍が期待されている。

●**海洋調査ロボット**　水圧・水温・潮流など悪条件下である深海においても、調査や作業を行うことが可能なロボットである。図6-46に示す海洋ロボットは、有人で水深6500mまでもぐることができ、さまざまな調査機器を用いて、地形や地質、深海生物などの調査を行う。海洋調査ロボットは海底の地形や地質、深海生物の調査・観察、深海からの生物や鉱物などの採取を行い、水産資源のほか、海底のエネルギーや鉱物資源など深海の調査で活躍している。

▲図6-46　有人潜水調査船「しんかい6500」

●**宇宙開発ロボット**　図6-47に示す国際宇宙ステーションの船外活動を支援するロボットアームや、月面や火星を探査するロボットも開発されている。宇宙空間は真空であるため、太陽光が当たっているときと当たっていないときの温度差は300℃以上にも達するといわれている。さらに、放射線の影響もあるため、ロボットの材質や制御機器も、これらの環境に耐えられるように設計されなければならない。また、地上から遠隔操作で作業する場合には、時間の遅れが生じるという問題があるほか、つねに無重力空間にあり、ロボット本体の固定や制御方法など宇宙空間ならではの課題も多い。

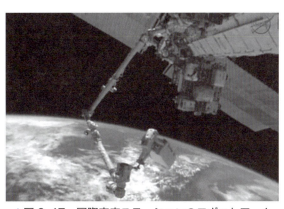

▲図6-47　国際宇宙ステーションのロボットアーム

2 医療・福祉分野

医療や福祉に関するロボットは、対象が人間であることから、安全性や信頼性に対する配慮がじゅうぶんなされなければならない。そのため、これらのロボット開発は、実用化されるまで長期間を要することが多いが、少子・高齢化社会に向け期待が高まる分野でもある。

●**手術支援ロボット** 医療分野ですでに実用化されており、今後さらなる高性能化と応用範囲の拡大が期待されているのが、手術支援ロボットである。手術支援ロボットの例を、図6-48に示す。腹腔鏡手術を支援するロボットは、患者の腹部に小さな穴をあけ、その穴からロボットアームに取り付けられた手術器具と内視鏡を挿入し、医師は内視鏡の映像を見ながらコントローラを操作し手術を行う。ロボットアーム手術器具は、人間の腕や手首のように柔軟に動いたり、狭い空間でも自由に動くことができる。また、医師の手ぶれを防止する機能なども搭載されており、複雑で繊細な手術も安定化でき、患者の負担も最小限に抑えることができる。

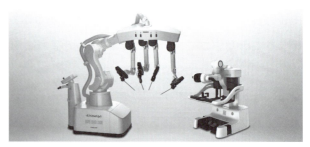

▲図6-48 腹腔鏡手術支援ロボットの例 提供 ㈱メディカロイド

医師が操作をする操作卓とロボットアームが信頼性の高い高速の通信回線で接続されれば、地域や国境を越えた長距離の遠隔操作による手術を実現できるとして実証実験が進んでいる。このシステムが今後一般化すれば、どこにいても高度な医療を受けることが可能になる。

●**介護用ロボット** 高齢化が進み介護の需要が高まる一方で、介護は重労働であり、介護にかかわる人材確保が課題となっている。

移乗介助ロボットは、要介護者をベッドから車椅子へ移乗したり、入浴などの介助を支援する。そのほか、食事支援ロボットや排泄支援ロボットなど、目的によって細分化されている。

●**装着型ロボット** ロボット単体で動作するのではなく、ロボットの技術で人間の筋力をアシストする装着型のロボットがある。装着型ロボットは汎用性が高く、医療・福祉の分野のほか、重労働やレスキュー活動の支援など、さまざまな分野での応用が期待されている。

図6-49に、装着型ロボットの例を示す。

▲図6-49 装着型ロボットの例

3　生活の中で活躍するロボット

●**警備ロボット**　ガードマンに代わって警備をする自律走行型の警備ロボットは，1980年代から研究開発が進められてきた。警備の仕事は夜間が多く，季節によってもガードマンにとって大きな負担となる。また，凶悪な犯罪によってガードマンが危険にさらされることも考えられる。一方で，建物内の決まった経路を定時に巡視するなど，ロボットが得意とする作業も多く，警備はロボット化に適した分野でもある。警備ロボットは，建物への不審者の侵入や火災・有毒ガスの発生など，異常を検知すると警備会社へ伝えるだけでなく，不審者への威嚇を行ったり，初期消火を行うものもある。図6-50の警備ロボットは，タッチパネルや音声機能などを備え，警備だけでなく施設の案内をするコミュニケーションロボットの機能も搭載している。ロボットは案内と同時に搭載したカメラで人物をとらえ，顔認証機能により事前に登録された登録者リストと照合し，不審者を検知するなど高度なセキュリティ機能を実現している。

▲図6-50　警備ロボットの例

●**コミュニケーションロボット**　高度な人工知能を搭載し，会話や動作などで人と意思の疎通をはかることができるのがコミュニケーションロボットで，業務用のものや家庭用のものなどさまざまなものがある。

　図6-51のロボットはネットワークにつながり，ほかのロボットやカメラ，人物センサなどの情報をもとに，案内を必要としている人をみつけ，自ら接客をすることができる人型の案内ロボットである。多言語に対応しており，さまざまな言語対応が求められる空港や駅などでも施設の案内が可能である。

　図6-52は，犬型のペットロボットである。このロボットは，ビデオカメラや距離センサ，人感センサ，タッチセンサなど，数多くのセンサからの情報をもとに状況を認識する。その結果は，本体内のコンピュータおよび携帯電話回線で接続されたクラウド上の人工知能で知的処理をされて行動計画が立てられ，電子機械の技術で行動する。この繰り返しの中で行われた人間とのやり取りや環境によって，人工知能が学習し，振る舞いや性格が変わり，人間は本物の犬を育てているような感覚を感じることができる。

▲図6-51　人型コミュニケーションロボットの例

●**ホビーロボット**　　ロボットの玩具だけではなく，スマートホンやタブレットを使い，小学生でもプログラミングが可能なロボットから，高度なプログラミングが可能な本格的な小型二足歩行ロボットの組み立てキットまで，多様なロボットが販売されている。図 6-53 は，テレビアニメに登場するロボットを組み立て，高度なプログラミング学習まで可能な学習用ホビーロボットである。小学校でもプログラミング学習がはじまり，こうしたロボットを使った教材も数多く開発されている。

▲図 6-52　犬型ペットロボットの例

　図 6-54 は，ロボットによる競技会や研究用のロボットを製作するための専用のサーボモータの例である。そのほか，これらのロボットを製作するためのセンサ類などが数多く販売され，制御用のマイクロコンピュータの中には，通信機能を搭載しているものや音声認識やカメラによる顔認識など，手軽に人工知能の機能を活用できるものもある。これらを組み合わせ，個人でも高度なロボットを製作することができるようになった。

●**協働ロボット**　　これまでの産業用ロボットは，比較的大きな生産ラインで繰り返し同じ作業をすることに向いており，大掛かりな設備や特別な安全策，大きな導入コストが必要であった。しかし，技術の進歩とともにロボットの小型化や高性能化が進み，低コストで特別な設備がなくても人間と同じ空間で一緒に仕事ができる協働ロボットの開発が進み注目を浴びている。図 6-55 に，弁当工場用人型協働ロボ

▲図 6-53　プログラミング学習ができるロボットキット

▲図 6-54　競技会や研究用のロボット用サーボモータの例

ットの例を示す。このロボットは，弁当の生産ラインでから揚げを盛り付ける作業を人間と共同で行うことができる。から揚げなどの食品はそれぞれ形状が異なるものが多いが，ビデオカメラでとらえた画像などをもとに，**深層学習**❶によってトレイの上のから揚げ一つひとつの形状と位置を認識し，正確につかみ上げ，弁当の容器に詰めることができる。

❶ Deep Learning

　人間と同じ空間で稼働するため，人が安心して仕事ができるよう，トルク制御と位置制御によって人とぶつかっても衝撃が少なく，可動部に指などがはさまりにくい構造になっている。大きさは小柄な女性くらいで，隣にいても違和感のないデザインなど，人間と共同で作業する上でのさまざまな工夫が施されている。また，重量も軽く，移動や設置が簡単で，交流100 V電源や充電式のバッテリーでも動作し，導入のコストも低く抑えることができる。

　労働力不足を解消するために，このような低コストで導入しやすい協働ロボットの需要が今後ますます高まり，私たちの生活の中に深く溶け込むことが予想されている。

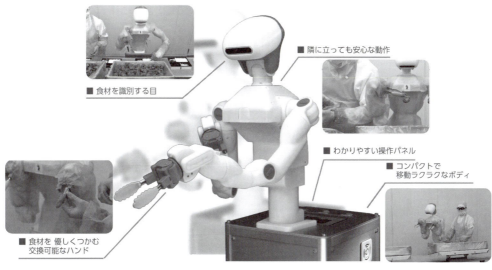

▲図6-55　協働ロボットの例

問題解答

第 1 章　電子機械と産業社会

■章末問題 ［p. 28］

1. ①メカニクス　②エレクトロニクス　③電子機械　④情報処理　⑤運動　⑥目的
2. (1)水量の調節，洗剤量の調節など
   (2)温度の調節，自動除霜など
   (3)温度の調節，風量の調節など
4. センサ：布量，水の汚れ，水量など
   アクチュエータ：給水バルブ，モータ，排水バルブなど
5. (1) c)，f)　(2) b)，e)　(3) a)，d)
6. (1) d)　(2) c)　(3) f)　(4) b)
   (5) a)　(6) e)
7. (1)マシニングセンタ
   (2)数値制御
   (3)ファクトリーオートメーション
   (4)コンピュータ援用設計
8. コンピュータに関する技術，センサに関する技術，アクチュエータ・運動伝達に関する技術，インタフェースに関する技術，電力制御に関する技術

第 2 章　機械の機構と運動の伝達

［p. 50］　問 2　4 mm
［p. 56］　問 3　$i = 10$，$n_4 = 160\,\mathrm{min}^{-1}$
［p. 57］　問 4　118，188，296
［p. 58］　問 5　3.75 回転
［p. 59］　問 6　$i = 25$
［p. 64］　問 8　0.5
［p. 68］　問 10　$l_1 + l_2$
［p. 68］　問 11　45 回転

■章末問題 ［p. 69～70］

4. 140 mm
5. 16，48
8. $i = 7$
9. $z_1 = 20$，$z_2' = 90$，$z_2 = 25$，$z_3' = 100$
10. T_1 の 3 倍
11. $25\,\mathrm{min}^{-1}$
12. $200\,\mathrm{mm} < a < 320\,\mathrm{mm}$
13. 約 60°

第 3 章　センサとアクチュエータ

［p. 79］　問 2　-2，2
［p. 80］　問 3　$V_o = 2\,\mathrm{V}$，$50\,\mathrm{k}\Omega$ のとき 1 V
［p. 83］　問 5　0.04 m
［p. 87］　問 6　0.0001
［p. 87］　問 7　$0.344\,\Omega$
［p. 87］　問 8　0.0021
［p. 95］　問 12　$131.2\,\Omega$
［p. 109］　問 17　14.45 N
［p. 113］　問 21　$P = 31.4\,\mathrm{W}$
［p. 113］　問 22　$T = 15.3\,\mathrm{N\cdot m}$
［p. 114］　問 24　$767\,\mathrm{min}^{-1}$
［p. 118］　問 25　$1500\,\mathrm{min}^{-1}$
［p. 118］　問 26　4%
［p. 120］　問 27　$3600\,\mathrm{min}^{-1}$
［p. 121］　問 28　$2910\,\mathrm{min}^{-1}$
［p. 127］　問 30　5 回転
［p. 127］　問 31　180°
［p. 128］　問 32　2000 パルス
［p. 132］　問 35　押し出し力　9.8 kN
　　　　　　　　　引き込み力　8.2 kN
［p. 143］　問 40　$V_{CE} \fallingdotseq 4\,\mathrm{V}$，$I_C \fallingdotseq 0.2\,\mathrm{A}$
［p. 143］　問 41　22500

■章末問題 ［p. 154］

1. 54 mV
2. 39 mV
3. 3.0 V
4. 613
5. 391℃
6. 22.5 mm
7. 0.001
8. 24%
9. $23.12\,\Omega$，$23.90\,\Omega$
10. ① a，d　② f，k　③ a，l　④ j
    ⑤ g，h　⑥ b　⑦ c
17. 3 回転

第 4 章　電子機械の制御

［p. 159］　問 3　操作量，制御量
［p. 159］　問 4　操作量，制御対象，制御量，目標値
［p. 159］　問 5　20 回
［p. 176］　問 6　限時動作接点，リミットスイッチ，押しボタンスイッチ，リレーの接点，切換スイッチ

■章末問題［p. 198］
2. (1) b (2) a (3) c (4) e
   (5) f (6) d

第 5 章 コンピュータ制御

［p. 207］問 4   10011001
［p. 207］問 5   0.33 V, 0110

■章末問題［p. 237〜238］
1. (1) ① (2) ④ (3) ③ (4) ②
5. 2.25×10^6
7. (1) AD 変換器
   (2) DA 変換器
   (3) P-S 変換器

(4) 絶縁形インタフェース
(5) ハードウェアタイマ
(6) レベル変換器

8. (3)
9. 90.0×10^3
11. 100 Hz
12. (1)(ウ) (2)(エ) (3)(イ) (4)(キ)
    (5)(ア) (6)(カ) (7)(オ)

第 6 章 社会とロボット技術

［p. 264］問 13   4 000 パルス/s
［p. 264］問 14   12 000 パルス/s^2
［p. 264］問 15   16 000 パルス/s^2

索引

あ

アーク溶接ロボット ……………………250
アイソレーション ……112
アイドルタイム ………235
アクチュエータ ………9
アセンブラ言語 ………220
圧縮性 …………………130
圧電効果 ………………103
圧電素子 ………………103
圧力角 ……………………50
アドレスデコーダ ……………………211, 212
アドレスバス …………203
アナログ信号 ……25, 76
アナログ量 ………………76
アナンシエータリレー ……………………173
アブソリュートエンコーダ ……………………84
アラゴの円板 …………115
安全弁 …………………134
アンペアの右ねじの法則 ……………………117

い

イーサネット …………210
板カム ……………………64
位置決め制御 …………195
位置制御部 ……………262
一般用メートルねじ …37
医療用ロボットアーム ………………………18
インクリメンタルエンコーダ ……………………84
インダストリー 4.0 …235
インタフェース …26, 203
インタロック回路 ……………………167, 168
インバータ ……………119

う

ウェーブジェネレータ ………………………58
渦電流 …………………115
宇宙開発ロボット ……277
腕 ………………57, 247

え

永久結合 ………………36
永久磁石形 ……………123
永久磁石モータ ………114
エジェクタ ……………140
エレクトロニクス ………8
遠隔教示 ………………267
円弧補間 ………………258
演算増幅器 ………………78
円筒座標ロボット ……244
円筒対偶 …………………32
エンドエフェクタ ……248
エンハンスメント形 ……………………145

お

オイルシール ……………47
往復直線運動 ……………31
オープンループ制御 ……………………260
送りねじ …………………66
押しボタンスイッチ ……………………161
おねじ ……………………36
温度係数 …………………94
温度センサ ………………93

か

外界センサ ……………254
介護用ロボット ………278
界磁 ……………………109
界磁制御法 ……………113
回転運動 …………………30
回転磁界 …………115, 117
回転対偶 …………………32
海洋調査ロボット ……277
開ループ制御系 ………157
カウンタ ………………174
角速度センサ ……………88
確動カム …………………64
角ねじ ……………………67
かご形回転子 …………120
加速度センサ ……………87
片ロッドシリンダ ……131
可変電圧可変周波数電源装置 ………………118
可変リラクタンス形 ……………………123
カム機構 …………………64
間欠運動 …………………31
緩衝要素 …………………52
間接教示 ………………267
関節ロボット …………245

き

キー ………………………44
機械語 …………………220
機械的寿命 ……………150
機械要素 …………………35
機構 ………………………32
機構の交替 ………………61
基準円 ……………………48
逆阻止 3 端子サイリスタ ……………………145
ギヤヘッド ……………110
球対偶 ……………………33
球面運動 …………………31
教示 ……………………267
筐体 ……………………242
協働ロボット …………280
極座標ロボット ………245
曲線運動 …………………30
切換スイッチ …………161
近接スイッチ ……………91

く

空間運動 …………………31
空気圧シリンダ ……………………130, 131
空気圧モータ …………132
管用ねじ …………………38
駆動回路 ………………262
駆動系 …………………241
駆動歯車 …………………50
組込みシステム ………201
クライアントサーバ方式 ……………………234
クラッチ …………………53
クランク …………………61
クローズドループ制御 ……………………261
クロック数 ……………223

け

警備ロボット …………279
ゲージ率 …………………86
限時継電器 ……………170
限時接点 ………………170
限時動作 ………………170
限時復帰 ………………170
検出部 …………159, 262
減速歯車装置 ……………56
減速比 ……………………57
原動節 ……………………34

こ

光電子 …………………101
光電子放出 ……………101
光電スイッチ ……………91
光導電効果 ……………100
光導電セル ……………101
交番磁界 ………………115
交流サーボモータ ……196
交流励磁機 ……………122
コーディング表 ………183
国際標準化機構 …………35
固定子 …………………109
固定節 ……………………34
小ねじ ……………………39
コミュニケーションロボット ……………279
ゴム軸継手 ………………45
転がり軸受 ………………46
コンデンサ始動形電動機 ……………………115
コンデンサモータ ……115
コントロールバス ……203
コンバータ ……………266
コンパレータ回路 ………80
コンピュータ援用生産 ………………………22
コンピュータ援用設計 ………………………22
コンピュータリンク ……………………184

さ

サーキュラスプライン ………………………58
サーボ機構 ………195, 261
サーボ制御 ……………195
サーボモータ ……195, 196
サーボロック …………264
サーマルリレー ………162
サーミスタ ………………93
サイクロコンバータ ……………………118
再生 ……………………267
サイリスタ ………141, 145
サイレントチェーン ……52
座金 ………………………39
差動シリンダ …………131
差動ねじ …………………67
差動変圧器 ………………81
三角ねじ …………………37
産業用ドローン ………275

産業用ロボット ……………9
三次元―四次元超音波
　断層診断システム …17
三相同期モータ ………121
三相誘導モータ ………119
サンプリング …………213
サンプリング定理……213
サンプリングパルス
　………………………213
サンプル ………………213
サンプルホールド回路
　………………………213

し

シーケンス ……………157
シーケンス図 …………162
シーケンス制御
　…………………157，260
シールド線 ……………217
視覚センサ ………………92
視覚認識装置 …………258
磁気センサ ………………98
軸受 ………………………46
軸数 ……………………243
軸継手 ……………………44
自己保持回路……165，166
自在継手 …………………45
自動制御 ………………156
自動制御系 ………156，259
自動倉庫 …………………24
始動電流 ………………108
ジャーナル ………………46
自由度 ………………33，243
従動節 ……………………34
手術支援ロボット……278
主接点 …………………162
出力節 ……………………34
出力特性 ………………142
潤滑 ………………………47
上位リンク ……………184
焦電形温度センサ ……96
焦電効果 …………………96
植物工場 …………………16
シリアル伝送 …………209
シリアルリンク機構 …63
シリーズハイブリッド
　方式 ……………………14
シリーズパラレルハイ
　ブリッド方式…………15
人工知能 ………………240
深層学習 ………………281

す

スイッチング回路……142
数値制御 …………………22
数値制御装置 ……………22
スカラロボット ………246
スケーリング ……………77
スケーリング回路 ……79
ステッピングモータ
　………………………123
ステップ角 ……………123
ストローク ……………107
スナップフィット ……42
スナバ回路 ……………152
スプライン ………………44
スプロケット ……………51
滑り ……………………118
滑り子 ……………………62
滑り軸受 …………………46
滑りねじ …………………67
スマートファクトリー
　………………………235
スライダ …………………62
スライダクランク機構
　…………………………62
スラスト軸受 ……………46

せ

制御 …………………9，156
制御系 …………………259
制御装置 ……………9，159
制御対象 ………………156
制御電源母線 …………163
制御量 …………………156
静止節 ……………………34
整定時間 ………………216
制動要素 …………………53
整流子 …………………109
ゼーベック効果 …………95
積分 ……………………194
節 …………………………32
絶縁ゲートバイポーラ
　トランジスタ ………141
接着 ………………………42
ゼネバ機構 ………………65
セミクローズドループ
　制御 …………………261
セラミックサーミスタ
　…………………………93
ゼロクロス回路 ………152
線運動 ……………………30
先行動作優先回路……168

センサ …………………9，72
センサ系 ………………241
旋盤 ………………………19

そ

操作部 …………………159
操作量 …………………156
掃除ロボット ……………13
装着型ロボット ………278
速度制御部 ……………262
速度伝達比 ………………50
速度列 ……………………57
ソフトウェアサーボ方
　式 ……………………264
ソリッドステートリレー
　………………………151
ソレノイド …………105，107

た

ダーリントントランジ
　スタ …………………141
ターンオフ ……………146
ターンオン ……………145
ダイアック ……………147
対偶 …………………32，243
台形ねじ …………………67
タイマ …………………170
タイマ回路 ……………170
タイムチャート ………166
太陽歯車 …………………57
多自由度機構 ……………34
タッピンねじ ……………40
縦書きシーケンス図
　………………………163
ダブルナット ……………41
たまりパルス …………264
たわみ軸継手 ……………45
単位動作 ………………243
単動シリンダ ……130，131

ち

チェーン伝動 ……………51
逐次比較形AD変換
　回路 …………………207
知能・制御系 …………241
チャタリング …………217
中間歯車 …………………55
超音波 …………………103
調節部 …………………159
直進対偶 …………………32
直接教示 ………………267
直接接触伝動 ……………34

直線運動 …………………30
直線性 ……………………82
直線補間 ………………258
直動軸受 …………………46
直巻モータ ……………113
直流サーボモータ……196
直流モータ ……………109
直列伝送規格 …………209
直角座標ロボット……244

つ

筒形軸継手 ………………45
つめ車機構 ………………66
つる巻線 …………………36

て

締結要素 …………………36
抵抗制御法 ……………113
抵抗線ひずみゲージ …87
ディジタルサーボ……262
ディジタル信号 …25，76
ディジタル時計 …………76
ディジタル入力 ………205
ディジタル量 ……………76
ディスプレイ ……………22
定電圧駆動形 …………110
定電流駆動形 …………110
停動トルク ……………120
手首 ……………………247
てこ ………………………61
てこクランク機構 ……61
データバス ……………203
デパレタイジング……246
デプレション形 ………145
電圧制御法 ……………113
電界効果トランジスタ
　………………………141
展開接続図 ……………162
電機子 …………………109
電気自動車 ………………15
電気的寿命 ……………150
電源側優先回路………169
電磁開閉器 ……………162
電磁継電器 ……………149
電磁式方向制御弁……134
電磁接触器 ……………162
伝動機構 …………………34
電流制限抵抗 …………143
電流増幅率 ……………142

と

同期速度 ………………118

同期モータ……………119	歯車伝動装置………55	フィードバック制御系	ベース抵抗…………143
等速運動………………31	歯車列………………55	…………………157	ベルト伝動……………51
止めねじ………………39	把持………………248	フィードフォワード制	変位センサ……………81
止め輪…………………41	バスパワー…………209	御系 ……………157	変位線図………………65
トライアック………146	歯付ベルト……………51	プーリ…………………51	変換器…………………25
トランジスタ………141	バックラッシ…………50	フールプルーフ……164	偏差カウンタ………262
	発電制動形…………111	フェライトビーズ……217	偏差カウンタ方式……262
な	ばね……………………52	負荷線………………142	変速歯車装置…………57
内界センサ…………253	ハブ…………………209	複動シリンダ……130, 131	
内部割込み…………214	早戻り機構……………63	複巻モータ…………113	**ほ**
ナイロンナット………41	パラレル伝送………209	プッシュ形…………107	方位センサ……………89
ナット…………………37	パラレルハイブリッド	不等速運動……………31	方位角…………………89
並目……………………37	方式……………………14	プラグアンドプレイ	ポート………………131
	パラレルリンク型ロボ	…………………209	ボードコンピュータ
に	ット…………………246	プラグインハイブリッ	…………………200
ニーモニックコード	パラレルリンク機構…63	ド式自動車 ………14	ホール効果……………99
…………………220	パルス速度-トルク特	ブラシレス同期モータ	ホール素子……………99
二次元超音波断層診断	性……………………125	…………………122	ホールド回路………213
システム……………17	パルスモータ………123	ブラシレスモータ……122	ボールねじ……………67
日本産業規格…………35	パルスレート………263	フランジ形たわみ軸継	保持…………………248
入出力特性……………77	パレタイジング……246	手……………………45	保持電流……………108
入力節…………………34	パワーアシストスーツ	フランジ形固定軸継手	補助接点……………162
	………………………18	……………………45	細目……………………37
ね	反転増幅回路…………78	プランジャ…………150	ホットスワップ……209
ねじ……………………36		プランジャ形………150	ポテンショメータ……82
ねじ運動………………30	**ひ**	プラント……………194	ホトカプラ…………151
ねじ対偶………………32	ピアツーピア方式……234	フリッカ回路………173	ホトMOS形FET ……152
ねじ部品………………39	非永久結合……………36	フリッカリレー……172	ホトダイオード……102
熱起電力………………95	比較部………………159	プリンタ………………22	ホトトライアック方式
熱電対…………………95	光起電力効果……100, 101	プル形………………107	…………………152
熱電対温度センサ……95	光センサ……………100	ブレーキ………………53	ホトトランジスタ……102
熱電流…………………95	ピストン……………131	ブレークオーバ電圧	ホトトランジスタ方式
粘性…………………130	ピストンロッド……132	…………………145	…………………152
	ひずみ…………………86	フレクスプライン……58	ホトモスリレー
の	ひずみゲージ…………85	ブレーク接点………149	……………151, 152
ノイズフィルタ……217	左ねじ…………………37	プログラマブルコント	ホビー用サーボモータ
農業用ロボット……274	ピックアンドプレイス	ローラ……………178	…………………197
	…………………246	プロセス……………194	ホビーロボット……280
は	ピッチ…………………37	ブロック線図…………77	ボルト…………………37
把握…………………248	ピッチ点………………48	分解能…………………76	
パーソナルコンピュー	被動歯車………………50	分光感度特性………101	**ま**
タ……………………201	ピニオン………………60	分巻モータ…………113	マイクロコンピュータ
ハードウェアタイマ	非反転増幅回路………78		……………10, 200
…………………204	微分…………………194	**へ**	マイクロスイッチ……90
ハードウェア割込み	比例…………………194	平行クランク機構……63	巻掛け伝動装置………51
…………………214	ピン……………………41	平面運動………………30	マシニングセンタ……23
媒介伝動………………34	ヒンジ形リレー……149	平面カム………………64	
バイナリ信号………158		閉ループ制御系……157	**み**
ハイブリッド形……123	**ふ**	並列伝送規格………209	右ねじ…………………37
バイモルフ振動子…103	ファクトリーオートメ	並列入出力インタフェ	密度…………………129
はくひずみゲージ……87	ーション……………25	ース…………………203	密封装置………………47
歯車……………………48		並列リンク…………184	

む
無人搬送車 ……………24
無接点リレー …………149

め
命令コード ……………220
メーク接点 ……………149
メカトロニクス …………8
メカニカルハンド ……248
メカニクス ………………8
メカニズム ………………9
めねじ ……………………36
メモリマップ …………211
メモリマップドI/O
　　　　　　………211

も
モータドライバ ………226
目標値 …………………156
モジュール ……………48

ゆ
油圧シリンダ ……130, 131
油圧モータ ……………132
遊星歯車 ………………57
遊星歯車装置 …………57
誘導モータ ……………119
ユニット ………………178

よ
溶接 ……………………42
揺動運動 ………………31
揺動スライダクランク
　機構 …………………63
横書きシーケンス図
　　　　　　………163
呼び径 …………………37

ら
ラジアル軸受 …………46
らせん運動 ……………31
ラダー言語 ……………182
ラダー図 ………………183
ラダー方式 ……………183
ラック …………………60

り
リード …………………36
リード角 ………………36
リード形 ………………150
リードスイッチ …………98

リードタイム …………235
立体カム ………………64
利得 ……………………110
リニアモータ …………128
リミットスイッチ ……161
両クランク機構 ………61
量子化 …………………214
量子化誤差 ……………214
両てこ機構 ……………61
両用形 …………………107
両ロッドシリンダ ……131
リリーフ弁 ……………134
リレー ……………141, 149
林業ロボット …………275
リンク …………………32
リンク機構 ……………61

れ
レスキューロボット
　　　　　　………277
レベルシフト …………77
レベル変換器 …………207
連鎖 ……………………33

ろ
ロータリエンコーダ
　　　　　　……84, 262
ローラチェーン ………51
ロケータ ………………42
ロッカ …………………61
ロック …………………42
ロボット …………………8
ロボット言語 …………258
ロボット掃除機 ………13
論理回路 ………………164

わ
ワークステーション
　　　　　　………201
割込み ……………184, 214
割出し …………………66
ワンチップマイクロコ
　ンピュータ …………201
ワンチップマイコン
　　　　　　………201

英字
2値信号 ………………158
4節リンク機構 ………61
a接点 ……………149, 161
AD変換回路 …………206
AD変換器 ……………25

AI ………………………235
AND回路 ……………164
b接点 ……………149, 161
BASIC …………………220
c接点 …………………161
C言語 …………………220
CAD/CAMシステム
　　　　　　…………22
CADシステム …………22
CAMシステム …………22
CAN ……………………210
CP制御方式 …………257
D制御 …………………194
DA変換回路 …………205
DA変換器 ………25, 262
FA ………………………25
F-V変換回路 …………265
GTO ……………………146
HB ………………………123
IC温度センサ …………97
I/OマップドI/O法
　　　　　　………211
IoT ……………………235
I制御 …………………194
IC温度センサ …………97
IGBT …………………148
IL言語 …………………182
ISO ………………………35
JIS ………………………35
LAN ……………………233
LD言語 …………………182
MC ………………………23
mechatronics …………8
MOS FET ……………143
NC ………………………22
NC工作機械 …………22
NC装置 ………………22
NOT回路 ……………165
Oリング ………………47
OR回路 ………………165
P制御 …………………194
pHセンサ ……………104
PLC ……………………178
PM ……………………123
P-S変換器 ……………208
PTP制御方式 …………257
SFC言語 ………………182
SSR ……………………151
ST言語 …………………182
VR ………………………123
VVVF電源装置 ………118
WAN …………………233

●本書の関連データが web サイトからダウンロードできます。
本書を検索してご利用ください。

■監修

いわつきのぶゆき
岩附信行　東京工業大学教授

■編修

かわいひでみつ
河合英光

くぜ　ひとし
久世　均　岐阜女子大学教授

こくぼとしや
小久保寿也

すずきよしひさ
鈴木敬尚

てらおかのりひで
寺岡憲秀

なかむらひでき
中村英樹

ひぐちたかひろ
樋口高広

●表紙デザイン──難波邦夫
●本文基本デザイン──難波邦夫

写真提供・協力──CYBERDYNE㈱　JAXA　㈱アールティ　オムロン㈱　海洋研究開発機構　川田工業㈱　国立天文台　近藤科学㈱　産業技術総合研究所　サンライズ　綜合警備保障㈱　創通　ソニー㈱　大同生命㈱　㈱ダイフク　千葉工業大学未来ロボット技術研究センター　東京大学宇宙線研究所　東京大学大学院工学系研究科機械工学専攻光石・杉田研究室　㈱東芝　徳寿工業㈱　トヨタ自動車㈱　豊橋鉄道㈱　二足歩行ロボット協会　日産自動車㈱　日本郵便㈱　㈱バンダイ　東日本旅客鉄道㈱　ピクスタ㈱　日立アプライアンス㈱　日立製作所㈱　ファナック㈱　富士山静岡空港㈱　ブルーメイクラボ　三菱電機㈱　メディカロイド　㈱安川電機　ヤマザキマザック㈱　ヤンマーホールディングス㈱　㈱リコー

First Stageシリーズ　　　　　　　　　　2024年9月20日　初版第1刷発行
新訂メカトロニクス入門

●著作者　岩附信行
　　　　　ほか7名（別記）
●発行者　小田良次
●印刷所　大日本法令印刷株式会社

無断複写・転載を禁ず

●発行所　実教出版株式会社
　〒102-8377
　東京都千代田区五番町5番地
　電話［営　業］(03)3238-7765
　　　［企画開発］(03)3238-7751
　　　［総　務］(03)3238-7700
　https://www.jikkyo.co.jp/

Ⓒ N.Iwatuki

ISBN　978-4-407-36469-9　C3053　　　　　　　　　　　　　　　　　Printed in Japan

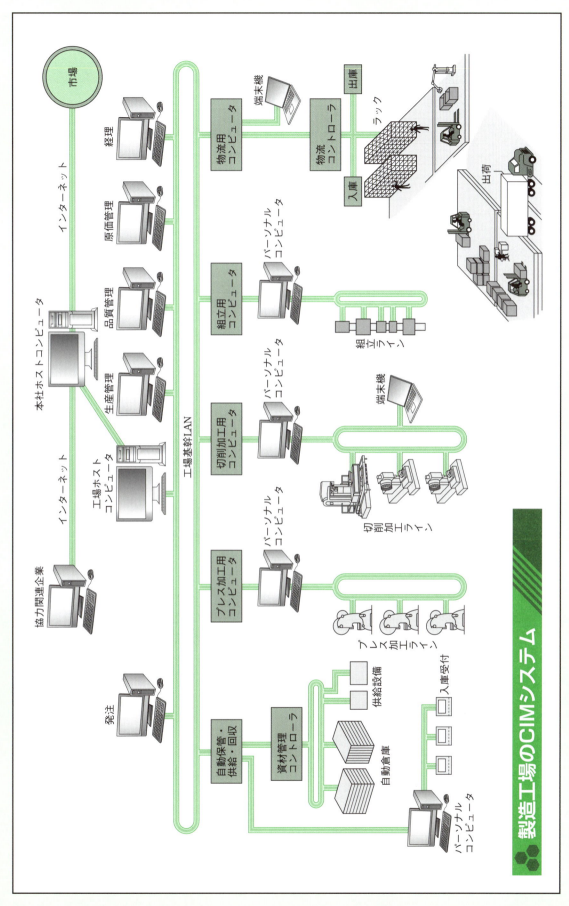

油圧および空気圧用記号の例

※図記号は左右反転又は90°回転させても意味は変わらない。

名　称	図記号	備　考
油圧ポンプ		可変容量形ポンプ
油圧ポンプ／モータ		可変容量形ポンプ／モータ（2方向流れ，2方向回転，外部ドレン）
空気圧縮機		空気圧縮機（空気圧ポンプとして利用）
空気圧モータ		空気圧モータ（両方向流れ，定容積形，両方向回転）
シリンダ　片ロッドシリンダ	(1)　(2)	(1) 片ロッドシリンダ（単動形，スプリングリターン）　(2) 片ロッドシリンダ（複動形）
シリンダ　両ロッドシリンダ		両ロッドシリンダ（複動形，異径ロッド，両側クッション，右側クッション調整付）
圧力制御弁　リリーフ弁		リリーフ弁（直動形または一般記号）
圧力制御弁　減圧弁		減圧弁（直動形または一般記号）